海南岛橡胶林生态系统碳平衡研究

吴志祥　著

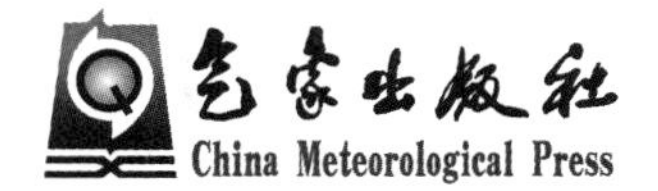

内容简介

本书为评价橡胶林生态系统碳汇效益，采用生物量清查法和涡度相关法相结合的方法，对海南岛橡胶林生态系统碳储量和碳平衡特征及其环境调控机理进行研究。橡胶林生态系统作为人为生产系统，在为人类提供大量经济效益的同时仍拥有巨大的碳汇生态功能，在热区科学合理地发展天然橡胶种植是值得提倡的。研究结果科学评价了橡胶林的碳汇效益，可为政府决策和碳汇贸易提供基础数据，为橡胶林经营管理提供理论依据；同时还可为其他热带人工林碳平衡研究提供范例，因而具有巨大的理论意义和实用价值。

本书可供人工林尤其是热带人工林生态系统碳平衡研究者借鉴，也可供高等院校热带作物栽培、生态、环境、气象、地理专业师生参考使用。

图书在版编目(CIP)数据

海南岛橡胶林生态系统碳平衡研究/吴志祥著.
北京：气象出版社，2014.9
ISBN 978-7-5029-5998-2

Ⅰ.①海… Ⅱ.①吴… Ⅲ.①海南岛—橡胶树—森林生态系统—碳循环—研究 Ⅳ.①S794.1

中国版本图书馆CIP数据核字(2014)第207591号

Hainan Dao Xiangjiaolin Shengtai Xitong Tanpingheng Yanjiu
海南岛橡胶林生态系统碳平衡研究
吴志祥 著

出版发行：气象出版社
地　　址：北京市海淀区中关村南大街46号　　**邮政编码**：100081
总 编 室：010-68407112　　**发 行 部**：010-68409198
网　　址：http://www.cmp.cma.gov.cn　　**E-mail**：qxcbs@cma.gov.cn
策划编辑：崔晓军
责任编辑：黄海燕　　**终　　审**：周诗健
封面设计：博雅思企划　　**责任技编**：吴庭芳
印　　刷：北京中新伟业印刷有限公司
开　　本：787 mm×1092 mm　1/16　　**印　　张**：10.75
字　　数：275千字
版　　次：2014年9月第1版　　**印　　次**：2014年9月第1次印刷
定　　价：50.00元

前　言

CO_2 浓度升高是引发气候变暖的重要原因，因此，减少 CO_2 的排放量成了世界各国政府面临的重要任务。作为发展中大国的中国，减排压力越来越大。而人工林是我国碳贸易谈判的重要筹码，因此，研究我国各种人工林碳平衡状况十分重要。另外近10年来天然橡胶干胶价格上涨，而生产天然橡胶的巴西橡胶树（*Hevea brasiliensis* Muell. Arg.）是一种典型的热带作物，因地域分布的局限性，橡胶树种植面积在我国热带地区迅速扩大，引发众多争议，对热区种植橡胶树反感、抵触甚至反对的声音时有发生。为了正确评价橡胶林生态系统碳汇效益，本书采用生物量清查法和涡度相关法相结合的方法，对海南岛橡胶林生态系统碳储量和碳平衡特征及其环境调控机理进行研究。

经研究可知，海南岛的橡胶林生态系统是一个巨大的碳汇，其年均碳吸收量达9.99～11.10 $t \cdot hm^{-2}$，其碳汇能力高于亚热带的杨树人工林和亚热带、热带的纸浆林，也高于位置比较接近的海南岛尖峰岭热带山地雨林和西双版纳的热带季节雨林。橡胶林生态系统碳平衡主要受橡胶林本身生长特性及外界环境驱动因子的影响。橡胶树本身林龄年轻，生命活动旺盛，光合、呼吸速率较高。外界环境驱动因子主要包括光合有效辐射、温度、水分等，对橡胶林生态系统净交换量影响最显著的驱动因子主要是光合有效辐射、饱和水汽压差以及土壤温度。相比较其他森林生态系统，橡胶林生态系统光合生产力很强，同时其生态系统总呼吸也很强，其净生态系统交换量（碳汇功能）也很大。

橡胶林生态系统作为人为生产系统，在为人类提供大量经济效益的同时仍拥有巨大的碳汇生态功能，因此，在热带地区科学合理地发展天然橡胶林是值得提倡的。

本书采用两种方法相结合并相互验证的方法，系统研究橡胶林生态系统碳平衡过程，获取橡胶林碳储量和净碳交换量的具体数值并分析其环境驱动因子和控制机制。研究结果可科学评价橡胶林的碳汇效益，为政府决策和碳汇贸易提供基础数据，为橡胶林经营管理提供理论依据；同时，还可为其他热带人工林碳平衡研究提供范例，因而具有巨大的理论意义和实用价值。

因本人水平有限，错误在所难免，望读者批评指正。

吴志祥

2014年4月

目　录

第 1 章
概　论

1.1　研究背景

自工业革命以来，人类社会发展十分迅速，加速改变着地球居住环境。过去的 100 年里，世界人口增长了 4 倍，能源消耗增加了 6 倍，工业产值增加了 40 倍。当今人类社会、经济活动已经足以对整个地球气候和生态环境产生显著影响（符淙斌 等，2008）。相关研究表明，1861—2000 年，全球地表平均增温 0.6 ℃（李怒云，2007），最近 100 年（1906—2005 年）的地表温度线性增加趋势为 0.74 ℃（IPCC，2007）。全球地表增温的原因在于，地表反射的热辐射被地表温室气体吸收后，导致气温上升。这就是温室效应（greenhouse effect），是造成全球变暖的重要原因。

20 世纪 80 年代以来，气温升高、气候变暖已成为全球性的环境问题，引起社会各界的广泛关注（李艳丽，2004；王顺兵 等，2005；刘瑜 等，2010）。全球气候变暖引起一系列环境变化，除了直接导致全球冰川融化、海平面上升、极端天气气候事件出现的频率上升等一系列变化外，还可能引发全球或区域性的干旱、洪涝、风暴潮、泥石流、滑坡、病虫害等气象、地质、生物灾害，进而给全球环境和人类社会、经济活动带来深远的负面影响（李艳丽，2004；欧阳丽 等，2010）。

温室气体中 CO_2 是全球变暖最主要的因素，其贡献率为 63.7%。自工业革命以来，由于人类大规模使用煤炭、石油和天然气等化石燃料，以及人类为开发或用材而加速砍伐森林等活动，全球每年由化石燃料燃烧释放的 CO_2 约为 2.70×10^{10} t（贾庆宇 等，2011）。全球大气 CO_2 浓度从 18 世纪中叶的 280 ppm* 增加到现在的 380 ppm 以上，并以 1.2～1.8 ppm · a^{-1} 的速率递增（Dixon *et al.*，1994；Schimel *et al.*，2001；Laurent *et al.*，2004）。人类在关注气候变化问题时，实际上更多地侧重于因人类活动所产生的温室气体及其所引起的全球变暖，多数研究认为空气中 CO_2 含量的上升是由人为经济活动引起的，主要是人类对煤炭、石油和天然气等化石能源的消费，其次是农业活动（水稻生产、畜牧业发展等）及大面积森林采伐等（刘金婷，2008）。

全球气候变化不仅会严重影响全球经济社会可持续发展，也将会日益影响人类自身的生存与发展。全球气候变化和全球变暖使人类社会把目光关注到地球大气 CO_2 浓度问题

* ppm（parts per million），即百万分率（10^{-6}）。

上，因此，全球减排增汇、陆地生态系统碳源与碳汇问题成为当前生态科学研究的热点问题。气候变暖带来的全球环境问题就成了森林碳汇研究的重要背景。

1.2 科学问题提出

正因为人类活动导致全球 CO_2 浓度升高，进而引发全球气候变暖和环境恶化，因此减少 CO_2 的排放量就成了世界各国政府面临的重要任务。各国政府在实现减排任务过程中，主要进行了两方面工作：一方面采取技术措施改进工业技术、改革农业生产方式，或者使用洁净能源减少 CO_2 等温室气体的排放；另一方面就是寻找新的碳汇或者增大现有的碳汇以增加吸收固定大气中的 CO_2 来抵消 CO_2 的排放。

森林植被是陆地生物生态系统的主体，约有 85%的陆地生物量集中于森林植被（Whittaker，1973）。根据 FAO(2011)统计，全球森林面积约为 4.0×10^9 hm^2，森林蓄积量约为 5.3×10^{11} m^3，全球森林生物量碳储量达 282.7 Gt C，平均每公顷森林的生物量碳储量达到 71.5 t C。森林生态系统单位面积的碳储量（碳密度）是农田的 1.9～5 倍（Ciais *et al.*，2000）。森林植被面积只占全球土地面积的 27.6%，其碳储量却占到全球植被碳储量的 77%；另外，森林土壤碳储量约占全球土壤碳储量的 39%。因此，森林生态系统是陆地生态系统中最大的碳库，其碳储量的增加或减少都将对大气中的 CO_2 储量产生巨大影响（张小全 等，2005）。森林生态系统也是陆地生态系统中碳吸收能力最强的碳库，因此，研究森林生态系统碳储量与碳通量特征及其环境调控机理就显得尤为重要，它已经成为全球气候变化研究的焦点问题（Twine *et al.*，2000；Fang *et al.*，2001；Ashton *et al.*，2012）。

我国作为发展中大国，工农业生产技术仍有待提高，单位 GDP 能耗和 CO_2 排放量仍比较大。在国际谈判中，我们虽不承担减排指标，但我国已意识到节能减排的重要性并已经或将采取一些积极的措施减排增汇；同时，随着经济的发展，国际地位的提高，来自国际的压力不容忽视，我国将面临越来越大的减排压力。我国已将 CO_2 排放指标纳入国民经济和社会发展中长期规划，预计到 2020 年我国单位 GDP CO_2 排放指标比 2005 年下降 40%～45%。

我国天然林面积有限，但人工林面积逐年增加，人工林成为我国对外碳贸易谈判的重要筹码，因此，研究我国各种人工林碳平衡状况就显得尤为重要。但是，由于研究方法、技术手段、尺度转换及模型推算等方面的问题，人们对森林生态系统碳储量和碳平衡的估算与研究仍然有较大的不确定性，能让各国学者认可的确切数据还无法准确获得，同时，对其他陆地生态系统碳平衡过程及其机理研究也有待加强。

巴西橡胶树（*Hevea brasiliensis* Muell. Arg.）人工林（本书简称为橡胶林）是我国热带地区最重要的森林生态系统，在我国海南、云南、广东等地的种植面积已超过 1×10^6 hm^2。我国橡胶林的碳汇效益将成为我国热带地区森林生态系统碳汇功能的一个重要增长点，但我国在人工林特别是热带橡胶林的碳汇效益方面的系统研究很少（向仰州，2012），关于碳平衡规律及其机理方面的研究尚属空白。此领域即使在世界范围也刚起步（Thaler *et al.*，2007；Wu *et al.*，2010），还没有真正的研究结果。尤其是在橡胶林生态系统的研究方面，多关注于生物量生产、生物量增长模型、生物量测定及生物量与胶园生产率等方面（胡耀华 等，1982；周再知 等，1995；曹建华 等，2009；唐建维 等，2009），蒋菊生等（2002）从橡胶林固定 CO_2 和释放 O_2 的服务功能及其价值估计方面进行了研究，而系统研究橡胶林生态系统碳储量和碳平衡特征及其环境控制机理方面还很少进行。

另外，因近年来天然橡胶干胶价格大幅飙升，橡胶树种植面积扩大很快，尤其在云南西双版纳扩大更快，导致了一系列负面影响，引起了诸如生物多样性降低、原始次生林和水源林破坏、土壤碳储量减低等争议，生态学界对热带地区种植橡胶树产生反感、抵触甚至反对的声音(Guardiola *et al.*，2010；Li *et al.*，2012；de Blécourt *et al.*，2013；Yi *et al.*，2013；Zhang *et al.*，2013)。

橡胶林的生态问题到底怎样，实际情况到底如何，仍然有许多问题还没有研究透彻。从经济与社会发展角度看，天然橡胶的种植对我国意义重大。首先，天然橡胶仍是重要的战略物资，对我国国民经济建设、经济安全具有重要的战略意义；其次，天然橡胶产业是我国热带地区重要的支柱产业和优势产业，有近 200 万人专门从事天然橡胶种植业，因此，其稳定发展，对安排农场职工就业和促进热带地区农民脱贫致富具有举足轻重的社会意义；第三，天然橡胶园建成后，即是一个长期稳定的人工林生态系统，成为维持热带地区生态平衡的热带林的组成部分，对于热带地区农业可持续发展具有良好的生态意义；最后，我国作为世界上天然橡胶第一消费大国，保持较高的天然橡胶产量和自给率，对于在复杂多变的国际贸易环境中，平衡世界天然橡胶价格，避免受制于人，也具有重要的政治意义和经济意义(吴志祥等，2009)。

因此，采用国际认可的技术方法，研究橡胶生态系统碳储量和碳平衡的特征及其环境控制机理，就显得十分必要与迫切。我们的关注点集中在 3 个方面：(1)橡胶林的碳储量和碳交换量的具体数值究竟是多少？(2)影响橡胶林碳储量和碳交换量的因素有哪些，如何影响？(3)估测橡胶林碳储量和碳交换量的最有效方法是什么？这些问题具有重要的学术价值和实践意义。

1.3　研究目的与意义

基于以上分析，本书采用生物量清查法和涡度相关法，研究海南岛橡胶林生态系统的碳储量和碳平衡过程及其环境响应机制。主要研究目的与意义如下：

(1)橡胶林碳储量及年际变化驱动机制研究

采用经典的生物量清查法，结合已有模型估算橡胶人工林生态系统的碳储量，并结合气象、生态、水文数据，分析碳储量年际变化的驱动机制。研究结果将获取橡胶林生态系统的碳储量的具体数据，同时对人工林经营管理具有指导意义。

(2)橡胶林碳通量及其环境响应机理研究

根据涡度相关系统数据，研究各环境因子如辐射、温度、湿度、CO_2 浓度等因子对橡胶林生态系统碳固存的影响，并以此分析为基础，建立碳交换量与环境因子的相关模型。研究结果将利于弄清环境因子与碳交换的相关关系，并预期推广到热带人工林生态系统应用。

(3)橡胶林的碳平衡与碳汇效益研究

利用涡度相关系统，结合梯度观测和廓线系统观测方法，全面研究橡胶林生态系统的净生态系统交换量(Net Ecosystem Exchange，NEE)、生态系统呼吸通量(Ecosystem Respiration，Re)和总生态系统生产力(Gross Ecosystem Productivity，GEP)，具体回答橡胶林到底可固定多少 CO_2，并研究光合与呼吸等生理作用过程，综合评价橡胶林生态系统碳汇效益。

(4)基于涡度相关系统的橡胶林生态系统通量观测有效性分析

研究基于涡度相关系统的橡胶林生态系统碳通量监测过程中的湍流平稳性和发展性检验、能量平衡闭合分析及通量源区分析等,分析研究橡胶林林分的能量闭合状况及对碳通量的可能影响。一方面可评价涡度相关系统测定碳通量数据的可信度,另一方面对完善热带人工林生态系统碳通量监测和碳交换量的模型建设具有重要的应用和理论价值。

(5)比较分析生物量清查法与涡度相关法在森林碳平衡研究中的应用

生物量清查法是森林生态系统生物量研究中历史悠久的经典方法,根据连续年度的碳储量差额可计算森林净生态系统碳交换量,即 NEE;涡度相关法则可直接原位无损测定森林与大气间的 CO_2 净交换量。通过其应用比较,可揭示进行热带森林生态系统碳汇研究的有效方法。

总之,采用生物量清查法和涡度相关法,系统研究橡胶林生态系统碳平衡过程,获取橡胶林碳储量和净碳交换量的具体数值并分析其环境驱动因子和控制机制。研究结果可科学评价橡胶林的碳汇效益,为政府决策和碳汇贸易提供基础数据;同时,可以为橡胶林经营管理提供理论依据,因而具有十分巨大的理论意义和实用价值。

1.4 研究内容与技术路线

1.4.1 研究内容

本文研究内容包括 3 个部分:一是进行橡胶林生态系统碳储量研究,包括研究橡胶林生态系统的生物量碳库、土壤有机碳库和凋落物碳库以及土壤呼吸特征;二是对橡胶林生态系统碳通量监测有效性进行评价,包括对橡胶林湍流平稳性和发展性进行检验,评价湍流数据质量,对能量平衡闭合进行分析,对通量源区进行探讨,并评价它们对通量观测有效性的影响;三是进行橡胶林生态系统的碳通量研究,主要研究橡胶林生态系统的净碳交换(NEE)、呼吸通量(Re)和总生产力(GEP)动态及其影响机制,并研究橡胶林生态系统碳平衡过程,对橡胶林碳源或汇进行评估。

1.4.2 技术路线

本书研究技术路线见图 1.1。

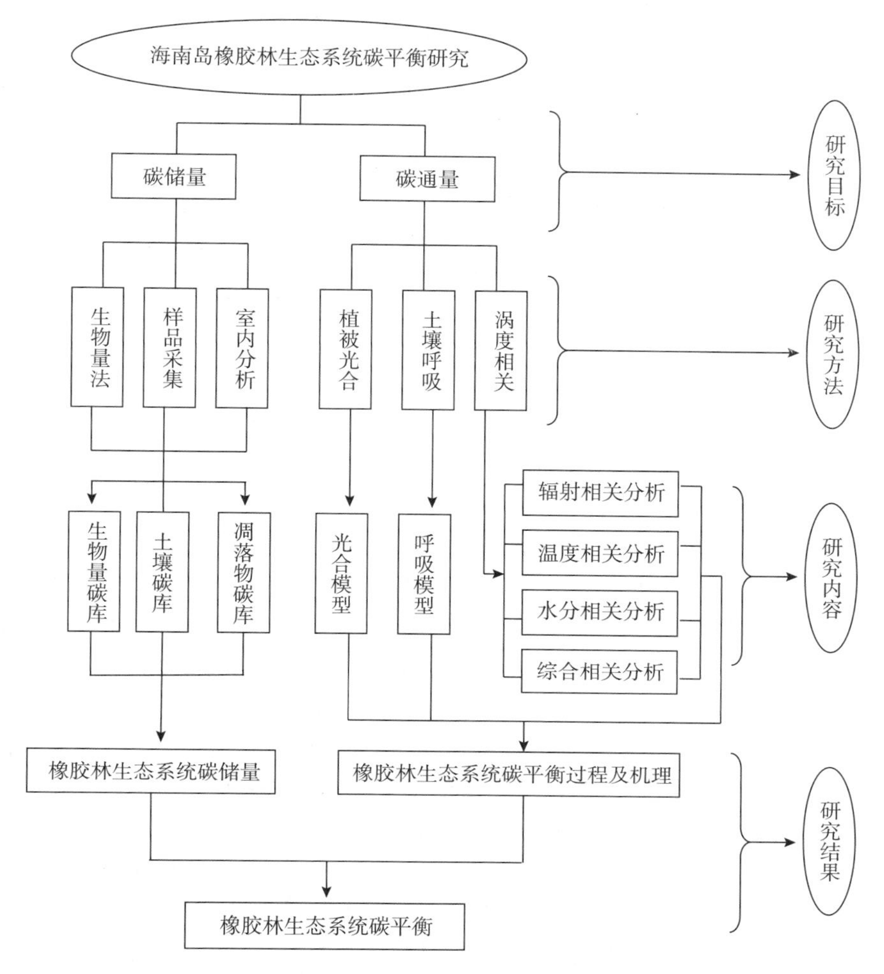

图 1.1　橡胶林生态系统碳平衡研究技术路线图

第2章 国内外研究进展

2.1 森林生态系统碳平衡研究

生物体中碳是最主要的元素，碳是生物体生命过程所必需的。碳平衡最初概念是指碳的排放和吸收两方面在数量或质量上相等或相抵；生态学中，碳平衡是指整个系统中碳素的储存和循环过程。碳储存（固存）是指气态的 CO_2 从大气中分离出来，通过生态学过程把碳固定下来，此生态学过程主要是指绿色植物把 CO_2 转化成碳水化合物。碳循环是指碳素在不同碳库间的交换流动过程。对陆地生态系统而言，碳循环指的是植被通过光合作用吸收大气中的 CO_2，而后经过植物及土壤的呼吸作用（生物地球化学循环过程）再返回到大气中的一个循环反复的过程。碳平衡研究主要指的是对生态系统碳储量和碳通量的研究。

森林是陆地生态系统的主体，森林生态系统是陆地生态系统中最大的碳库，森林在调节陆地生态系统与大气碳库间的碳交换中起着巨大的“生物泵”作用，但因森林具有生长发育周期长且对环境变化反应滞后的特点，因而在研究森林碳平衡与全球气候变化相关过程机制中存在许多不确定性。可以说，科学认识森林生态系统碳平衡过程是解决全球碳收支不确定性问题的关键。

2.1.1 森林生态系统碳平衡研究意义

（1）森林生态系统碳平衡过程影响和调控全球碳循环过程

在全球碳循环研究中，森林的意义十分重要，地位十分特殊。一方面，森林生长吸收大量的 CO_2，并且具有长期的保存能力。据估计，森林每积累 1 m^3 木材吸收约 850 kg 的 CO_2。根据 Whittaker（1973）的资料，每年每平方米森林净光合固定的碳量，热带森林为 450～1 600 g，温带森林为 270～1 125 g，寒温带森林为 180～900 g。陆地上森林植被分布面积广、生态类型多样、净生产力高、生物量积累大，全球森林类型从北到南主要包括寒温带和温带辽阔的针叶林及针阔混交林、暖温带落叶阔叶林、亚热带常绿阔叶林、热带雨林等。在地球陆地上，森林面积只占到全球非冰表面的 40%，但其生物量却约占陆地生物量的 90%，其土壤碳蓄积约占全球土壤碳蓄积的 73%（Wofsy *et al.*，1993；Kirsehbauma，2003）。

另一方面，森林与其他植被系统相比，具有较高的碳存储密度。王效科等（2001）的研究表明，植被和土壤平均碳密度，在森林生态系统中分别为 86 和 189 $Mg \cdot hm^{-2}$，在草原中分别为 21 和 116 $Mg \cdot hm^{-2}$，而在农田中则分别为 5 和 95 $Mg \cdot hm^{-2}$。由此可见，森林生态系统稍微受到破坏就会造成大量的 CO_2 气体外排，从而引起大气中 CO_2 浓度剧增，对区域乃至全球碳循环和碳平衡产生重要影响。据估算，全球平均每年因火灾而损失的森林面积大约占森林总面积的 1%（Crutzen *et al.*，1979；Wong，1979），并因此导致每年约 4 Pg C 排放到大气中，相当于全球每年化石燃料燃烧排放碳的 70%（Pickett *et al.*，1985）。据测算，2010 年 6 月大兴安岭呼中区森林火灾总过火面积为 5 812.4 hm^2，消耗可燃物总量为 7.7×10^4 t，释放 3×10^4 t C，单位面积排放达 5.94 t C（刘斌 等，2011），折算成 CO_2 达 21.79 t。全球森林砍伐和森林退化，是除煤炭之外 CO_2 排放的第二大单一来源。

森林是地圈生物圈过程最重要的参与者，森林控制着全球陆地碳循环的动态。因此，森林在全球陆地生态系统碳平衡研究中占有十分重要的地位（Lü *et al.*，2006），寄托着人类降低大气 CO_2 浓度和减缓全球变暖趋势的希望。因此，森林生态系统碳平衡已经成为当前生态学的研究热点，并引起各国政府的高度重视（Hennigar *et al.*，2008；van Kooten，2009；Helm，2010；Law *et al.*，2012）。

（2）研究森林生态系统碳平衡有助于弄清陆地生态系统碳循环过程

陆地生态系统是一个土壤-植物-大气连续体（Soil-Plant-Atmosphere Continuum，SPAC）相互作用的复杂系统，组成这个系统的森林、草地、农田、湿地等不同植被生态系统之间也存在着复杂的联系（Zhang *et al.*，1997；Romano *et al.*，2012）。陆地生态系统碳循环是指碳在包括整个陆地生态系统的植被（包含有森林、草地、农田和湿地等相应植被）-土壤-大气各个子碳库间的循环往复过程。对不同子系统碳循环的研究可为全面认识陆地生态系统的碳循环提供重要的理论支持（陈泮勤，2004）。森林植被生命周期长，系统结构和功能稳定，在调控地球生物化学循环中发挥着重要的作用（Bahn *et al.*，2012；Mueller *et al.*，2012）。不同于草地、湿地、农田等植被系统类型，森林植被一般是多年生且单位面积上具有更大的生物量，在时间和空间上占据着较大的生态位（Kraft *et al.*，2008；Loreau *et al.*，2012），对平衡大气碳库具有重要作用。因此，深入研究生态系统碳蓄积和碳循环过程及其机理，可降低在陆地生态系统碳循环研究中的不确定性（尽管对森林本身的研究仍有较大的不确定性）。

（3）研究森林生态系统碳平衡有助于全面认识森林生态系统的其他功能过程

森林生态系统有许多功能，影响着人类的生存环境，制约着人类社会的发展。森林生态系统除了吸收 CO_2、制造 O_2 外，还可净化空气、改变低空气流、防止风沙、保持水土，有自然防疫、消除噪声等作用。从地球生物化学循环角度而言，与其他元素（如 N，S）相比，碳是构成生命有机体的基本元素，并且同 O，H，N 等不同元素存在一定的量比关系。包括碳循环在内的水循环和氮循环等循环过程相互耦合、相互作用，共同构成了森林生态系统物质循环和能量流动的重要基础（Butler *et al.*，2012；Pinder *et al.*，2013）。森林碳平衡过程具体包括森林生态系统的碳循环和碳蓄积过程，是森林生态系统最基本的功能特征，也是深入认识其他功能过程的基础，因此，研究森林的碳平衡过程对于全面认识森林生态系统的其他功能具有重要意义。

（4）研究森林生态系统碳平衡可为森林经营及政府决策管理提供依据

森林经营管理者常常利用林地的经济产量、立地质量、系统结构与能量运转等指标来评价森林生态系统的健康、稳定与和谐。研究森林生态系统的碳平衡、碳蓄积和碳循环实际上是从不同侧面评价森林生态系统的经济产量、立地质量、系统结构与能量运转等指标（查同刚,2007)。研究森林生态系统中碳、水等物质循环和能量流动规律,可为指导森林经营生产、提高森林生态系统管理水平提供重要理论参考,更可为政府及相关机构的决策管理提供科学依据。

2.1.2 森林生态系统碳平衡研究方法

森林生态系统碳平衡是指光合作用吸收 CO_2 和呼吸分解作用排放 CO_2 两个过程的平衡。森林生态系统光合作用产物通过一系列吸收转运过程被固定在植被生物、土壤有机物、林下凋落物和动物中。森林是陆地上最大的植被生态系统,其生物量蕴含了大量的有机碳,国际上一般以 0.5 作为生物量和碳之间的转换系数,但转换系数在不同树种、树龄和器官之间存在差异。土壤有机碳库是陆地生态系统最大的碳库,主要是指由枯落物(花、果、叶等)、动植物代谢物和残骸等经分解后残留在土壤中的有机质中包含的碳(通常以 0.58 作为有机质中碳的转换系数),以及土壤微生物这部分碳库。枯落物碳库的碳蓄积与其分解速率有关,一般来说,高海拔、高纬度地区的枯落物分解较低海拔、低纬度地区凋落物分解慢,碳蓄积量也更大。森林动物碳库只占森林生态系统总蓄积碳量的很少一部分,一般不到 0.1%,因此,在估算森林生态系统碳蓄积时一般不包括动物碳库。研究森林生态系统碳平衡,就是研究碳在各子系统间的分布和交换,以及在植被-大气-土壤生态系统间的碳交换。研究生态系统碳平衡一般是从生物量和净初级生产力开始的,采用的方法总体上可分为三类:反映碳积累的基于生物量和土壤调查的生物量清查法(Fang *et al.*,2001;Wang *et al.*,2010;Guo *et al.*,2010;Heath *et al.*,2011);反映 CO_2 通量的以生理生态-微气象理论为基础的微气象方法(涡度相关法、能量平衡法和浓度梯度法)(Baldocchi *et al.*,2000;Guan *et al.*,2006;Yu *et al.*,2008);反映大尺度范围的模型模拟法和遥感估测法(Dennis *et al.*,2001;Schimel *et al.*,2001;Asner 2009;Peckham *et al.*,2013)。

(1)生物量清查法

生物量清查法是国内外通用的估算森林长期碳蓄积的普遍方法,具体包括生物量调查和土壤调查。生物量调查首先采用常规测树法,如皆伐法、平均木法、随机抽样法、径阶选择法、材积转换法、维量分析法等,根据每个树种树木的生长关系经验模型计算出森林群落的生物量,并结合室内分析测定不同部位的碳含量。然后根据生物量和碳含量计算获得碳蓄积的具体数值,但林木既有高碳组织又有低碳组织,且不同植被类型含碳量也有所不同,所以在估算时往往存在偏差。再次利用生物量和干物质中碳含量的乘积求得森林生态系统碳储量。当前,我国对森林碳储量的估算,在不同空间尺度(森林群落、生态系统、区域或国家尺度)上普遍采用的方法是通过直接或间接测定森林植被的生产量与现存量,并根据碳储量公式计算而得到。土壤碳含量调查一般先采集土壤样本(土壤剖面法或钻井法),然后室内采用干烧法或重铬酸钾氧化法测定土壤碳含量,进而获得不同尺度上土壤中有机碳的含量。

与其他测定方法相比,生物量清查法直接、明确、技术简单,可用于长时期、大面积的森林碳储量监测,但其劳动力消耗多,且只能间歇地记录碳储量,不能反映出季节和年变化的连续动态效应。同时,受估算方法、样地设置、时空尺度等因素影响,研究结果的可靠性和可比性较差,并且生物量清查法的数据资料最终还要依赖建立的各种模型进行估算,估测精度不高,因而还需要不断修正和完善。生物量清查法的另外一个不足是估测数据的不完整性。在森林生物量估算中,往往只估算了地上部分生物量,而地下部分的生物量因较难测定常被忽略，或即使考虑地下部分生物量，估算值也存在很大的不确定性。

（2）微气象学法

微气象学法主要通过在近似平坦均一的下垫面条件下，根据近地层的湍流状况直接测定相关标量的通量。其测定假设条件是，测定相关气象参数必须在常通量层中进行，这样数据才能被认为是其气体交换量。根据不同测定原理，微气象学方法主要有涡度相关法（Eddy Covariance，EC）、空气动力学法、质量平衡法和能量平衡法等。其中，涡度相关法被认为是目前国际上测定森林生态系统 CO_2 通量的标准方法（吴家兵 等，2003）。

涡度相关法是采用三维超声风速仪测定植被群落冠层与大气之间的湍流交换量的微气象学方法，是在植被冠层上方某一高度直接测定通过大气湍流向上或向下传递 CO_2 的速率，从而计算出生态系统吸收或释放 CO_2 通量的方法。区别于能量平衡法和浓度梯度法等其他微气象学方法，涡度相关技术依靠气流在垂直方向上的涡旋运动带动 CO_2 等不同物质向上或向下通过某测定断面，传感探测器就通过测定两者（向上和向下）之差来计算生态系统固定或释放出的 CO_2 量。其计算公式为

$$Fc = \overline{\rho' w'} \tag{2.1}$$

式中：Fc 为生态系统 CO_2 交换量；ρ 为 CO_2 浓度；w 为垂直方向上的风速；字母上的小撇（′）是指各自平均值在垂直方向上的波动即涡旋波动；横线是指某一段时间（15～30 min）的平均值。利用涡度相关技术测定生态系统的碳通量主要有闭路和开路两套系统（Finnigan，*et al.*，2003）。典型的涡度相关系统主要由三维超声风速计、红外 CO_2/H_2O 分析探测计和数据采集仪组成。当然，为研究方便，一般在相应生态系统涡度相关测定中，还会测定一系列的森林生态环境方面的因子，如温度、湿度、辐射、风速、风向、降水、CO_2 浓度等，另外还包括土壤的温湿度、土壤热量传递等方面的因子等。

对森林生态系统而言，结合测定森林植被的光合、呼吸和土壤的呼吸作用，可计算出森林生态系统的总初级生产力（Gross Ecosystem Production，GEP）和净生态系统交换量（NEE）。目前，涡度相关技术已实现对不同类型生态系统碳和水热通量的长期连续观测，其可靠性也得到了很好的验证，是生态定位观测技术上的重大突破。但是，由于试验地点、仪器设备、夜间通量以及气象条件等因素的复杂性，加上观测站点的分布不均和数量不足，在由点到面尺度外推过程中必然降低测定结果的精确度，涡度相关技术在净碳平衡估测上的精度有待进一步提高。

（3）模型模拟法和遥感估测法

模型模拟法和遥感估测法是通过数学模型和遥感影像来估算森林生态系统的生产力和净碳收支。各种生态系统碳通量监测技术的应用，尤其是涡度相关技术，能让我们切实了解特定生态系统碳收支的动态及其影响因子。但因涡度技术设备的昂贵价格及其相对严格的安装适用条件，在一定程度上也限制了它的推广应用。因此，如何估算区域乃至全球尺度上的碳通量成为难题。

目前，主要模型模拟方法包括过程模型（process model）、大气反演模型（atmospheric inversion model）和光能利用效率模型（light use efficiency model）3 种，可将生态系统水平上的研究推广到区域乃至全球尺度上。

过程模型也称机理模型，是在深入研究生物量形成的机理以及植物与环境间的交互作用的基础上，采取“自下而上”的方式，对影响碳通量结果的光合作用、呼吸作用和蒸腾作用

等生物学过程进行模拟，从而估算出系统的碳通量。相比于其他模型，过程模型能帮我们理解森林生态系统对气候与外界环境变化的响应过程，且外推结果也更为准确可靠(Liu *et al.*，1997)。这类模型的主要缺点是计算过程比较复杂、观测指标多和输入变量参数大。因此，输出结果的最终表现受输入数据的质量影响很大。比较常用的过程模型有 BEPS(Liu *et al.*，1997)，BIOME-BGC(Hunt *et al.*，1992；Kimball *et al.*，1997)，PIX GRO(Adiku *et al.*，2006)等。

大气反演模型主要是通过安装在海洋大气边界层界面上不同站点不同时间测得的大气 CO_2 浓度和由气象数据推动的大气传输模型来计算陆地表面的碳通量(Denning *et al.*，1996；Fan *et al.*，1998；Gurney *et al.*，2002；Rödenbeck *et al.*，2003；Deng *et al.*，2007)，主要用作大尺度和长时间跨度的研究。大气反演模型的精确度主要受 CO_2 观测站点和安装位置的限制。另外，大气反演模型计算的全球生态系统与大气间的 CO_2 交换量，并不能确定不同生态系统对碳通量的贡献量，也不能揭示哪个过程会影响碳的源/汇(Janssens *et al.*，2003)。

光能利用效率模型就是根据瞬时太阳辐射和植物冠层对光照的利用效率来计算碳通量，主要是指生产力。从某种程度上来看，光能利用效率模型可以看成过程模型的简化版，它抓住了生态系统碳循环最关键的步骤——光合作用。与过程模型相比，光能利用效率模型原理简单清楚，需要输入的变量更少，因此应用也最广。目前比较常见的光能利用效率模型有 GLO-PEM(Prince *et al.*，1995)，TURC(Ruimy *et al.*，1996)，CASA(Potter *et al.*，1993)，VPM(Xiao *et al.*，2004)和 3-PG(Law *et al.*，2000)等。

由于卫星遥感技术的发展，光能利用效率模型也成了生态系统碳通量估算模型研究的一个主要发展方向，而且遥感技术能有效地将涡度通量塔的测定扩展到区域乃至全球的尺度上。

总之，3 种方法各有优缺点，适用的时空尺度也各不相同，其中，生物量清查法是研究生态系统较长时间尺度(3～5 年)上碳交换和碳蓄积的经典方法；以涡度相关法为代表的微气象学法是目前研究时、日、月等短时间尺度内森林生态系统与大气间的碳交换量的标准方法；模型模拟法和遥感估测法适于估算理想条件下的区域或国家尺度上的碳蓄积和碳通量，一般同遥感技术相结合来估算土地利用变化对碳蓄积的影响。

2.1.3 森林生态系统碳储量的时空分布

森林生态系统作为陆地生态系统的主体，不仅维系着大量的植被碳库(约占全球植被碳库的 80%以上)，而且也维持着巨大的土壤碳库(约占全球土壤碳库的 73%，是全球植被碳库的 3 倍和大气碳库的 2 倍)，据统计，每年森林生态系统固定的碳约占整个陆地生态系统的 2/3，相对于其他生态系统，森林具有更高的碳储存密度，且在时空上具有更广的生态位，由此可见，森林生态系统碳循环和碳蓄积过程在全球碳循环过程中起着不可替代的调节作用。

(1)森林生态系统碳蓄积与碳循环时间分布

在森林的演替过程中，碳蓄积不断发生变化。Lieth(1974)首先分析了森林演替过程与固碳能力的关系，研究发现俄罗斯云杉林生物量在前 20 年演替过程中是一个慢速积累阶段，在演替 20 年时累积速率达到最大值 486 $g \cdot m^{-2} \cdot a^{-1}$，70 年后累积速率开始降低，在整个93年的生命周期中生物量的平均累积速率为338 $g \cdot m^{-2} \cdot a^{-1}$(Major,1974)。Kovel等(2000)研究了荷兰流动沙地到阔叶混交林的整个演替过程,即从裸地到顶级群落形成的整个过程:在这个过程中,植被和土壤的碳蓄积不断增加,直到在121年后形成阔叶混交林时,植被和土壤的碳蓄积达到最大值。方精云等(2001)指出,20世纪70年代以前,我国森林碳储量减少,从70年代末期开始增加。刘国华(2000)指出,我国4次森林资源清查中森林植被总碳储量呈增加趋势。还有许多学者研究了不同地区森林植被碳储量的变化,刘其霞等(2005)指出浙江针阔混交林碳储量呈对数增长形式,张德全等(2002)研究了山东森林碳储量,从新中国成立到2000年均是增长的,年均递增4.38%。另外,在森林演替中,森林根系碳储量也会增加(杨丽韫 等,2005)。宫超等(2011)研究了中亚热带马尾松林、马尾松阔叶树混交林和常绿阔叶林3种不同森林演替阶段类型的碳储量及时空分布特征,结果表明,马尾松林和马尾松阔叶树混交林碳储量相差不大,但到常绿阔叶林阶段,碳储量增加比较明显;其结果表明,乔木层碳储量会随森林进展演替增加,乔木层是生态系统碳储量的主要贡献者,且各林分均以树干占比例最大;土壤层碳储量会随演替进展而增加,但对整个系统碳储量的贡献率会降低;林下植被和凋落物层碳均会随演替进展而降低,占系统碳储量非常微弱。森林生态系统随着演替过程的进行,在整个系统中碳储量比重呈增加的趋势。

(2)森林生态系统碳蓄积与碳循环的空间分布规律

由于气候、土壤等自然地理因子的地带性变化,森林碳循环和碳蓄积呈现出相应的空间变化规律:1)森林生态系统生物量碳密度随纬度升高有下降的趋势,而土壤碳密度有升高的趋势;2)森林土壤碳库是森林生态系统最大的碳库,其碳储量是森林生物量碳蓄积的2.2倍;3)高纬度地区森林生态系统是大气碳汇,而低纬度地区森林很有可能是大气碳源(Dixon *et al.*,1994)。Raich等(1992)发现土壤呼吸同净初级生产力(Net Primary Productivity,NPP)、年平均温度和年降水量具有明显的正相关关系,这对理解土壤碳库和植被碳库的时空变化均具有重要意义。

对我国森林的研究,最重要的研究力量是基于ChinaFLUX网络对东部森林样带(从热带雨林、亚热带森林、暖温带森林到北方原始阔叶红松林和云杉林等)的碳储量和通量动态变化进行了大量研究,同时初步研究分析了人工林在全球碳循环中的作用和地位(于贵瑞等,2006a;张雷明,2006),但仍存在较多的不确定性。对我国森林植被碳储量的研究,赵敏和周广胜(2004)研究为3.778 Pg,低于方精云等(2001)的估算值4.63 Pg,比王效科(2001)的估算结果(3.724 Pg)略高,但周玉荣等(2000)的估算结果为植被碳储量为6.2 Pg。刘双娜等(2012)利用森林详查资料研究得出我国森林植被碳汇/源的空间分布规律:我国碳汇面积集中于亚热带和温带地区,高值区在海南岛、横断山脉、吉林长白山脉、大兴安岭南部和西北山地等;碳源面积则集中分布在东北至西南一带,高值区在云南南部、大兴安岭北部和四川盆地中部。我国的森林覆盖率已由1998年的13.92%上升到2009年的20.36%,预计到2050年增加到26%,因此,如何准确定量评估森林的碳源/汇功能,弄清影响森林CO_2吸收源的问题不仅可以有助于指导我们森林经营,提高森林碳汇功能,也是为完成我国既定的碳减排任务和履行国际义务的迫切需要。森林在全球碳循环中,尤其是在探求未知碳汇中有着重要的意义。

2.1.4 森林生态系统碳平衡的环境响应与作用机制

对森林生态系统而言，生态系统碳收支的差异不仅受森林群落自身状况（干扰历史、演替阶段、生物群系类型、养分状况及植被生理生态特性）的影响，而且还与气候环境因子如太阳辐射、温度、水分状况和风速等有关，主要是通过影响森林生态系统总光合生产力（GEP）与生态系统呼吸（Re）等生理生态活动来影响森林净生态系统碳交换（NEE）。

（1）生态系统总光合生产力 GEP 的环境响应

生态系统总光合生产力是植被生理作用、土壤理化性质、气候条件和人为干扰等作用的结果。Law 等（2000）分析全球通量网的观测数据后发现，生态系统 GEP 的大小主要取决于生长季当地的平均水热因子，其中水分对 GEP 的影响程度远小于温度，总体来说，森林生态系统碳吸收速率随大气温度的升高而逐渐增大，而水分通过影响植被叶面积指数进而通过调节光合作用能力来决定系统碳收支大小，并在短时间尺度上（日、月）影响和调控 GEP 的季节变化。欧洲通量网（EuroFLUX）研究指出，伴随纬度的升高，NEE 明显降低，而森林的 GEP 下降趋势并不明显（Braswell *et al.*，1997）。

生长季温度和水分的合理分配共同决定着生态系统的 GEP。在水热资源丰富的亚热带和热带地区，生态系统植被全年生长旺盛，系统光合生产力（GEP）年变化不大。通过对处于中国东部森林样带中不同类型森林生态系统的研究发现，各生态系统光合生产力对环境因子的响应存在显著差异，一般来说，湿热地区的 GEP 要高于干冷地区（于贵瑞 等，2006a）。

（2）生态系统呼吸（Re）的环境响应

生态系统呼吸（Re）是大气 CO_2 的重要来源，在一定程度上决定着净生态系统交换量。长期定位观测研究表明，陆地生态系统的 Re/GEP 值受纬度影响明显，随纬度升高而增加，还与区域气候环境有关，例如受温带海洋性气候的影响，欧洲森林植被的 Re/GEP 值随纬度增高的速率要比中国东部样带的生态系统大。

温度是影响生态系统呼吸的关键环境因子，不仅影响植物地上部分生理活动，还会对有机质分解、根系呼吸、土壤微生物活动等产生影响。实际中常用 Q_{10} 来表征某种生态系统对温度变化响应的敏感性，代表温度每升高 10 ℃时生态系统呼吸增加的倍数。研究表明，温带地区草地生态 Q_{10} 值往往小于森林生态系统，同一生态系统低温时 Q_{10} 往往比高温时大（Tioelker *et al.*，2001），全球土壤呼吸平均 Q_{10} 为 2.0～2.4，平均值为 2.0（Raich *et al.*，1992）。

除温度外，土壤水分、枯枝落叶层的覆盖、土壤微生物活性以及土壤理化性质等多种环境因素都会显著影响土壤呼吸速率的改变。当生态系统受到严重干旱胁迫时，水分就有可能超过温度成为制约土壤呼吸的主导因子。土壤水分对生态系统呼吸的影响机理目前还并不十分清楚，一般用连乘模型或者 Q_{10} 模型两种形式来表示温度和水分对生态呼吸的综合影响。连乘模型是基于生态系统呼吸与土壤水分无关的假设，用温度和土壤水分响应函数的乘积来表示。Q_{10} 模型是在传统的生态系统呼吸对温度的敏感性的基础上增加土壤水分对土壤呼吸的影响，进而在综合分析温度和水分对土壤呼吸的影响时也考虑水分对 Q_{10} 的影响。

中国学者应用涡动相关法和箱式法两种不同方法研究了中国不同陆地生态系统对温度的响应，发现在容易受水分胁迫的生态系统中，Q_{10} 模型在反映生态系统呼吸的季节变化时比连乘模型更具有优势 。

(3)净生态系统碳收支 NEE 的环境响应

净生态系统碳收支的时空变异主要由生态系统的光合作用碳吸收与呼吸作用碳排放两个过程决定。研究表明，影响生态系统的光合作用碳吸收与呼吸作用碳排放的最主要因素包括两个方面：影响光合的光合有效辐射（PAR）和影响呼吸的土壤温度因素，当然其他因素包括大气温度、湿度和土壤温度等也会影响光合与呼吸。

利用全球通量网（FLUXNET）和地区通量网的 EC 观测数据，可以研究森林碳通量（净生态系统碳收支、总初级生产力和生态系统呼吸）的时空变化模式和驱动因子（Wang *et al.*，2008）。对全球而言，森林 NEE 由 GPP 和 Re 制约，表现出明显的纬度变化（光合有效辐射）趋势。NEE 按如下顺序递减：暖温带森林＞冷温带森林和热带雨林＞北方照叶林和高山森林。除纬度因素外，年均气温对森林碳通量的影响大于年降水量的影响。当年均气温升高，GPP 线性关系升高，而 Re 指数关系升高，结果表现为当年平均气温超过 20 ℃阈值量时，NEE 降低。当年降水量低于 1 500 mm 时，GPP，Re 和 NEE 随降水增加而升高。森林碳通量的时间动态与决定因素随时间尺度而变化。NEE 表现出明显的季节变化，主要是因为气候的季节变动和 GPP 与 Re 对环境胁迫的不同响应导致的。在更长的时间尺度上，森林碳通量受森林年龄影响较大。当森林皆伐时，生态系统表现为净的碳源，然后当森林相对年龄（实际林龄与标准轮伐年龄的比值）接近 0.3 时，逐渐转变为净的碳汇；当森林达到即将成熟或成熟期时，碳固存达到最大值。这种时间变化模式是与叶面积指数相关联的，当然 GPP 也同样变化。

当然，不同的森林生态系统对大气环境因子的响应也会有较大的不同。有研究表明，西双版纳热带季雨林 NEE 的季节特征及其对温度和降水的响应与其他生态系统存在较大差异。在干热季和湿热季，虽然生态系统 GEP 较高，但 GEP 增长速率明显小于 Re，其共同作用的结果使 NEE 降低，并且使生态系统转为碳排放；而在雾凉季尽管生态系统 GEP 有所降低，但此时的生态系统呼吸 Re 也显著降低，因此生态系统在雾凉季表现为碳汇（张雷明 等，2006）。对生态系统呼吸 Re 而言，影响较大的环境因子主要是土壤温度和湿度。

2.2　涡度相关法及其应用

2.2.1　涡度相关系统基础理论

(1)涡度相关系统基本原理

涡度相关技术是通过直接测定和计算物理量（如温度、CO_2 和 H_2O 等）的脉动与垂直风速脉动的协方差（covariance）求算湍流输送通量的方法。由于是直接测定标量物质，计算过程几乎不存在假设，因此，计算结果也更加准确可信。目前被认为是测量生物圈与大气间能量与物质交换通量的标准方法，在局部尺度的生物圈与大气间的痕量气候通量的测定中得到广泛的认可和应用（Baldocchi *et al.*，1988；Baldocchi *et al.*，1996；Aubinet *et al.*，2000；Baldocchi *et al.*，2001）。

利用涡度相关技术测定生态系统的碳通量主要有闭路和开路两套系统（Finnigan *et al.*，2003）。典型的涡动相关系统主要由三维超声风速计、红外 CO_2/H_2O 分析仪和数据采集仪组成。实际上，和获得 CO_2 通量一样，通量观测还可获得生态系统的动量、潜热和显热通量，它们也是利用涡度相关系统获得的湍流变化数据进行相关计算得到。通量方程可显示如下：

动量通量方程： $$F = -\rho_a \overline{w'u'} \tag{2.2}$$

显热通量方程： $$H = \rho_a C_P \overline{w'T'} \tag{2.3}$$

潜热通量方程： $$LE = \lambda \rho_a C_P \overline{w'q'} \tag{2.4}$$

CO_2 通量方程： $$F_c = w'\rho_c' \tag{2.5}$$

式中：ρ_a 为空气密度；w' 和 u' 为垂直风向风速和主风向风速脉动；C_P 为空气定压比热；T' 为温度脉动值；λ 是蒸发潜热；q' 为比湿的脉动值；ρ_c' 为 CO_2 密度的脉动值。式(2.5)和式(2.1)是一致的。

(2)通量观测系统及其仪器配置

进行近地层通量观测，可能因研究目的和实际植被情况不同而设立不同观测系统和仪器配置。但一般的通量观测在保证获取湍流涡度通量观测数据的前提下，需要设立解释通量结果和分析过程机理的各种辅助观测系统。表 2.1 是中国通量网(ChinaFLUX)标准的森林生态系统通量观测站配备的测定项目。中国通量网观测系统参考日本、欧洲、美国等通量观测站点设计，主要包括大气观测系统、植物观测系统、土壤观测系统和水分观测系统等几个部分。近年来，许多站点又增加了与卫星遥感相结合的地面观测，氢、氧、氮等的稳定同位素观测，冠层生态学及流域水文学方面的观测内容，并扩大了通量观测数据的应用领域。

通量观测站中大气观测系统是通量观测的核心，主要包括湍流变化与通量观测系统，其仪器配置一般为三维超声风速仪(CSAT3，Gill 等)、红外 CO_2/H_2O 分析仪(OPEC-LI7500 和 LI7500A、CPEC-LI7000 和 LI6262 等)和数据采集器等组成。除此之外，大气观测系统经常还包括气象要素垂直梯度、辐射量与能量、降水与水量平衡方面观测等。

涡度相关系统对湍流特征的观测以及获得的数据质量会直接影响着各种通量计算的准确性，因此涡度相关技术需要高精度(准确性)、响应速度极快(灵敏度)的湍流脉动测量装置。现在最标准的配置是 CSAT3(美国 CAMPBELL 公司)、LI7500 或 LI7000(美国 Li-COR 公司)加 CR3000(美国 CAMPBELL 公司)，它们相对稳定可靠，容易维护。

通过涡度相关系统获得的数据应该包括：风速脉动，通过超声风速计获得；CO_2 和水汽浓度脉动，通过红外 CO_2/H_2O 气体分析仪获得；温度和湿度脉动，主要通过超声温度计和红外、紫外湿度仪获得。

通量观测直接观测大气湍流特征与 CO_2 和水热通量，因所使用的红外气体分析仪类型不同，可划分为开路涡度相关系统(Open Path Eddy Covariance system，OPEC)和闭路涡度相关系统(Closed Path Eddy Covariance system，CPEC)两种类型。

开路涡度相关系统测定响应频率高，便于安装测试，不需过多的现场维护与标定，但在观测过程中易受降雨等外界干扰。而闭路系统则系统结构复杂，需专业人员现场维护与校正。因气体样品抽样后要经管道进入样品室，会发生时间上的滞后，甚至造成高频损失，但因受天气影响较小，性能稳定。

(3)通量数据采集、计算与校正

1)通量数据采集

通量观测数据一般通过数据采集器进行，有模拟输出和数字输出两种选择，现在大多均

表 2.1　中国通量网(ChinaFLUX)森林生态系统通量站测定项目

测定对象		测定项目	测定方法与标准仪器	注意事项
大气	湍流过程	动量通量	涡度相关法(三维超声风速计)	坐标转换
		显热通量	涡度相关法(三维超声风速温度计)	侧风温度校正
		水汽通量	涡度相关法(三维超声风速计、红外气候分析仪)	超声校正
		CO_2 通量	涡度相关法(三维超声风速计、红外气候分析仪)	
		脉动的大小	三维超声风速计、红外气候分析仪	密度变动校正
	平均梯度	风向风速分布	风向计、三杯风速计、二维超声风速计	
		气温分布	温湿度计	相互校正、防护罩
		湿度分布	温湿度计	防护罩
		CO_2 浓度分布	红外气候分析仪	
	辐射	太阳辐射	(上、下)辐射收支表(4 种辐射分量型等)或者辐射表、净辐射表	校正
	降水		雨量、积雪量	冠层顶部以上
	气压		气压计	
植物	形态	叶面积指数	植物冠层分析仪、全天摄影	每月定时
		枝、干生物量	取样和统计分析	定期
	热通量	地表温度	辐射温度计、温度分布	连续
		热通量	热通量板	连续
	CO_2 交换	光合/呼吸量(单叶、枝、干)	光合蒸腾测定装置、红外气候分析仪(同化箱)	定期
		气孔阻力/导度	光合蒸腾测定装置	定期
	温度	叶面/树木温度	红外温度计、辐射温度计、热电偶	连续
	蒸腾		光合蒸腾测定装置、树森林蒸腾测量装置	
	辐射	光合有效辐射	光合有效辐射表	连续
		光合量子通量密度	光量子传感器、全天摄影	连续
	其他	枯死量、脱落量	凋落物收集器等	定期
		展叶、落叶	冠层分析仪、全天摄影	定期
土壤	土壤呼吸		箱式法、红外气候分析仪法、扩散法等	连续测定
	土壤水分	土壤水分布	TDR(时域反射法)	多个深度
	土壤温度	土壤温度分布	测温电阻线、热电偶	多个深度
水分	地表径流		标准径流场、集水测流堰等	每次降水后测定
	树干径流		树干径流测量装置	每次降水后测定

采用后者。采样频率的确定取决于采集高频脉动的类型(于贵瑞 等,2006b)。涡度系统采样频率一般在 5～20 Hz 范围内。除此之外,数据采集还要考虑到观测的分辨率、存储器的容量、停电采取的对策等。

2)通量数据计算与校正

通量观测数据的计算与校正是通量观测的关键过程,不同的通量观测网络推荐的处理过程略有差异,图 2.1 是欧洲通量网(Aubinet *et al.*,2000;于贵瑞 等,2006b)框架,图 2.2 是中国通量网(于贵瑞 等,2006b)推荐的处理流程图。

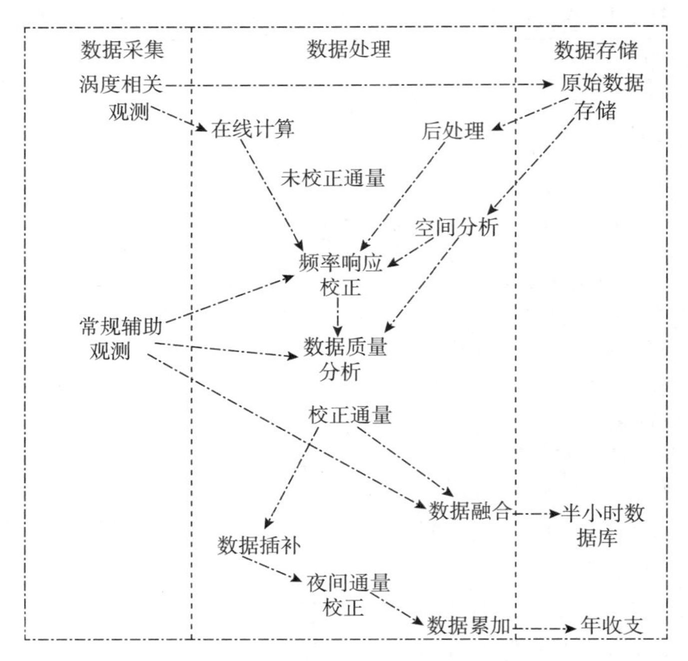

图 2.1　欧洲通量网数据采集、处理和存储框架

综合两者，结合 Li-COR 公司推荐的数据处理过程(Burba，2013)，通量数据处理与计算可认为包括如下步骤：半小时原始数据—野点去除—坐标旋转—通量校正—数据插补—数据质量控制—数据融合(半小时数据集)—年净交换量计算等。

①野点去除

湍流原始资料中的野点(大的瞬发噪音)主要是因：a. 环境因子，如雨、雪、尘粒等对传感器声光程的干扰，瞬间断电等，称“硬野点”；b. 电子电路，如 A/D 转换器、电缆(特别是长电缆)、电源不稳定等，称“软野点”而产生，可能会对方差、协方差值产生明显的影响。硬野点可直接利用仪器本身判定去除(如 diag≠0)，而软野点则经常采用方差判定方法去除(Vickers *et al.*，1997)，超过几倍(4～6 倍)方差的点认为是野点去除。

②坐标旋转

地表起伏情形下，必须进行坐标旋转或两面坐标拟合，使平均垂直风速、平均侧向风速为 0，消除地形影响，使超声风速平行于地面；倾斜地形状态下，必须进行平面坐标拟合，消除地形影响，达到新拟合平面上的通量与 3 个方向的协方差成一函数关系。通量计算时需要将超声风速计的笛卡儿坐标系转换为自然风(natural wind)或流线型(streamline)坐标系(Tanner *et al.*，1969；Kaimal *et al.*，1994；Wilczak *et al.*，2001)。坐标变换途径包括两次坐标旋转(Double Rotation coordinate，DR)和三次坐标旋转(Triple Rotation coordinate，TR)。通常使坐标系 x 轴与平均水平风方向平行，从而使平均侧风速度和平均垂直风速度为 0(所谓的二次坐标轴旋转)，并且使相应的平均侧风应力也为 0(三次坐标轴旋转)。

但在复杂地形或中尺度环流存在的条件下，进行二次或三次坐标系旋转的效果就值得怀疑，而且由于存在空气动力学方面的原因，也不应该最小化 $\overline{w'v'}$ (Weber *et al.*，1999；Wilczak *et al.*，2001)。然而，二次或三次坐标轴旋转也存在不足，主要是因为在通量平均期间内实际的平均垂直风速可能不为 0。对于每半小时的通量数据，假设平均垂直风速为

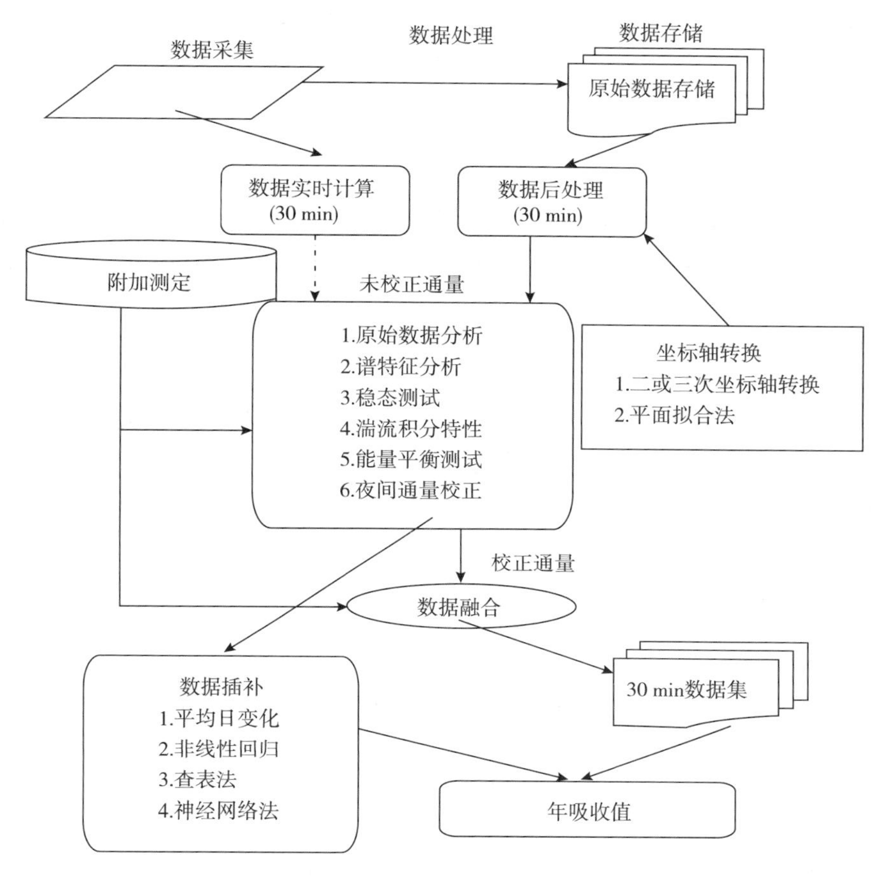

图 2.2 中国通量网数据采集、处理和存储流程图

0,并消除通量平均气流成分,则可能会产生偏差或单个通量和长期通量的系统低估。Paw 等(2000)和 Wilczak 等(2001)因此提出了平面拟合(Planar Fit,FP)法,也可用来估计平均垂直风速。

③通量校正

通量观测数据的校正包括:显热通量的超声虚温校正、WPL 校正(Webb-Pearman-Leuning correction)、频率响应校正及夜间通量校正等 4 个方面。

显热通量的超声虚温校正 涡度相关法观测中,超声仪输出的实际是虚温,其值易受空气湿度和侧向风速的影响。当前,虽各种三维超声风速仪在设计和生产时,大多考虑如何去除侧风对虚温的影响,但因受涡度相关原理本身的限制,空气湿度影响仍存在,因此处理通量资料时,仍有必要进行显热通量的超声虚温校正,以减少可能的误差(Schotanus *et al.*, 1983;Liu *et al.*,2001)。

WPL 校正(或称密度校正) 利用涡度相关法测定 CO_2 等湍流通量时,需考虑因热量或水汽通量的输送而引起的微量气体的密度变化。密度校正的目的是补偿因热量(显热)和水汽输送而引起的 CO_2 和 H_2O 等的密度变化。进行通量观测时,如果测量某种大气成分(如 CO_2)是相对干空气混合比的平均梯度或脉动变化,就可不进行校正;但如果测量某大气成分是相对于湿空气(而非干空气)的质量混合比,就需对显热和水汽通量的影响进行校正。

通量观测是直接测量某大气组分的平均梯度或密度脉动,需分别对显热通量和水汽通量的影响进行 WPL 校正(Webb *et al.*,1980;Leuning,2004),这就是目前通量观测中应用最广泛的密度校正。

频率响应校正　开路涡动相关系统观测通量时,湍流通量观测在低频受平均周期和/或高频滤波的影响,而在高频端又会受仪器响应特性的影响(Aubinet *et al.*,2000),会造成频率损失,包括低频损失(因不能分辨较大尺度湍流脉动而导致测定湍流通量偏低)及高频损失(因不能分辨较小尺度湍流脉动而导致测定湍流通量偏低)两部分。前者主要是由超声风速计与红外气候分析仪(IRGA)传感器响应能力方面的不匹配、标量传感器路径平均及传感器的分离(Moore,1986)等造成。

夜间通量校正　涡度相关系统设计主要考虑白天强对流条件下通量测定的要求。但在大气层结稳定、对流发展较弱的天气条件下,尤其在夜晚,不仅平流/泄流效应会经常发生,同时湍流运动也会向高频运动,以小涡运动占优势,此时会因仪器响应问题,产生观测仪器观测的限制。这些影响在夜间表现最突出,导致夜间通量的低估;另外,夜间涡度相关技术还不能测定非湍流过程的 CO_2 的储存效应,也会导致低估净生态系统 CO_2 交换量(Aubinet *et al.*,2000)。夜间 CO_2 释放量的测量不准确,会造成长期的碳平衡估算中较大的系统误差(Moncrieff *et al.*,1996;Baldocchi,2003)。

(4)通量数据质量分析与评价

利用涡动相关技术进行湍流通量观测与常规的气象观测不同,它要求仪器安装在通量不随高度发生变化的常通量层(constant flux layer)。并非所有涡动观测数据都可得到有效的统计结果,这是由湍流本身的规律和特点决定的。因此,通过数据质量评价(quality assessment),对湍流统计量进行有效质量控制(Quality Control,QC)就具有十分重要的意义。

通量数据质量控制是实现各通量观测台站最终通量数据质量保证(Quality Assurance,QA)的基础,它贯穿了从建站到最终数据产品生成的全部过程。对于单一通量站,为较好地了解本站陆地生态系统与大气间的作用过程,对通量观测进行质量控制必不可少;而对区域通量网或全球通量网来说,对各台站观测资料进行精度的对比和代表性的评价十分必要,那就必须对各台站资料进行一个统一可靠的 QC 程序。

涡动相关系统的质量控制,不仅要考虑仪器(传感器)的测量误差,还有考虑建立观测技术一涡度相关法理论假设的满足程度。涡度相关法的理论假设与观测地环境和气象条件关系密切,依赖于观测地点的“足迹”即源区分布,这与大气湍流的本质相关。大气湍流统计量存在许多不确定性,其本质远大于一般的平均量。研究表明,大气湍流的均值、方差、协方差等本身就具有多义性。涡动相关法测得的不同运动尺度中,有些尺度的运动可能就不属于湍流本身具有的;而这些非湍流运动对涡动相关通量计算常会带来偏差。在夜间稳定大气层结下这些情况更为常见。在大气湍流中非平稳性几乎普遍存在。

1)对原始数据的前期控制

对原始湍流脉动(10 Hz)资料,包括对 30 分钟或更小窗口的统计量的检查,主要包括传感器状态异常检查、野点去除、偏度与峰度检验、不连续性检验、方差检验、湍流谱分析。这是数据质量保证的基础。

2)对最终各通量数据的检查与评价

主要依据涡动相关通量(动量通量或 u_*、显热、潜热、CO_2 通量等)方法的物理基础,主要检查大气平稳性和湍流充分发展两个基本条件，其次关心的是被测下垫面的代表性（即足迹或贡献源区）问题和生态系统能量平衡闭合分析问题。

3）对湍流数据的评价控制

对湍流数据的评价控制，各国学者提出了众多方案，尤以 Foken 等（1996；2004）提出的方案得到了通量界的认可。他们以莫宁-奥布霍夫（Monin-Obukhov）相似理论为出发点，提出利用反映湍流平稳性状况的湍流稳态测试和反映湍流发展状况的湍流整体性检验结合的方法来评价湍流数据质量，根据不同的评价结果对湍流数据进行更为合理的应用。该方法在国内外得到了广泛的应用和发展，Rebmann 等（2005）提出把该方法作为数据前期质量评价的基本方法；Hammerle 等（2007）应用该方法对其湍流通量数据进行了筛选；宋涛（2007）应用该方法对三江平原湍流数据进行质量评价，并对其效果进行了基本描述，提议把该方法纳入到 ChinaFLUX 数据检验中。徐自为等（2008）利用其对密云湍流通量数据进行了定性和定量的评价。姜明等（2012）、李茂善等（2012）分别利用该方法对锡林浩特气候观象台和纳木错站的通量观测数据进行了质量检验，并对检验效果进行了评价与探讨。

自从 Pasquill 等（1983）提出明确的通量足迹（footprint）开始，各国学者们进行了大量的工作，提出了适合大气边界层内不同植被类型和不同高度上的通量足迹模型（Schmid，1994；Flesch，1996；Baldocchi，1997；Leclercm *et al.*，1997；Schmid，1997；Horst，1999；Kormann *et al.*，2001），并对通量足迹进行了相应的计算与求解。其中，瑞士学者 Schmid 1994 年提出的通量源区面积模型（The Flux-Source Area Model，FSAM）（Schmid，1994），在所有模型中，它的物理机制明确，使用简单。它可应用于大气边界层内的近地面层，通过输入 3 个复合参数数值便可计算得到足迹源区数值，至今仍得到广泛应用。相对于 Schmid 的 FSAM 模型，Kormann 等（2001）也给出了一个真正意义上的解析，其解析模式虽是显式函数，在应用上也较方便，但函数形式十分复杂，计算时必须利用计算机语言编程进行。对此，中外学者进行了大量的探讨，发展了不同类型的通量足迹模型（Kormann *et al.*，2001；Soegaard *et al.*，2003；赵晓松 等，2005；彭谷亮 等，2008；蔡旭晖，2008；Prabha *et al.*，2008；Wang *et al.*，2010；Cai *et al.*，2010）。

涡度相关技术的应用与发展，可以较为容易地获得生态系统能量平衡方程主要收支项——感热通量和潜热通量。涡度相关技术的基本假设建立在相似理论基础之上，CO_2 和水热具有相同的传输机制，因此，将能量平衡闭合程度作为评判涡度相关综合系统数据质量有效性的重要标准已经被人们广泛接受（LaMalfa *et al.*，2008；Wilson *et al.*，2000）。根据热力学第一定律和涡度相关系统的基本假设，能量平衡是指有效能量（available energy）和湍流能量（turbulence energy）间的平衡，能量不闭合就是指有效能量与湍流能量之差不为 0。

有两种最常用的能量平衡指标来评价能量平衡闭合度。第一个是根据有效能量和湍流通量间的线性回归方程的斜率和截距进行，线性回归方法最常用的是普通最小二乘法（Ordinary Least Square，OLS）；第二个分析方法是将由涡度相关仪器直接观测的湍流通量与有效能量的比值表示为能量平衡率 EBR（Mahrt，1998；Gu *et al.*，1999）。理想的结论是，第一种方法中，斜率为 1；第二种方法中，EBR 为 1。实际并非如此，对全球通量网（FLUXNET）50 站 1 年的观测数据进行分析表明，各站点普遍存在 10%～30%的能量不闭合现象（Wilson *et al.*，2002）。根据前人的研究，利用涡度相关系统获得的湍流能量通常不能平衡森林实际获得能量（即有效能量），涡度相关系统观测获得的数据要较辐射仪获得的数据偏小(Lee,1998)。

国内外许多学者分析了能量不闭合产生的原因(Blanken,1998;Lee *et al.*,2002.;李宏宇 等,2012;左洪超 等,2012),并提出了解决方法(Mauder *et al.*,2007;王介民 等,2009;李宏宇 等,2010)。至今,能量平衡闭合程度可作为观测系统性能和数据质量评价的一个有效途径。世界通量网(FLUXNET)的许多站点都把能量平衡闭合状况分析作为一种标准的程序用于通量数据的质量评价。

2.2.2 涡度相关法在森林生态系统中的应用

碳是生命有机体的最基本元素,与氧、氢、氮等元素相互耦合构成了整个森林生态系统,研究森林碳循环对掌握森林生态系统内其他物质循环和能量流动,以及了解森林生态系统的驱动机制具有重要作用。自1986年涡度相关法被首次应用于森林生态系统研究中以来,涡度相关技术在森林生态系统中的应用得到了快速发展。进入20世纪90年代,涡度相关法逐渐发展成为测定大气与群落碳通量的主要方法(Baldocchi *et al.*,1996)。90年代中后期,在一系列重大国际合作计划(如IGBP,WCRP,HDP等)的推动下,美国、欧洲和日本等发达国家和地区率先开展了横跨欧、亚和北美等气候带下森林生态系统CO_2和水热通量的观测。为了便于区域交流和实现数据共享,在美国和欧洲科学家的倡导下于1996年建立了全球通量观测网(FLUXNET)。到目前,已有500多个观测站点加入FLUXNET,站点分布从70°N延伸至30°S,涵盖了温带针叶林和阔叶林(落叶林和常绿林)及热带雨林、寒带苔原和草地、农田、湿地,以及极地冻土等各类型生态系统(http://fluxnet.ornl.gov/introduction)。中国陆地生态系统通量的观测网络(ChinaFLUX)建立于2002年,目前已建有50余个不同类型生态系统的观测站,同时开展陆地不同生态系统通量的观测和研究工作(马虹,2012)。

国外应用涡动相关法对不同气候带上的森林生态系统与大气之间碳交换量进行了研究,发现森林碳吸收率存在明显的纬度差异。Valentini(2000)收集了EUROFLUX网络下15个不同森林站3年(1996—1998年)的通量观测数据,研究发现,欧洲大多数森林生态系统是大气碳汇,年吸收量从$-1 \sim -6.6$ tC·hm^{-2}·a^{-1}不等,且随纬度降低,碳吸收量不断增大。另外,他还认为欧洲森林生态系统的净交换量(NEE)最终是由森林呼吸量大小决定,但这与Saigusa(2005)的结论不一致,Saigusa对日本寒温带落叶次生林经过9年(1994—2002年)的研究,认为控制温带落叶次生林的净生态系统交换量(NEE)是由总生态系统生产力(GEP)影响而非生态系统呼吸,且受植被生长期长短和短期气候异常变化影响较大。

森林的CO_2通量特征不仅存在日变化、季变化、年变化,而且森林不同发育阶段同样会影响到CO_2通量交换量(Chen,1998;Dolman *et al.*,2002;Anthoni *et al.*,2002)。如Anthoni等(2002)对美国俄勒冈州同一地区幼龄和老龄黄松林研究后发现,在春季和秋季,老龄黄松林的碳固化率都要高于幼龄黄松林,虽然由于受水分胁迫导致这种差异在夏季趋小,但纵观全年,老龄生态系统的呼吸(Re)和总生产率(GEP)都要高于幼龄林,两者最终结果决定了幼龄林净碳固化量要小于老龄林。Dolman(2002)等通过对荷兰地区的针叶林研究发现,不同月份林内CO_2含量梯度日变化表现出明显的差异,最大值出现在7月,达50×10^{-6},最小值则发生在11月,只有10×10^{-6}。研究同时还发现,即使在光合和呼吸都很弱的冬季，森林白天仍表现出数小时的碳汇特征，这也进一步解释了生态系统碳源汇效应是由光合作用和呼吸作用共同决定的。

最后，森林固碳量因林型不同也会产生差异（Lindroth，1998）。Berbigier（2001）根据法国 28 年生人工林的观测资料，计算出在两年的观测期内，森林的碳固定量为（11.5±0.8）$t \cdot hm^{-2}$，呼吸的碳排放量为（33.6±2.0）$t \cdot hm^{-2}$。Aubinet（2001）根据比利时 Ardennes 地区针阔混交林 15 个月的观测资料得到碳固定量为 0.6 $kg \cdot m^{-2} \cdot a^{-1}$。

国内方面，关于森林生态系统的研究在过去很长一段时间都主要集中在具体的生理生态问题上，而对碳和水热通量方面的研究则较少，直到 20 世纪 70 年代末，才开始森林生物量的调查（王妍 等，2006）。虽然起点较晚，但发展很快，自 2002 年 ChinaFLUX 的建立以来，我国先后启动了一系列重大陆地生态系统碳通量研究项目。到目前为止，已建立了千烟洲、鼎湖山、西双版纳、长白山和大兴安岭等 9 个森林生态系统通量观测站，促进了中国森林生态研究网络的发展。在不同森林气候带上，鼎湖山站进行了南亚热带常绿阔叶林碳素积累和分配特征的研究，并开展了森林生态系统碳通量微气象法观测（周存宇 等，2004；王春林 等，2007a）；长白山站进行了温带森林生态系统碳循环过程研究（于贵瑞 等，2004；关德新 等，2006；Zhang *et al.*，2006；赵晓松 等，2006；朱治林 等，2006；吴家兵 等，2007）；西双版纳站通过微气象和静态箱式两种方法研究了热带雨林生态系统的碳通量（张一平 等，2005；宋清海 等，2008）。随着这些研究工作的不断深入，必将推动我国在森林生态系统碳循环方面的研究迈进国际先进水平。

在森林生态系统中，碳与水分和热量实际上是相互联系、相互影响的。除了对森林生态系统碳的研究外，就是对森林生态系统水热通量的研究。一个地区的水分含量、水汽输送量以及水的相变，取决于地区的热力条件，而一个地区的水分分布的变化，又会调剂和改变地区的热状况。水热是森林生态系统中最为活跃、影响最为广泛的因子，直接影响着森林生态系统的生产力、森林及动植物种的空间分布，对维护生态环境起着举足轻重的作用。深入开展森林生态系统水热研究，能够为其他类型的陆地生态系统研究提供理论依据。

国外对森林生态系统水热通量研究较早，德国学者 A. Baumgartner 1952 年就发表了关于森林林冠作用层的热量平衡的文章。Matsumoto 等（2008）测定了远东地区寒带、寒温带和暖温带的 5 个森林生态系统显热和潜热通量，发现南部森林蒸散大于北部森林，夏季温带蒸散（平均为 2.9 $mm \cdot d^{-1}$）要大于寒带（平均为 1.7 $mm \cdot d^{-1}$），并认为造成相近纬度内水热通量差异的主要原因是地理位置和地表特征引起的气候的不同，而森林植被类型（如阔叶和针叶）对蒸散的影响较小。Kosugi 等（2007）应用涡度相关法研究了日本中部柏树林 3 年间蒸散量的季节和年际变化，发现尽管年降水量在 1 179～1 971 mm 之间波动，但柏树林蒸散量年际波动较小，平均值为 735 mm，表明年降水量（土壤含水量）对森林蒸散影响较小。冠层传导率与叶面积指数和空气饱和汽压差值之间分别呈极显著的正、负线性相关关系，在生长旺季的中午，冠层传导率为 6.7 $mm \cdot s^{-1}$，在冬季出现下降。Lee 等（2007）利用涡度相关法获得的半干旱地区松树林生长季的通量数据进行模拟研究，发现改进后的土壤-植被-大气模型（SPAC）能够较好的模拟潜热通量及显热通量数据。

我国对森林热量平衡的研究较晚，Wei 等（2005）综合前人研究后得出，蒸散是我国北方森林最重要的耗水支出，占据了 80%～90%，而南方热带雨林蒸散只占总耗水支出的 40%～50%。张新建等（2011）分析比较了 2008 年长白山阔叶红松林生长季和非生长季能量平衡各分量和蒸散量特征，证实了森林蒸散耗水是我国北方森林最重要的水分支出项。能量平衡方面，夜间 CO_2 通量的不确定性在一定程度上影响了月尺度及全年、季节变化的特征。许多学者还利用涡度相关系统研究森林生态系统的辐射，袁凤辉等(2008)研究了长白山红松针阔混交林的光合有效辐射特征，王旭等(2007)研究了鼎湖山针阔混交林的光合有效辐射的时空格局，李麟辉等(2011)开展了哀牢山亚热带常绿阔叶林下光合有效辐射时空分布研究，吴志祥等(2012;2013)初步研究了橡胶林生态系统能量辐射方面的特征。对辐射能量进行研究，能更好地理解森林生态系统总生产力和净碳收支状况。

2.3 橡胶林生态系统碳平衡研究进展

针对热带橡胶林生态系统的生物碳循环与碳蓄积的研究，可追溯到 20 世纪 80 年代的生物量估算研究。胡耀华等(1982)研究认为橡胶树的生长服从相对生长法则，生物量及其分配因品系、树龄的不同而异：广东垦区 20 龄胶园的总净生产量的最大值约为 480 $t \cdot hm^{-2}$，干物质生产率的最大值约为 23.85 $t \cdot hm^{-2} \cdot a^{-1}$，比马来西亚的最大值约低 33%；90 年代，周再知等(1995)利用数学模型模拟其生物量，依据生物体各部分器官与测树因子之间存在着相对生长规律，以树围(G)或胸径(D)的平方乘以树高(H)为自变量(D^2H)，建立橡胶树树叶、树干、小枝、树根、树头、地上、地下部分及全株生物量估测模型，并依此建立了橡胶树生物量表。近年来，仍根据不同方法在不同地区、对不同品系橡胶树的生物量进行估算(贾开心 等，2006；沙丽清，2008；曹建华 等，2009；唐建维 等，2009)。至于进行尺度上推，利用模型模拟研究大面积橡胶林生物量，还没有见诸报道。

橡胶林碳循环与碳蓄积的研究刚开始进行。蒋菊生等(2002)从橡胶树生态服务功能角度，研究了中国橡胶林每年从大气中固定的 CO_2 总量为 411 万 t，橡胶林 CO_2 的固定能力是热带山地雨林的 4.7 倍。植胶 50 年来，中国橡胶林已累计固定 CO_2 达 11 292 万 t，对短期内缓解大气的温室效应发挥了巨大的作用。杨景成等(2005)研究了西双版纳农田弃耕建立橡胶园对碳的固存，结果显示，从建成到 40 年橡胶林植被与表层土壤较农田均会有较大程度的碳固存。Cheng 等(2007)研究了海南岛种植橡胶土壤氮和碳固存变化情况，结果显示，植胶 30 年橡胶林碳固存可达 272.08 $t \cdot hm^{-2} \cdot a^{-1}$，其中 57.91%固存在落叶中，相比热带雨林(234.305 $t \cdot hm^{-2} \cdot a^{-1}$)和热带次生林(150.203 $t \cdot hm^{-2} \cdot a^{-1}$)，橡胶林碳固存潜力更大。沙丽清(2008)计算的林龄 15 年橡胶林生物量中的碳储量为 75.361 $t \cdot hm^{-2}$，远远低于季节雨林定位样地植物生物量碳储量(180.46 $t \cdot hm^{-2}$)，土壤中为 144.3 $t \cdot hm^{-2}$，总的碳储量为 219.661 $t \cdot hm^{-2}$，植物中的储量占 34.3%，土壤中的储量占 65.7%。15 年橡胶林土壤碳储量仍低于全国森林土壤的平均碳储量(193.55 $t \cdot hm^{-2}$)。类似的研究还较多(Zhang *et al.*，2007；Wauters *et al.*，2008；张敏 等，2009)，但相互间出入较大，与热带季节雨林相比，橡胶林的地上年凋落物量较低，而地面凋落物残留量较高，反映了橡胶林凋落物分解速率较低；橡胶林表层土壤总有机碳、生物活性有机碳和微生物生物量碳含量只有热带季节雨林土壤的 60%～70%。这也反映了此方面的研究还不透彻。邓万刚等(2007)通过对天然次生林和不同种植历史的橡胶林土壤有机碳含量的分析，研究了海南热带天然次生林转变为橡胶以及橡胶不同种植历史对土壤有机碳含量的影响，天然次生林开垦后种植橡胶林仅造成土壤剖面中第二层(10～20 cm)有机碳含量显著减少，而其他层次(分别为0～

10,20～50,50～100 cm)有机碳含量减少不显著。

而对于橡胶林生态系统碳通量研究,根据网络搜索,现在已经在橡胶林生态系统中建立了观测铁塔进行涡动相关观测的国家只有泰国(法泰合作,Chachoengsao Rubber Research Center)、科特迪瓦(法科合作)和中国。在可找到的文献中,国外也只有法国与泰国合作的1 篇文献进行过此方面的研究,是 2007 年国际天然橡胶研究与发展组织(IRRDB)年会论文(Thaler *et al.*,2007),这实际也是介绍性的文章;法泰合作和法科合作至今没有实际的研究成果。据了解,主要是因为热带地区降水过多,涡度相关系统尤其是开路系统数据不稳定,数据不能较好地反映橡胶林的实际情况,虽然已经建立了观测系统 5～6 年,但一直没有研究结果出来。中国橡胶林通量观测从 2009 年底开始进行,已经开展了初步的通量研究(吴志祥 等,2010)。我们的实验站——农业部儋州热带作物科学观测实验站吸取了他们的经验教训,配备了水汽-CO_2 廓线系统、梯度观测系统,在通量观测涡度系统数据不稳定时(主要因降水天气),可利用另外的数据进行插补、验证与校正。我们正是利用此优势,进行橡胶林生态系统碳通量研究,开展橡胶林生态系统碳平衡研究。

2.4　研究述评

2.4.1　碳平衡研究中存在的问题

(1)更新与完善碳平衡研究方法

陆地生态系统碳平衡研究主要包括碳通量和碳循环两个方面,在长期的研究过程中,针对不同生态系统类型和不同时空尺度,研究者们总结出了多种不同的研究方法。但是,由于陆地生态系统的复杂性和不确定性,不同的研究在方法、时间和空间尺度上的差异,使得同一地区的研究结果出现不一致甚至完全相反,进而导致研究结果在向区域或全球尺度推演时出现很大的困难。另外,一些研究方法自身存在不足,也极大地影响了结果的精确度。例如,被认为是目前测定生态系统碳通量最标准的涡度相关法,也没有很好地解决真实地形条件下坡度造成的泄流、平流以及夜间林下碳储存的影响,这往往造成 CO_2 交换量被低估的现象;在利用模型法对区域或全球尺度上土壤和植被的碳储存现状及未来预测过程中,为保证结果的准确性,需要确定大量参数,这不仅增加了工作的困难,也增添了模型运行过程的复杂性,限制了人们对模型过程的理解和应用。另外,在模型的选用中,还存在很大的主观性。不同研究者会根据各自的研究内容,采用不同的模型,而不同模型间的结果往往会表现出不一致,带有很大的不确定性。最重要的是,再精确的模型也很难模拟出所有的自然过程,不同的模型都具有不同的缺点或只适用于特定的生态系统。因此,今后在对陆地碳平衡和生态系统对全球变化的响应的研究中,需要对不同的研究方法进行优劣互补,或探索出一种新的综合研究方法,提高结果的准确性和可靠性。

(2)加强碳循环和碳交换的机理研究

生态系统碳循环和碳交换过程是指植被光合作用固定 CO_2 和动植物以及土壤呼吸释放 CO_2 的过程,是一系列外界环境(温度、湿度、气压和光照辐射等)作用于生物体后引发的复杂的生理代谢过程的外在表现。目前,关于生态系统碳平衡的研究也主要集中在不同光照辐射、环境温湿度和降水量、地形、植被等生态因子对生态系统固定和释放 CO_2 量的研究上，对引起生态系统 CO_2 吸收释放动态变化的植物和微生物生理机制的研究还存在明显的不足。因此，在今后影响碳循环和碳交换的机制研究中，这方面的研究有待加强。

(3)评估人工林生态系统碳平衡

人类活动是造成大气中温室气体浓度增高的主要原因之一，这不仅包括因大量化石燃料燃烧释放 CO_2，还包括因对森林的乱砍滥伐、改变土地利用类型与覆盖和其他一些经营性活动等造成的原有森林生态系统碳平衡状态的破坏，极大地改变了原有森林生态系统的碳源/汇功能。对于我国而言，原始森林较少，作为世界上人工林发展最快的国家，具有世界上最大的人工林覆盖面积，但是有关不同人工林类型和林龄的碳汇效应尚未完全确定。因此，在国际碳贸易谈判日益激烈的今天，准确评估我国不同区域、不同立地条件和不同林分的碳汇效应，对提高我国政府在国际谈判中的话语权，维护国家利益具有重要的意义。

(4)分析历史数据，建立统一标准数据库

为了便于数据共享和加强交流，在欧美和日本等发达国家和地区生态学家的倡导下于1996年建立了全球通量网(FLUXNET)，第一次实现了跨区域、跨国家尺度的生态系统碳平衡合作研究，为准确估计全球碳循环做出了重要的贡献。但是，由于不同站点间所研究的深度和测定指标的不一致、研究方法和数据处理的不统一、数据获得的不系统性及时空尺度选择的差异多样性，导致不同研究结果间的可比性较差，甚至同一地区不同的研究存在相反的结论。中国通量网(ChinaFLUX)在中国生态学家带领下，于2002年开始运转，制定基本一致的运转模式，为数据统一打下较好的基础。因此，在下一步工作中，加强对历史数据的收集与整理分析，在统一的标准下建立起世界范围内被认可的数据库就显得尤为重要。

2.4.2 涡度相关技术研究中存在的问题

涡度相关法是当前测定群落-大气通量的标准方法，得到世界范围内的广泛认可。涡度相关技术的发展使生态系统通量长期连续观测成为可能，但由于使用涡度相关仪对环境条件要求下垫面平坦、均一，仪器精密度高，在日常使用中，如果维护不当，容易造成观测结果出现较大误差，进行更大尺度推演时也会出现较大的不确定性。总体来说，涡度相关技术在实际应用中主要还存在以下几方面的不足。

(1)仪器设备易受地形和气象条件制约

应用涡度相关技术的一个重要假设是仪器安装的下垫面应平坦、均一，且大气边界层下方 CO_2 垂直通量随高度不发生变化。但实际观测中地形和气象条件往往非常复杂，山地凹凸倾斜、下垫面的障碍物等均会引起二维和三维气流的运动，使雷诺方程失去平衡，从而导致垂直通量可能系统地偏离真正的净生态系统 CO_2 交换量(NEE)；在夜间，近地层大气稳定，垂直方向上湍流运动小，土壤和植被呼吸排放出的 CO_2 很难向上输送到仪器测定高度(h)处而被存储在林下或冠层附近，导致夜间观测值偏低；受复杂的下垫面对气流的干扰，气流经过时会产生辐散或辐合运动，产生平流效应，从而导致净生态系统 CO_2 交换被低估(Baldocchi *et al.*，2000)。另外，涡度相关的传感器十分精密，长期在野外观测时经常需要维护，在恶劣天气下易受损坏。

(2)涡度相关系统观测中的能量不闭合现象

能量闭合程度是检验涡度相关技术数据可靠性的一个重要指标，但从现在大多数站点的观测结果看，涡度相关测定碳通量普遍存在能量不闭合现象。例如，有研究发现 FLUX-NET 站点的平均能量不闭合度为 20%(Wilson *et al.*，2002)，ChinaFLUX 站点的平均能量不闭合度则更高，达到 27%(Li *et al.*，2005)。王春林等(2007a)在研究鼎湖山观测数据后发现能量不闭合度为 33%～47%，要高于 10%～30%(Baldocchi *et al.*，2000；Aubinet *et al.*，2001)普遍值。影响能量不闭合的因素有很多，Wilson 等(2002)总结前人的研究后认为，导致能量不闭合的主要原因有仪器系统误差、采样随机误差、高频或低频通量的损失及 CO_2 存储和平流效应等。受技术和理论的限制，目前要验证和量化各因子对能量闭合的贡献还存在很大的困难，也是当前涡动界亟需解决的问题。

(3)涡度观测数据校正与插补复杂

涡度相关数据校正与插补对于不同站点，其方法不一样，这就要求各站点根据自身情况确定最优的校正与插补方法。目前关于涡动相关数据插补方法并不统一，最常用的有查表法(LUT)、平均昼夜变化法(MDV)、非线性回归法(NLR)、动态线性回归法(DLR)、人工神经网络法(ANN)及 FAO-PM 和 HANTS 等，不同方法适用的条件不同(Andrs *et al.*，2008；徐自为 等，2009)，例如，MDV 常被用于短时气象数据缺失(30 分钟数据)，而 HA-NTS 只适用于长时间数据缺失(日数据缺失)，对短时间缺失数据插补易产生较大误差。不同插补法计算出的通量结果会存在一定的差异(Falge *et al.*，2001；Alavi *et al.*，2006)，在实际情况下，不同的研究者根据自身状况采用各自的方法进行数据插补，这必然会影响结果的可比性。另外，在数据处理过程中，还要包括野点剔除、延迟时间的校正、虚温转化、坐标轴旋转及 WPL 修正等一系列复杂处理过程。因此，熟练应用涡度相关法还需具备较高的理解力和理论素养。

(4)与其他模型进行融合，进行尺度扩展存在不足

目前，人们还难以直接测量区域和全球的碳通量，只能基于不同站点的观测数据应用模型反演推算不同时间和空间尺度的通量变化趋势。但是，全球通量观测站只有 500 多个，通量观测站点严重不足，在空间或植被类型上分布极为不均，涡度相关法观测的通量代表范围有限(仅仅只能代表几百米到几千米的范围)，因此观测结果难以推演到更广阔的区域。要准确评价中国、大洲甚至全球陆地生态系统碳源/汇功能，还需要更长时期和更广范围的观测研究工作。将地面观测数据同遥感观测及全球碳循环模型相结合是未来涡度相关技术和区域甚至全球碳循环研究的趋势。

2.4.3 橡胶林碳平衡研究中存在的问题

对橡胶林生态系统而言，其碳平衡研究还处于起步阶段，许多方面甚至还没有真正进行。

从橡胶林碳库研究来看，无论是植被生物量碳库、凋落物碳库，还是土壤碳库，研究并不全面，相互间数据存在较大差异。对于生物量碳库，还没有完全合理的材积方程，一方面是因为橡胶树本身价格较高，无法进行大范围的伐树模拟；另一方面是因为橡胶树不同栽培品系、不同林龄段、不同种植地区、不同抚管水平等，相差较大。对于凋落物碳库，同样也会因品系、林龄、地区差异导致较大不同。对于土壤碳库而言，会因地形坡度、土壤母质及其抚管水平等而差异较大。

从橡胶林生态系统碳通量研究来看，现在全世界也就3个国家进行观测与研究。泰国、科特迪瓦经过6～7年的时间，因其系统设计、数据处理等方面的原因，至今仍没有真正的研究结果出来。中国橡胶林通量观测研究虽开展较晚，但进展顺利。

至于涡度相关技术在森林碳平衡研究中存在的其他问题，在橡胶林生态系统研究中也同样存在。橡胶林生态系统碳平衡研究任重道远。

第 3 章
研究地区自然概况

3.1　地理位置

研究地点位于海南省西北部，中国热带农业科学院试验农场第三试验区。试验地位于农业部儋州热带作物科学观测实验站内(19°31′47″N，109°28′30″E)，距儋州市区约 15 km (图 3.1)，平均海拔高度为 144 m。

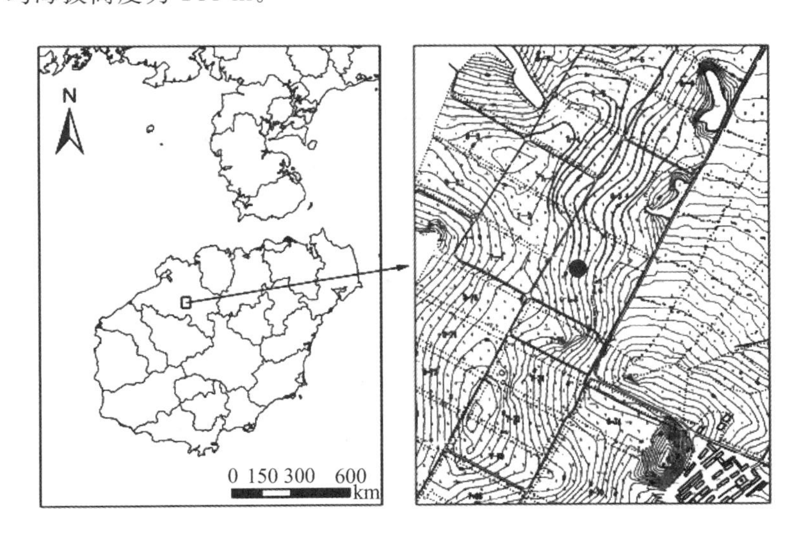

图 3.1　试验地位置

3.2　地形与土壤

实验区地形为缓坡丘陵(相对高度差<10 m)，土壤主要为花岗岩母质风化而形成的砖红壤，土层厚度为 100 cm 左右，有机质含量中等，富钾而缺磷，沙壤土和砂砖土为主要类型，pH 值为 4.5～5.8。

3.3　土地利用与覆盖变化

该实验区为第二代胶园，林下植被主要为当年生草本植物，部分林段有人工种植的葛藤、桑树、黄金鸟蕉等作物。12 月—翌年 2 月胶林间有压青、施肥、除杂草、修环山行等林间管理措施。5—12 月为割胶采胶期,对土壤扰动较小。

3.4 气候

试验地区属典型热带海岛季风性气候区,一年分明显的旱雨两季,冬春干旱,夏秋多雨,气温年较差小,实验区内年平均气温为 20.5~28.5 ℃,最冷月平均气温为 16.5~17.6 ℃,全年日平均气温≥10 ℃的积温为 8 500~9 100 ℃·d;雨季一般出现在 5—10 月,旱季为 11 月—翌年 4 月,平均降雨量为 1 607~2 000 mm,主要分布在 7—9 月,占全年降雨量的 70%以上;年平均相对湿度为 83%。年太阳辐射为 485.56 kJ·cm^{-2},年日照时数为 2 100 h,常年平均风速为 2~2.5 m·s^{-1}。

3.5 橡胶林植被

本研究试验样地选取中国热带农业科学院试验农场第三试验区 8 个林段。试验样地选择 4 种不同林龄橡胶林样地:老龄即将更新树(33 年)、开割晚期树(19 年)、开割早期树(10~15 年)、幼林晚期树(5 年),试验林分的立地状况详见表 3.1。

表 3.1 不同林龄橡胶林生态系统立地条件及林分概况

研究样地		立地条件				林分概况				
样地林段号	定植年份(林龄)①(年)	土壤类型②	土层厚度(cm)	土壤pH	面积(hm^2)	栽培品系	林分密度③(株·hm^{-2})	平均径围④DBH(cm)	叶面积指数⑤LAI	林下植被组成⑥
7-74	2006(5)	黏砖土	80	5.17	1.9	热研 7-33-97	425	11.73	5.08	1~7,11,13
7-1	2001(10)	砂黄砖土	73	4.61	2.1	热研 7-33-97	451	48.41	3.82	1~12,17
7-2	2002	砂黄砖土	73	4.59	2.2	热研 7-20-59	451	52.34	3.91	1~12,13,17
7-3	2002	砂黄砖土	73	4.64	2.0	热研 7-20-59	448	54.61	3.57	1~12,17
7-5	2003	砂黄砖土	73	4.71	2.2	热研 7-20-59	448	53.49	3.46	1~12,13,17
7-66	1992(19)	砂砖红土	87	4.82	2.1	热研 7-33-97	335	66.27	3.37	1~14,18~20
8-74	1978(33)	砂砖红土	95	4.93	2.3	PR107	350	82.79	2.23	1~9,11~26
6-12	2001(10)	砂黄砖土	73	4.61	3.4	热研 7-33-97	380	46.41	3.81	1~12,17

注:①括号内林龄表示进行相关试验时年龄;②本研究中 5 个研究样地均属砖红壤类型,在此类型下有少许差异;③该林段实际存活株数可能因风、寒、旱、病虫害等原因而减少;④平均径围为距地面 1.5 m 高度处该林段胶树主茎干平均茎围;⑤叶面积指数测定仪器为 LAI-2000,表中数据为 2010 年 9 月中旬数据;⑥各样地林下植被类型调查结果如下:

草本植物:1. 天堂鸟(鹤望兰)(*Strelitzia reginae* Aiton);2. 莲子草(*Alternanthera sessilis* (L.)DC.);3. 飞机草(*Eupatorium odoratum* L.);4. 三角草(*Chlorophytum laxum* R. Br.);5. 地胆草(*Elephantopus scaber* L.);6. 假臭草(*Praxelis clematidea* King et Robinson);7. 含羞草(*Mimosa* pudica L.);8. 扇叶铁线蕨(*Adiantum flabellulatum* L.);9. 海芋(*Alocasia macrorrhiza*(Lour.) Schott);10. 猪屎豆(*Crotalaria pallida* Ait.)等。

藤本植物:11. 龙须藤(*Bauhinia championii* (Benth.)Benth);12. 海金沙(*Lygodium japonicum* (Thunb.)Sw.);13. 越南葛藤(*Pueraria montana* (Lour.) Merr.);14. 白薯莨(*Dioscorea hispida* Dennst.);15. 菝葜(Smilax china L.);

16. 光叶菝葜(*Smilax glabra* Roxb.);17. 青藤仔(*Jasminum nervosum* Lour.)。

灌木植物:18. 刺葵(*Phoenix hanceana* Naud.);19. 细孔紫金牛(*Ardisia porifera* Walker);20. 白花灯笼(*Clerodendrum fortunatum* L.);21. 假黄皮(*Clausena excavata* Burm.)f.);22. 梵天花(*Urena procumbens* Linn.);23. 粽叶芦(*Thysanolaena maxima* (Roxb.) Kuntze);24. 海南玉叶金花(*Mussaenda hainanensis* Merr.);25. 藤金合欢(*Acacia sinuata* (Lour.) Merr.);26. 紫玉盘(*Uvaria microcarpa* Roxb.)。

第4章 研究方法

4.1 试验设计

4.1.1 碳储量检测试验设计

本研究试验样地选取中国热带农业科学院试验农场第三试验区5个林段，试验样地选择5种不同林龄橡胶林样地：林段6-12，7-2，7-3，7-5和7-74(林龄主要为10～15年和5年，实际上我们也在其他林段进行，但因更新等人为干扰严重，部分数据缺失没有考虑进来)，试验林分的立地状况详见表3.1。

4.1.2 碳通量分析试验设计

(1)橡胶林生态系统微气象铁塔观测

儋州实验站自2009年11月起开展了近地层通量观测(包括涡度相关系统、梯度观测系统和廓线系统)。通量观测铁塔建设在林段6-12(两个林段合并在一起，面积为3.4 hm^2)内，橡胶林2001年种植，2010年林冠平均高度为11.4 m，平均胸径为18.50 cm；橡胶林叶面积指数为2.1～6.5(2010年1—12月)。周围胶园连片，面积在5 hm^2以上。

观测铁塔1 m×1 m钢结构，高50 m，内高扶手可攀爬。铁塔布置在该林段中央，从地表以下1 m到铁塔顶端，包括三大分系统：常规气象观测系统(RMET，Routine Meteorological observation system)、开路涡度相关系统(OPEC，Open Path Eddy Covariance system)和八层闭路水汽-CO_2廓线系统(CPP，Closed Path Profile systems)。传感器安装详见4.3.1。

(2)橡胶林生态系统土壤呼吸观测

采用随机区组设计布置实验样地，4个林龄级水平的林段为：幼龄晚期(5年)、开割早期(10年)、开割晚期(19年)和老龄即将更新(33年)。详细观测方法见4.2.4。

4.2 碳储量观测与检测

4.2.1 生物量

(1)取样方法

1)橡胶树测量与取样

2008—2012年，每年12月份测量选定的5个林段(7-74,7-2,7-3,7-5,6-12)全部橡胶树的1.3 m处茎围，然后利用相关模型估算全部橡胶树(包括地上部分和地下部分)的生物量。每年9月从上述5个林段取样，各林段样品包括橡胶树茎干、枝、叶、根、皮等各500 g左右，称重后回实验室检测碳含量。

2)林下植被取样

在上述5个林段中，每个林段取样4个大小为10 m×10 m的样方，选定2009—2012年4,8,12月刈割林下植被的地上部分，绞碎混合均匀，称重取样后回实验室检测有机碳含量。用土钻采取除橡胶树外的林下植物根系(取样深度为50 cm)，记录采样数，筛选出全部根系，称重后回实验室检测有机碳含量。

3)胶乳含量检测

选取4个开割林段(林段7-74是幼林，未开割)，于2009—2012年橡胶开割季节(4月中旬至12月中旬)每月上、中、下旬进行3次割刀，利用干胶含量自动测量仪测量40株样树的干胶含量，并取样回实验室检测，记录整个林段胶乳产量和干胶含量。

(2)检测方法

将采集的橡胶树、林下植物、根系、胶乳等鲜样带回实验室，称重，再放入100 ℃烘箱中烘干至恒重即为样品干重，再利用重铬酸钾干烧法(鲍士旦,2000)测定样品含碳率，样品含碳率以 $g \cdot kg^{-1}$ 表示。

(3)计算方法

橡胶树生物量利用测量的橡胶树茎围，选择周再知等(1995)、唐建维等(2009)、贾开心等(2006)模型 $W = aD^b$ (式中：W 为生物量；D 为树木胸径；a 和 b 为参数)形式进行估算，再利用各组分含碳率计算橡胶树生物碳储量。周再知等(1995)模型中，原式自变量为树围 G，先转换为胸径 D 再进行估算。

林下植被及其根系、胶乳等的碳储量根据样品含碳率乘以单位面积样品干重即可得到。

(4)测定方法

叶面积指数观测：2010年每个月中旬选取阴天或者晴天早晨与傍晚无阳光直射时段，利用植被冠层仪LAI-2000(Li-COR,美国Li-COR公司)测定第三试验区24个林段的LAI，然后取每月平均值。测定方法(Li-COR,1992)如下：先在林外开放地测定若干个 A 值，然后进入相应林段内测定 B 值。测定 B 值时，沿林段两条对角线方向进行测定，林段内 B 值观测20～40个，观测人员前进方向应注意本身阴影不能挡住探头光线，如遇有坡度地形，探头应与坡向垂直。

4.2.2　土壤有机碳

(1)取样方法

在4种不同林龄橡胶林地(林段7-74,7-1,7-66,8-74)内按S形随机设置5个采样点，每个样点分0～15,15～30,30～45,45～60,60～100 cm 5个剖面采集土壤样品，同时测定每个剖面的土壤容重，每个样点布设5个剖面，每个剖面每个层次采集5组土壤样，同等剖面土壤均匀混合后四分法取1 kg左右，标记装入密封袋带回实验室内分析，测定出各剖面土壤样品的有机碳含量和容重。土壤样品采集时间于2011年7月上旬至中旬。要求取样前连续3天晴天。

(2)检测方法

土壤容重的测定采用环刀法,不锈钢铝盒整个压入每层中部,取出环刀削齐盒口,盖好铝盖,并将铝盒装入密封塑料袋中,带回实验室内立即称鲜重,105 ℃烘干称至恒重,求得水分和土壤容重。

将土壤样品带回实验室,去除枯枝落叶、根系等杂物,采用烘干法测定土壤的含水量和吸湿水。土样经风干处理后过 0.25 mm 筛,采用重铬酸钾容量法——外加热法测定土壤有机碳含量(鲍士旦,2000),有机碳含量为质量分数($g \cdot kg^{-1}$)。

(3)计算方法

本研究对土壤有机碳储量量化限定在 0～100 cm 土壤深度,不包括地表凋落物成分。土壤有机碳储量用以下公式计算(蔚海东 等,2005):

$$SOC = \sum_{i=1}^{5}(C_i \times d_i \times D_i) \tag{4.1}$$

式中:SOC(Soil Organic Carbon)为土壤有机碳储量($t \cdot hm^{-2}$);C_i 为土壤碳含量(%);d_i 为土壤容重($t \cdot m^{-3}$);D_i 为土壤厚度(m)。

4.2.3 凋落物

(1)取样方法

凋落物的收集采用直接收集方法。在 4 个实验林地(林段 7-74,7-1,7-66,8-74)内随机布置 5 个 2 m×2 m 的凋落物收集器,4 m^2 的凋落物收集器用 1 mm^2 的尼龙网制成,放置于距地表 10 cm 高度,每月 8—10 日根据天气情况收取一次,将凋落物分成叶、枝、繁殖组分(包括花、果和种子)和其他(杂物)4 个组分,每个组分抽样带回实验室烘干(105 ℃)至恒重,称其质量,用于计算各林龄橡胶人工凋落物月凋落产量和有机碳含量,然后根据各样地面积计算出叶、枝和繁殖组分等的年凋落物量和碳蓄积量。

(2)检测方法

采用重铬酸钾容量法——外加热法(鲁如坤,2000)测定胶林凋落物各组分有机碳含量,并根据各组分碳含量推算单位面积凋落物年归还碳总量。

(3)计算方法

凋落物年输入碳总量(年归还量)按下式计算(潘辉 等,2010):

$$LC = \sum_{i=1}^{12}\sum_{j=1}^{4} L_{ij} \times C_{ij} \tag{4.2}$$

式中:LC(Litter Carbon)表示凋落物年输入碳量($t \cdot hm^{-2}$);L_{ij} 为第 i 月第 j 组分的凋落物量($t \cdot hm^{-2}$);C_{ij} 为第 i 月第 j 组分凋落物的碳含量(%)。

4.2.4 土壤呼吸

(1)土壤呼吸组分分离

本研究通过对测定样地(林段 7-74,7-1,7-66,8-74)进行分区处理,在不干扰原有土壤与生物的情况下定点原位测量,可分离土壤呼吸组分各分量值,有利于提高测定的准确性。在每个林龄级水平设置 4 个处理小区(表 4.1),3 个重复的 12 m×6 m 样地共计 12 个(4 个林段共布设样地 12 个)。土壤呼吸根系排除土壤环提前 6 个月安装之后才进行测定试验,一方面是为了等原有植物根系腐烂后再开始测定，以排除此干扰；另一方面是等土壤结构恢复原有状况后进行测定（虽然此试验改变土壤结构很少，但仍有扰动）（吴志祥 等，2011）。土壤呼吸组分分离测定小区样地设置见图 4.1。

表 4.1 4 个处理小区设置情况

编号	处理小区	测定内容
CK_1	非根系排除土壤环＋去除凋落物层	用于计算根呼吸速率
T_1	根系排除土壤环＋去除凋落物层	用于计算矿质土壤呼吸速率
T_2	根系排除土壤环＋保留凋落物层	用于计算土壤异养呼吸和凋落物呼吸
CK_2	非根系排除土壤环＋保留凋落物层	用于计算土壤总呼吸速率

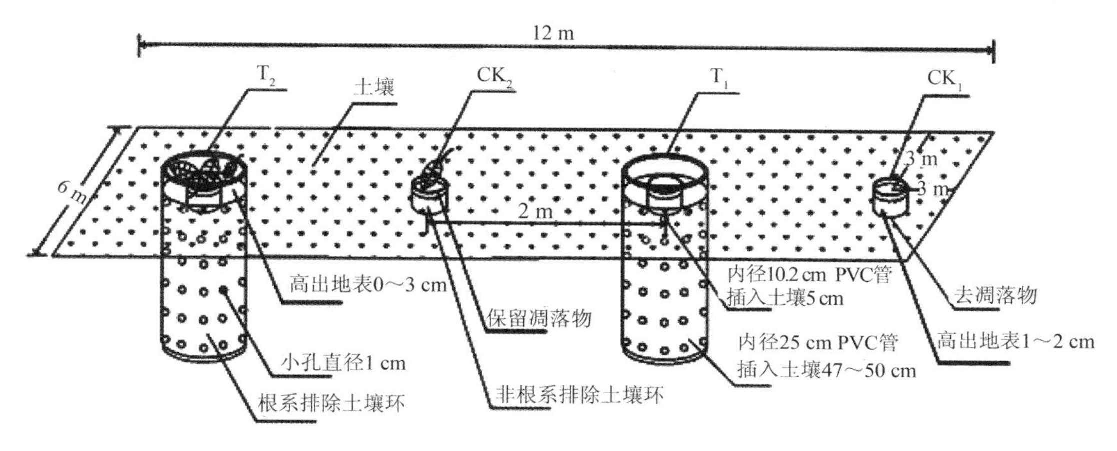

图 4.1 土壤呼吸组分分离测定小区样地设置

所述非根系排除土壤环是在每块固定样地内随机安置内径为 10.2 cm，高为 6 cm 的 PVC 土壤环（Li-6400 光合呼吸测定仪配备），留出地面 1～2 cm。为避免外界影响，每个 PVC 环布置距样地边缘 3 m，并标记以保持 PVC 土壤环在整个测定期间的位置不变。

所述根系排除土壤环是在每个样地内随机安置内径为 25 cm，高为 50 cm 的带小孔的硬质大 PVC 管土壤环（管厚 5 mm），其嵌入土壤深度达 47～50 cm（以防止植物根系侵入，但可以使土壤中水分或者部分微生物自由流动或移动，而不会因根系排除环直壁密封原因改变土壤结构，影响测定的准确性），并将大 PVC 管内所有活体植物除去，然后在每个大 PVC 管环内安置一个内径为 10.2 cm，高为 6 cm 的 PVC 土壤环，留出地面 1～2 cm。所述大 PVC 管土壤环上的小孔的孔直径为 1 cm。

所述保留凋落物层是在除去 PVC 环内所有活体植物后保留土壤表层凋落物不去除。用来测定土壤呼吸速率，每次测量前将测点范围 1 m×1 m 内的草本紧贴地表剪除。

所述去除凋落物层是在除去 PVC 环内所有活体植物后将土壤表层的凋落物全部去除，仅保留矿质土壤层。用来测定凋落物呼吸速率，每次测量前将测点范围 1 m×1 m 内的草本紧贴地表剪除。

（2）土壤呼吸速率测定及各组分离量化

采用 Li-COR 公司生产的红外气体分析仪（IRGA）Li-6400 为土壤呼吸测定仪器。利用

Li-6400 便携式光合作用测定仪配备的土壤呼吸室(09 叶室)测定系统,测定实时的各处理小区的土壤呼吸各参数,并测定实时的各处理小区的相关环境因子。各林龄级橡胶林土壤呼吸组分分离量化见表 4.2(吴志祥 等,2011)。

为保证橡胶林土壤呼吸的观测效果,选择晴好天气的时间观测。土壤呼吸月变化的测定,选定每月中旬 09:00—11:00 测定,每个处理进行 3 个重复。各季度 24 小时变化上午测定值代表测定当月的土壤呼吸月变化值。由于实验仪器数量有限,观测土壤呼吸日变化时每 2 个林龄林段样地为相邻时间观测。日变化每季度测定一次:当天 09:00—22:00 每 2 小时测量一轮(09:00,11:00,13:00,15:00,17:00,19:00),22:00—次日 07:00 每 3 小时测量一轮(22:00,01:00,04:00,07:00)。一昼夜共测 10 个循环,每个循环 48 个测点,仪器分别记录各测点(处理)的 3 个重复值。观测时间从 2011 年 1 月持续至 12 月。

表 4.2 土壤呼吸各组分分离量化

土壤呼吸各组分分离	土壤呼吸各组分量化
土壤总呼吸速率(Rs)	非根系排除土壤环+保留凋落物层处理小区土壤呼吸速率
土壤异养呼吸速率(Rh)	根系排除土壤环+保留凋落物层处理小区土壤呼吸速率
根呼吸速率(Rr)	非根系排除土壤环+去凋落物层处理小区土壤呼吸速率与根系排除土壤环+去凋落物层处理小区土壤呼吸速率之差
矿质土壤呼吸速率(Rm)	根系排除土壤环+去凋落物层处理小区土壤呼吸速率
凋落物呼吸速率(Rl)	根系排除土壤环+保留凋落物层处理小区土壤呼吸速率与根系排除土壤环+去除凋落物层处理小区土壤呼吸速率之差

注:本研究中土壤异样呼吸包括土壤微生物呼吸和动物呼吸

在测定土壤呼吸速率的同时,监测测量点环境因子近地表 5 cm 空气温湿度、0~10 cm 土壤温度、5 cm 土壤湿度,测定实时的各处理小区的土壤呼吸各参数。其中,土壤温度的测定采用 Li-6400 便携式光合作用测定仪,在测定土壤呼吸的同时,靠近 PVC 环插入 5~10 cm,近地表空气温湿度由 Li-6400-09 叶室自带测量系统实时记录。

(3)土壤呼吸年释放通量计算

本研究根据 2011 年 1—12 月土壤呼吸实测数据,估算土壤呼吸年释放碳(C)总量。采用以下公式计算:

$$SR = \frac{\sum_{i=1}^{12} PR_i \times M \times T_i \times 86400}{10^8} \tag{4.3}$$

式中:SR 表示土壤呼吸年释放量($t \cdot hm^{-2}$);PR_i 为第 i 个月的土壤呼吸速率($\mu mol \cdot m^{-2} \cdot s^{-1}$);$M$ 为碳的摩尔质量,$M(C) = 12\ g \cdot mol^{-1}$;$T_i$ 为第 i 个月的天数,86 400 为一天的时间(s);10^8 为单位换算系数。

4.3 碳通量观测与数据处理

4.3.1 通量观测系统

常规气象观测系统(RMET)包括有,分别在 1.5,6,10,15,33,41 和 50 m 安装由 7 层 3 杯风速仪(Met 010C-1,美国 Met One 公司)和温湿计(HMP45C,芬兰 Vaisala 公司)构成的风速和温湿度垂直梯度观测系统,在塔顶安装风向仪(Met 020C-1,美国 Met One 公司)和雨量筒(TE525MM,美国 Texas 公司);铁塔上架设了 6 层 PAR 传感器:上层(30 m 高度)点状测定光量子通量密度(Li-190SB,美国 Li-COR 公司),其余 5 层(2,4,8,12 和 16 m)为 1 m长 10 点杆状(LQS70-10,美国 Apogee 公司),观测光合有效辐射的垂直变化;在观测铁塔 25 m 处设置有太阳辐射和反射辐射(长、短波)及净辐射观测的传感器(CNR-1,荷兰 Kipp & Zonen 公司);另外,在胶林群落冠层以上和林内地表层设置了两层(1.5 和 30 m)红外温度传感器(IRR-P,美国 Apogee 公司),对植物冠层表面和地表温度进行监测;此外,还设置了地温观测仪获取土壤温度数据(TCAV-L,美国 Campbell 公司);土壤温度梯度利用安装在地表以下 2,5,20,50 和 100 cm 温度传感器进行测定(109,美国 Campbell 公司);在 5,20 和 50 cm 安装土壤热通量板(HFP01,荷兰 Hukseflux 公司)和 3 层土壤湿度传感器(CS616-L,美国 Campbell 公司)以收集土壤热通量和土壤水分等相关数据。各种数据分别在 2 和 30 m 用 2 个数据采集器(CR3000,美国 Campbell 公司)收集、存储。

开路涡度相关系统(OPEC)安装高度为 25 m,涡度系统是利用三维超声风速测定仪(CSAT3,美国 Campbell 公司)测定瞬时三维风速和温度及其脉动,利用开路红外 CO_2/H_2O 气体分析仪(Li-7500,美国 Li-COR 公司)观测 CO_2 和水汽通量,利用数据采集器(CR3000,美国 Campbell 公司)收集数据,CSAT3 和 Li-7500 的取样频率均为 10 Hz。

8 层水汽-CO_2 闭路廓线系统(CPP)安装高度分别为 1.5,6,10,15,25,33,41 和 50 m,系统

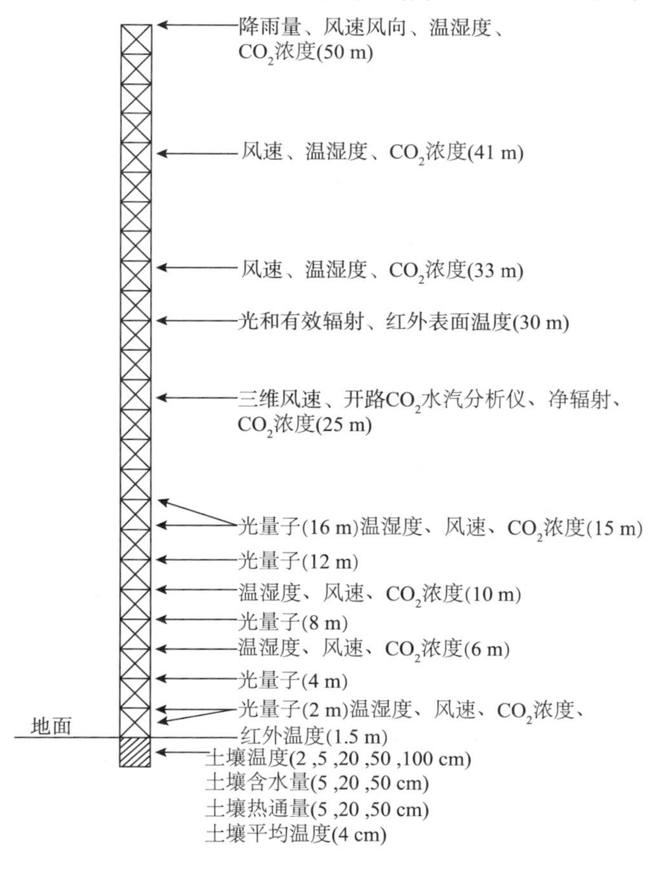

图 4.2　儋州实验站微气象观测铁塔仪器安装简图

主要由 CO_2/H_2O 气体分析仪(Li-840,美国 Li-COR 公司)、8 层气体采集系统和数据采集器(CR1000,美国 Campbell 公司)组成,测定胶林垂直 CO_2/H_2O 廓线。原始数据的记录和实时计算均由系统软件 Loggernet(美国 Campbell 公司)完成。铁塔仪器详细安装见图 4.2。

4.3.2 通量数据采集

森林梯度观测系统采集数据包括:风向风速、温湿度、光合有效辐射、辐射(太阳辐射、反射辐射、净辐射)、红外温度、土壤温湿度、土壤热通量,输出 10 分钟、30 分钟和每日数据,通过 CR3000 数据采集器收集。涡度相关系统采集数据包括:三维风速、温度及其脉动,CO_2 和水汽通量,输出实时数据和 30 分钟数据,通过 CR3000 数据采集器收集。水汽-CO_2 闭路廓线系统采集数据包括:垂直 CO_2 和 H_2O 浓度,输出 30 分钟数据,通过 CR3000 数据采集器收集。

此套近地层观测系统自 2009 年 11 月开始运行,2010 年全年运行稳定,2011 年 9 月底"纳沙"台风来袭,损坏部分传感器和数据采集器,导致系统部分数据输出出现问题,直到 2012 年 7 月底,增购修复。因此,本节主要选用 2010 年全年数据进行分析,至于年总量比较,采用的是 2012 年 9 月 1 日至 2013 年 8 月 31 日的数据。

4.3.3 通量观测数据处理

(1)通量数据处理过程

综合中国通量网(ChinaFLUX)(Yu *et al.*,2006;于贵瑞 等,2006b)和 Li-COR 公司数据处理方法(Burba *et al.*,2010),本节所采用数据的处理过程包括如下步骤:针对 10 Hz 通量原始数据-野点去除-坐标旋转-通量校正-数据质量控制-数据插补-数据融合(30 分钟数据集)-年吸收量。详情如图 4.3 所示。

(2)数据处理原理

1)涡动通量计算

①野点去除

对于野点,采用 Vickers 等(1997)方法进行处理。

对于半小时原始资料,一般野点数要求少于 100。如野点数过多,则剔除该时次。

本节中所用野点去除方法如下:

a. 先计算原始时间序列 x 与相邻点之差 Δx 的总体标准差($\sigma_{\Delta x}$)。然后逐点检查,如某点 $\Delta x \geqslant n \cdot \sigma_{\Delta x}$ $(n=6)$,判为野点。

b. 针对 a.,但如果连续 5 点均符合以上标准,则此点不判为野点。

c. 为方便判断,可对序列 x 进行预处理,把其中的特大值去除。

一般在野点去除后,该点值则用其前后相邻两个观测点的值进行线性内插代替。

②坐标旋转

通量观测铁塔在地表起伏情形下,必须进行坐标旋转使平均垂直风速(v)、平均侧向风速(w)为 0,消除地形影响,使超声风速平行于地面。本节进行两次坐标旋转(Double Rotation coordinate),将超声风速计的笛卡儿坐标系转换为自然风(natural wind)或流线型(streamline)坐标系(Tanner *et al.*,1969;Kaimal *et al.*,1994;Wilczak *et al.*,2001)。通常使坐标系 x 轴与平均水平风方向平行,从而使平均侧向风速和平均垂直风速为 0。

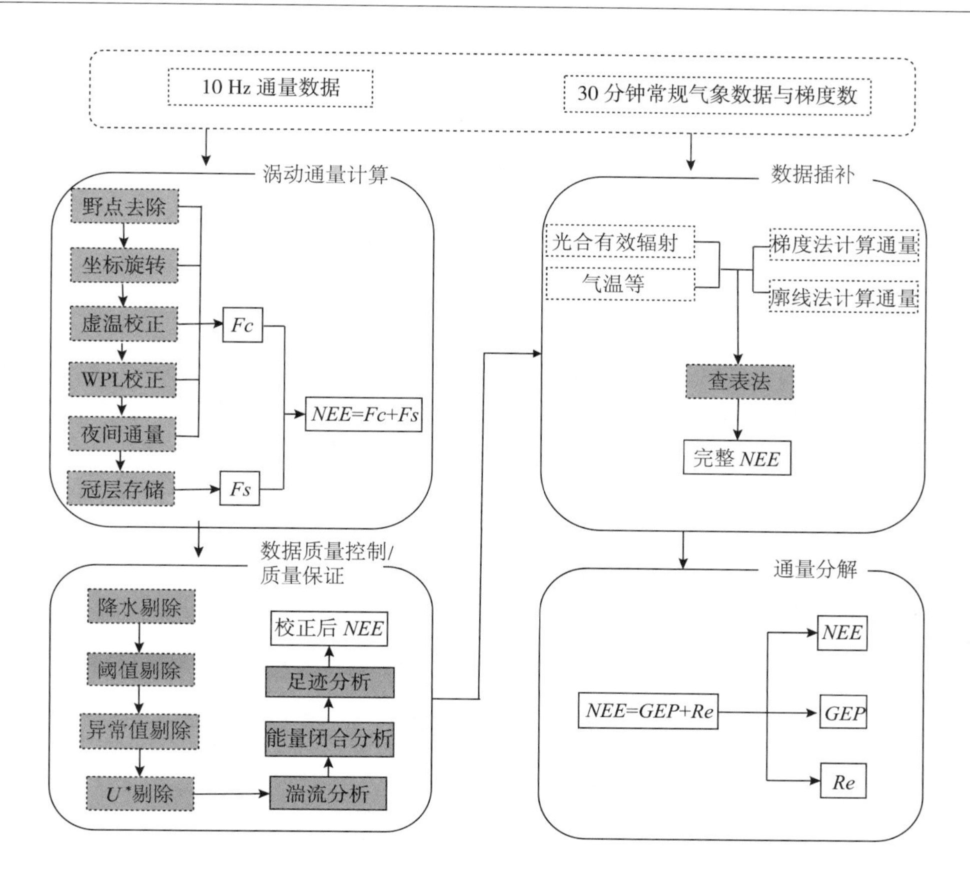

图 4.3　橡胶林生态系统通量数据处理流程图

③通量校正

通量校正主要包括如下 4 个方面的校正：显热通量的超声虚温校正、WPL 校正、频率响应校正及夜间通量校正等。本节涉及诸多计算式，各变量物理意义可参考相关关献，在此不一一列出。

a. 显热通量的超声虚温校正

涡度相关法观测中，三维超声风速仪输出的是虚温，即与空气湿度有关。因此必须进行超声虚温校正，减少显热通量对通量计算结果的误差（Schotanus *et al.*，1983；Liu *et al.*，2001）。最终的显热通量计算式如下：

$$H=\left(H_s-\rho C_p\frac{0.514\cdot R_d\cdot\overline{T}^2}{P}\frac{H_L}{\lambda}\right)\cdot\frac{\overline{T}}{\overline{T_s}} \tag{4.4}$$

b. WPL 校正

WPL 校正方程（Webb *et al.*，1980；Leuning，2004）可简述如下：

$$Fc=\overline{w'\rho_c'}+\mu\frac{\overline{\rho_c}}{\rho_d}\overline{w'\rho_v'}+(1+\mu\sigma)\frac{\overline{\rho_c}}{\overline{T}}\overline{w'T'} \tag{4.5}$$

式中：右边第一项为湍流项；第二项为潜热项；第三项为显热项。

类似地，对水汽通量有

$$E=(1+\mu\sigma)\left\{\overline{w'\rho_v'}+\frac{\overline{\rho_v}}{T}\overline{w'T'}\right\} \tag{4.6}$$

这样就以协方差形式给出了CO_2和水汽通量的表达式,并校正了显热和潜热对CO_2和水汽通量的影响。当然,式(4.5)和式(4.6)可改写为(P_a为大气压):

$$Fc=\overline{w'\rho_c'}+\mu\cdot\frac{\overline{\rho_c}}{\rho_d}\cdot\overline{w'\rho_v'}+\left(1+\frac{\overline{e}}{\overline{P_a}}\right)\cdot\frac{\overline{\rho_c}}{T}\cdot\overline{w'T'} \tag{4.7}$$

$$E=\left(1+\frac{\overline{e}}{\overline{P_a}}\right)\left\{\overline{w'\rho_v'}+\frac{\overline{\rho_v}}{T}\overline{w'T'}\right\} \tag{4.8}$$

式中:ρ_c为CO_2密度;ρ_v为水汽密度;ρ_d为干空气密度($\overline{\rho_d}\approx\overline{\rho_a}$)。由式(4.5)和式(4.6)或式(4.7)和式(4.8)可见,直接算得的水汽通量需加上一个显热通量修正项;直接算得的CO_2通量需加上一个水汽通量修正项和一个显热通量修正项。特别对大气痕量气体,如CO_2通量,此修正必不可少。

c. 频率响应校正

因在开路涡度相关系统中,湍流通量常会有高频和低频成分损失,必须进行频率响应校正(Moore,1986)。在实践中,校正通量衰减量可以利用下式进行计算:

$$CF=\frac{\int_0^{\infty}Co_{ws}(f)\mathrm{d}f}{\int_0^{\infty}TF_{HF}(f)TF_{LF}(f)Co_{ws}(f)\mathrm{d}f} \tag{4.9}$$

式中:Co_{ws}为CO_2浓度和垂直风速的理论协谱;f为频率;TF_{LF}和TF_{HF}分别为低通和高通转移函数,转移函数为上述量化各种效应的数学表达式的乘积形式。

关于频率响应校正,本书采用Burba等(2010)介绍的计算步骤进行。

d. 夜间通量校正

在解决夜间通量低估问题问题时,本节采用中国通量网推荐的平均值检验法(于贵瑞等,2006a,2006b)来确定摩擦风速的阈值为$u_*=0.12\ \mathrm{m\cdot s^{-1}}$。对于$u_*$低于临界阈值的夜间生态系统$CO_2$释放量,采用高$u_*$条件下的夜间生态系统$CO_2$观测值与最相关的温度和水分建立相关模型模拟$CO_2$释放量(Aubinet *et al.*,2000;Baldocchi,2003)。

2)数据质量控制与质量保证

数据质量控制与质量保证着重于观测资料后的处理过程,主要是对观测资料(处理计算后)的一系列检查和筛选过程,包括湍流稳态测试、大气湍流谱分析、大气湍流统计特性分析、能量平衡闭合分析、通量足迹源区分析等。此部分内容较多,涉及橡胶林生态系统通量观测的可行性评价问题,详细介绍见本书第6章。

3)缺失数据插补(gap filling)

对于橡胶林生态系统能量观测,此处讨论的数据插补包括两个方面:一是本身观测时的数据缺失,要进行插补;二是原来有观测数据,但经过数据质量控制导致缺失,要进行插补。

①数据插补原则

进行数据插补常针对空缺数据多少及相应其他数据来确定,其基本原则是:a. 根据插补的时间计算步长,一般为半个月;b. 根据空缺值选择不同的插补方法。

②数据插补方法

a. 如果空缺值在1小时内,那么直接用线性插补方法。

b. 空缺值在 1 天内，则用较好的 EC 数据和气象数据拟合模型，一般白天和晚上分开拟合，获得参数，然后利用这些参数及相应的气象数据（PAR 和温度）对空缺值进行填补（气象数据如有空缺，事先进行填补）；如没有气象数据，那么用平均昼夜变化法（Mean Diurnal Variation，MDV）（Falge *et al.*，2001）来填补。

（i）白天缺失通量数据利用 PAR 进行插补

对橡胶林净生态系统碳交换 NEE 来说，如果白天 NEE 缺失，可以利用其与 PAR 的关系方程进行估算：

$$NEE_{day} = \frac{\alpha \cdot PAR \cdot P_{max}}{\alpha \cdot PAR + P_{max}} - R_d \tag{4.10}$$

式中：NEE_{day} 为生态系统白天 NEE（$mgCO_2 \cdot m^{-2} \cdot d^{-1}$）；$\alpha$ 为初始光能利用率（或称表观量子效率，$mgCO_2 \cdot \mu mol \cdot photon^{-1}$）；$PAR$ 为光合有效辐射（$\mu mol \cdot m^{-2} \cdot s^{-1}$）；$P_{max}$ 为最大光合速率（$mgCO_2 \cdot m^{-2} \cdot s^{-1}$）；$R_d$ 为生态系统呼吸速率（$mgCO_2 \cdot m^{-2} \cdot s^{-1}$）。先利用已有的较好通量数据和气象数据估算参数，然后利用没有通量数据时段的气象数据来进行估算。

（ii）夜晚缺失通量数据利用温度进行插补

利用生态系统呼吸随温度升高而呈指数增长的关系建立呼吸方程。本节选用参数最少的 Van't Hoff 模型（Hoff van't，1898；Ojanen *et al.*，2012）：

$$Re = a e^{bT} \tag{4.11}$$

式中：T 为空气温度或土壤温度（K）；a，b 为拟合参数，可通过回归获得。然后利用没有通量数据的夜间时段的气象数据估算生态系统呼吸。

c. 空缺值在 1～14 天（半个月），用梯度计算通量进行插补（下面将重点介绍）

开路涡度相关系统对于降水天气，会导致数据的缺失。如果因降水等缺失数据长度时段在 1 天以内，利用模拟插补；时段超过 1 天，采用梯度方法（Kaimal *et al.*，1994；Rannik，1998；Rannik *et al.*，2004）进行数据插补。

对于橡胶林生态系统，CO_2 通量 Fc 可表示为

$$Fc = -u_* c_* = \overline{w'c'} \tag{4.12}$$

在高度为 $z > Z_*$ 处，相似理论成立，有

$$\overline{C}(z) - \overline{C}_r = \frac{c_*}{k}\left[\ln\left(\frac{z-d}{z_r}\right) + \Psi\left(\frac{z-d}{L}\right) - \Psi\left(\frac{z_r}{L}\right)\right] \tag{4.13}$$

$$\Psi(\zeta) = \begin{cases} 2\ln\left[\dfrac{1+X(\zeta)}{2}\right], & \zeta < 0 \\ -6\zeta, & \zeta > 0 \end{cases} \tag{4.14}$$

式中：$X(\zeta) = (1-12\zeta)^{1/2}$。

在高度 $H < z < Z_*$ 处，有

$$\overline{C}(z) - \overline{C}_r = \frac{c_*}{k}\left\{\ln\left(\frac{z-d}{z_r}\right) + \Psi\left(\frac{z-d}{L}\right) - \Psi\left(\frac{z_r}{L}\right) + \int_z^{Z_*} \varphi\left(\frac{z'-d}{L}\right)\left[1-\gamma(z')\right]\frac{dz'}{z'}\right\} \tag{4.15}$$

以上各式中：z 为观测高度；Z_* 为粗糙子层高度；H 为林冠高度；z_r 为对浓度（C）的粗糙长度；κ 为卡门（von Kármán）常数，取 0.4；ϕ 为稳定度修正函数；γ 取 0.7。对于橡胶林生态系统而言，参见图 4.2，高度为 33，41 和 50 m 用（4.13）式；高度为 15 m，用（4.15）式。

对以上 4 层，可将式（4.13）或式（4.15）概括为（$i=1,\cdots,N$，N 为总层数）：

$$\overline{C}(z_i) = \frac{c_*}{k}\chi_i + \dot{C} \tag{4.16}$$

式中：$\dot{C} = C_r - \frac{c_*}{k}\left[\ln(z_r) - \psi\left(\frac{z_r}{L}\right)\right]$；$\chi_i$ 为(4.15)式方括号中的剩余项。进而由最小二乘法求各参数：

$$c_* = k\frac{N\sum \bar{c}_i\chi_i - \sum \bar{c}_i \sum \chi_i}{N\sum \chi_i^2 - \left(\sum \chi_i\right)^2} \tag{4.17}$$

$$\dot{C} = \frac{1}{N}\left(\sum \bar{c}_i - \frac{c_*}{k}\sum \chi_i\right) \tag{4.18}$$

d. 时段长于 14 天，一般不插补(研究年份没有出现此种情况)。

4)通量分解与数据融合

对橡胶林生态系统而言，净生态系统碳交换量(NEE)等于测得的碳通量 Fc(CO_2 flux)与冠层 CO_2 储量 Fs(CO_2 storage)之和，即

$$NEE = Fc + Fs \tag{4.19}$$

冠层储量 Fs 采用单层 CO_2 浓度变化计算(Pilegaard *et al.*, 2001; Carrara *et al.*, 2003)，即

$$Fs = \frac{\Delta c(z)}{\Delta t \cdot \Delta z} \tag{4.20}$$

式中：$\Delta c(z)$ 为高度 z 处 CO_2 浓度变化 $\left|c(CO_2)_t - c(CO_2)_{t-\Delta t}\right|$；$\Delta t$ 为观测的时间步长(1 800秒即 30 分钟)；Δz 为整个冠层高度。

橡胶林生态系统净交换量(NEE)，实际上可表达为总生态系统光合生产力(GEP)和生态系统呼吸(Re)两通量之和(此处设定 GEP 为负值，Re 为正值，NEE 可为正值也可为负值)，即

$$NEE = GEP + Re \tag{4.21}$$

正如前面所述，白天 NEE 和夜间 Re 分别可用式(4.10)和式(4.11)计算与融合。

获得生态系统碳通量的 3 个分量后，可与其他气象数据融合进行相关研究。

4.3.4 数据计算与图形绘制

通量数据处理是利用“橡胶林生态系统近地层通量观测数据处理系统 V1.0”进行的，该系统是基于英国爱丁堡(Edinburgh)大学开发的 EdiRe 7.1 平台(http://www.geos.ed.ac.uk/abs/research/micromet/EdiRe/)进行二次开发设计的(软件设计已获国家软件著作权)。

有关通量源区模型输入的复合参数和梯度数据插补通量等采用 C^{++} 语言进行编程计算获得。

通量与环境驱动因子间的相关分析与逐步回归分析采用 SAS 9.0 进行。

图形绘制主要利用微软的 Microsoft Office Excel 2010 进行，少量图形绘制采用 Origin 8.1, R3.0.1 和 Microsoft Office Visio 等进行。

第 5 章　橡胶林生态系统碳储量研究

5.1　橡胶林生态系统植被碳储量研究

5.1.1　橡胶树碳储量研究

因为试验地部分更新和部分林段人为作用严重，我们选取 5 个林段（林段 6-12，7-2，7-3，7-5 和 7-74）于 2009—2012 年每年 12 月份对橡胶树测量数据进行估算，分别采用了周再知等（1995）、唐建维等（2009）、贾开心等（2006）3 类模型进行模拟计算，从结果来看，周再知等模型模拟数据最大，唐建维等模型模拟数据次之，贾开心等模型模拟数据最小，最后采用三类模型模拟数据的平均值作为本节比较评价数据，相关结果表述如下。

各个林段单位面积橡胶树生物量年际变化如图 5.1 所示。从图可知，各个林段橡胶树生物量基本上均是逐年增加的，虽总量上有所差异。随着种植年限的增加，橡胶林增粗，生物量会随之增加，但也会有极少数年份是减少的，比如林段 7-2，2011 年因台风损坏严重，生物量低于 2010 年。另外，各个林段生物量总量有差异，这与橡胶树栽培品系、种植年限和种植格局等有关。林段 7-74 于 2006 年种植，其他林段种植于 2001—2003 年，所以该林段生物量较小；但其年增长比率较大。

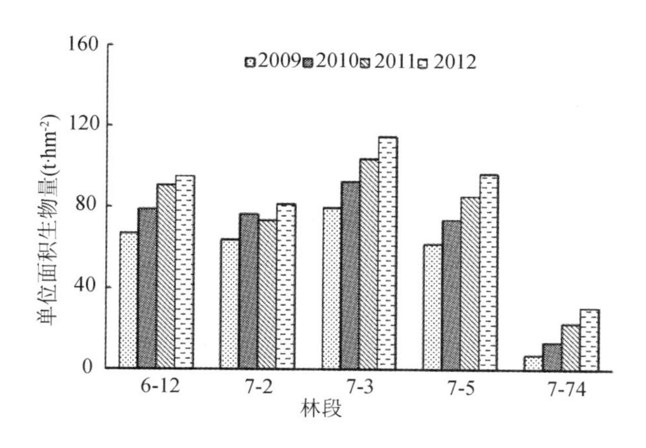

图 5.1　单位面积橡胶树生物量年际变化特征

注：林段 6-12，7-2，7-3，7-5 和 7-74 的种植时间分别为 2001，2002，2002，2003 和 1978 年，下同

研究样地橡胶树均处于生长旺盛期，其生物量均是逐年增长的，从 2009—2012 年的 4 个年份，研究的 5 个林段生物量平均值分别为 55.85，67.02，75.22 和 83.67 t·hm^{-2}，4 年平均值为 70.44 t·hm^{-2}左右。根据徐万荣等(2011)估算，单位面积橡胶树生物量最大值可达 291 t·hm^{-2}，研究样地生物量还只是最大值的 1/4 左右，增长潜力巨大。

图 5.2 给出了单位面积橡胶树生物量增量的年际变化。从图中可看出，不同年份、不同林段生物量增量是不同的，有快有慢。这同样与各个林段橡胶树品系、林龄、当年极端气象灾害等因素有关。比如林段 7-3 和 7-5，生物量增量较大，因其品系为 7-20-59，相对速生，并且因种植格局为宽窄行的“双龙出海”，其生势旺盛；林段 7-74 因橡胶树本身相对较小，其生物量增量也较小。2009—2012 年 4 年平均生物量增量分别为 10.68，11.27，10.84 和 9.61 t·hm^{-2}·a^{-1}，4 年平均值为 10.60 t·hm^{-2}·a^{-1}。很明显，平均生物量增量速度有放慢的趋势，究其原因，一是 2011 年台风损伤部分树木，逐年恢复；二是 2012 年研究的前 4 个林段正常开割，树木本身增长速度放慢。

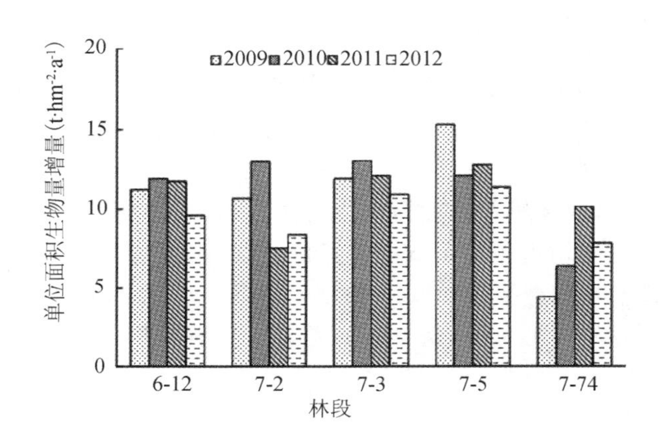

图 5.2　单位面积橡胶树生物量增量年际变化特征

连续 4 年我们对橡胶树的树干、树枝、树叶、树皮、树根进行取样，实验室检测其含碳率，结果如图 5.3 所示。不同年份橡胶树不同部位含碳率略有差异，但相差不大。把 4 年的值进行平均，得到橡胶树各部位的含碳率情况，树干(47.07%)＞树叶(46.52%)＞树枝(43.47%)＞树皮(41.85%)＞树根(38.69%)，与王春燕等(2011b)对老龄橡胶树的研究结果相比，其大小排列顺序基本相同，但相应的值要小，这可能与橡胶树林龄不同有较大关系。一般说来，老龄树含碳率相对较高，而树龄较轻树含碳率相对较低。至于不同年份间橡胶林不同部位含碳率的差异，可能与当年降水、橡胶树当年生长量，甚至当年施肥等有关。

利用橡胶树各部位碳含量与相应部位生物量相乘，然后再求和，就可得到相应的碳储量。图 5.4 给出了单位面积橡胶树碳储量的年际变化。从图中可看出，研究的 5 个林段，其单位面积碳储量逐年增长，只不过不同林段增长速度有所差异。这与橡胶树树龄、品系、极端气象灾害等因素有关。林段 7-74 因树龄更低，其增长速度最快；林段 7-2 因受 2011 年台风影响，折断损伤树木较多，2011 和 2012 年增长相对较慢；林段 6-12，7-3 和 7-5 因受台风损害较轻，正常增长，但 2012 年相对 2011 年增长较慢，因为这些林段已经正常开割，其树木本身碳储量增量降低。

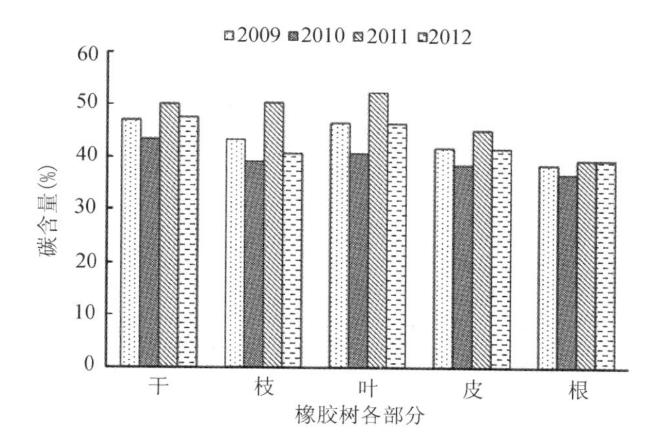

图 5.3　橡胶树不同部分碳含量年际变化特征

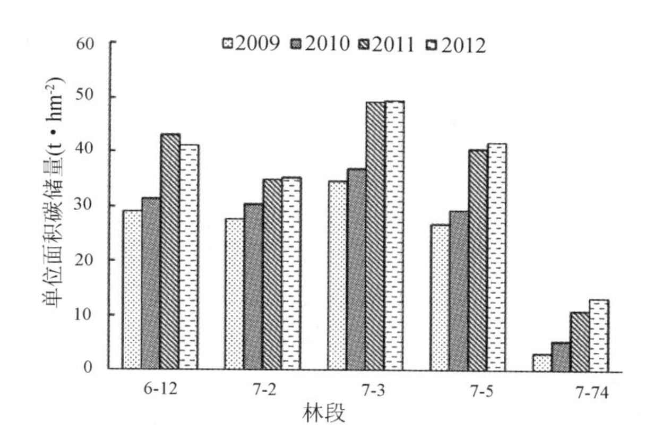

图 5.4　单位面积橡胶树植被碳储量年际变化特征

2009—2012 年每年的碳储量分别为 24.31，26.67，35.75 和 36.18 t・hm^{-2}・a^{-1}，4 年平均值为 30.73 t・hm^{-2}・a^{-1}。相比沙丽清(2008)、Wauters 等(2008)的研究，数值相对偏小。2009—2012 年的 4 年间，研究的 5 个林段单位面积橡胶树的碳储量是在不断增长的，王春燕等(2011a)的研究发现，至更新期(30 年以上树龄)橡胶林乔木层碳储量可达 140.21 t・hm^{-2}・a^{-1}，研究林段还大约只达到成熟林龄的 1/5～1/4，增长潜力很大。随着树龄的增长，橡胶树本身增粗，生物量增加，碳储量增加；另外，橡胶树各组分的含碳率也会增加，导致其整体碳储量增加。

把相邻年份橡胶树植被碳储量相减，就可得到研究年份的橡胶树植被碳储量的增量。图 5.5 给出了单位面积橡胶树植被碳增量的年际变化。各林段各年值均表现为正，即研究样地橡胶树植被碳储量每年均增长，但不同年份增长有所差异。但总的来说，林段 7-3 和 7-5 增量(平均值分别为 5.20 和 5.60 tC・hm^{-2}・a^{-1})较大，可能与其是速生品系热研 7-20-59 有关；而林段 7-74 增量(3.15 tC・hm^{-2}・a^{-1})较小，可能与其树龄较轻有关；林段 6-12 和 7-2 的植被年碳增量介于它们之间(分别为 4.84 和 4.25 tC・hm^{-2}・a^{-1})。

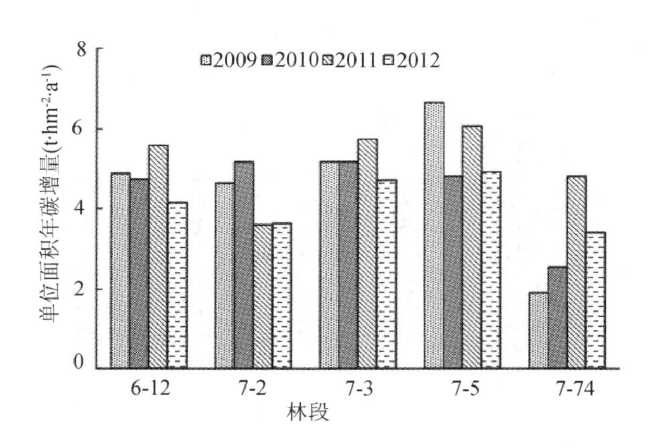

图 5.5　单位面积橡胶树植被碳增量年际变化特征

根据以上数据，我们实际可计算更有意义的量，2009—2012 年每年橡胶树植被碳增量分别为 4.65，4.49，5.15 和 4.15 tC·hm^{-2}·a^{-1}，4 年平均值为 4.61 tC·hm^{-2}·a^{-1}。此值实际反映了橡胶林生态系统植被每年的固碳能力，是橡胶林生态系统 NEE 的绝大部分。

5.1.2　橡胶林林下植被碳储量研究

通过 2010—2012 年连续 3 年每年分 4，8，12 月中旬 3 次对 4 个不同林龄橡胶林林段进行取样，获得样品进行实验室检测分析与计算，取平均值，获得 3 年林下植被生物量干重及林下植被碳储量，结果如图 5.6 所示。4 个不同林龄林段，连续 3 年林下植被单位面积生物量干重平均值为 3.54～4.00 t·hm^{-2}·a^{-1}，而其含碳率为 0.14～0.44(不同时间取样，含碳率相差较大)，单位面积林下植被碳储量为 0.99～1.22 tC·hm^{-2}·a^{-1}。

取 3 年平均值，橡胶林林下植被单位面积年均生物量为 3.80 t·hm^{-2}·a^{-1}，林下植被单位面积年均碳储量为 1.11 tC·hm^{-2}·a^{-1}。

5.1.3　橡胶林胶乳碳储量研究

通过 2010—2012 年连续 3 年每月对 3 个不同林龄橡胶林林段割胶情况进行记录与取样，获得样品进行实验室检测分析与计算，获得 3 年干胶产量、干胶平均碳含量及干胶碳总量，结果如表 5.1 所示。3 个不同林龄开割林段，连续 3 年干胶产量均值在 1.44～1.80 t·hm^{-2}·a^{-1}之间，而其含碳率在 0.870～0.881 之间，单位面积林下植被碳储量在 1.253～1.586 tC·hm^{-2}·a^{-1}之间。

表 5.1　研究地橡胶林年干胶产量、碳含量和干胶碳总量

年份	年干胶产量 (t·hm^{-2}·a^{-1})	干胶平均碳含量 (tC·hm^{-2}·a^{-1})	年干胶碳总量均值 (tC·hm^{-2}·a^{-1})
2010	1.80	0.881	1.586
2011	1.44	0.870	1.253
2012	1.58	0.876	1.384

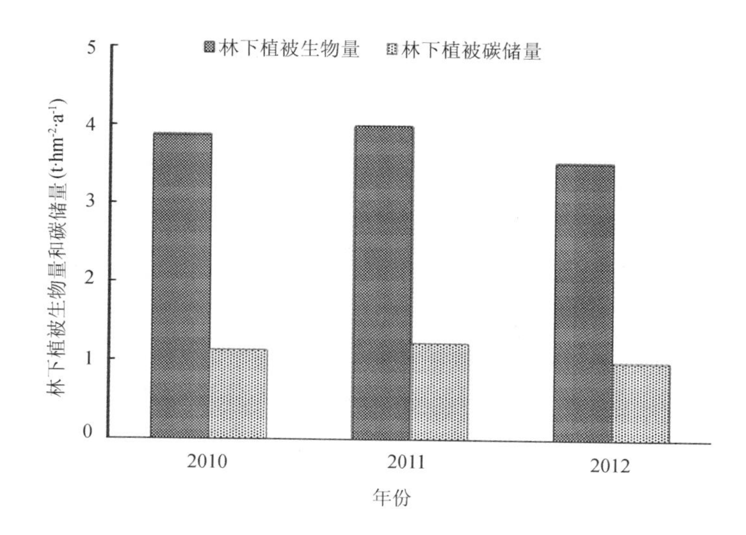

图 5.6　橡胶林林下植被生物量及碳储量年际变化特征

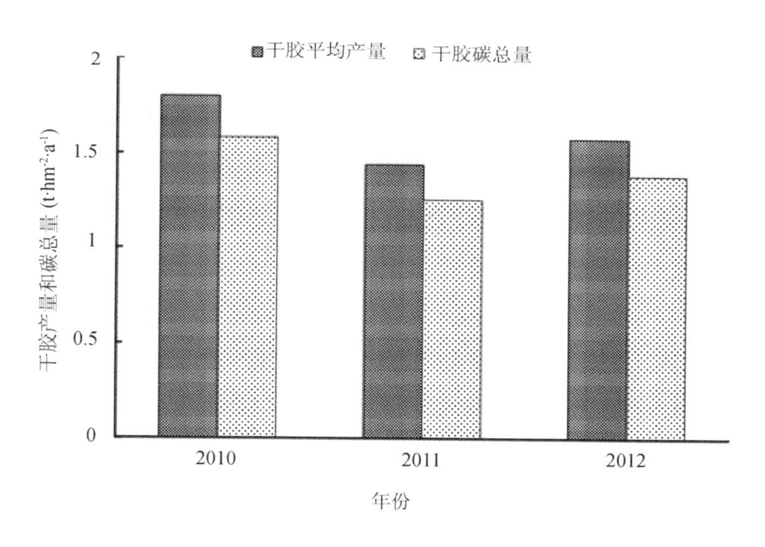

图 5.7　研究地干胶产量及碳总量年际变化特征

图 5.7 显示了研究地区干胶平均产量及碳总量的年际变化。从图可以看出，干胶平均产量 2010 年较高，2011 年有所下降，2012 年略有回升。究其原因，2011 年因台风原因，部分橡胶树折断损伤，导致 10 月份以后产胶量很少；2012 年为正常年份，产量有所回升。很明显，干胶带走碳总量与当年干胶产量呈正比。

取 3 年平均值，橡胶林干胶单位面积年平均产量为 1.61 $t \cdot hm^{-2} \cdot a^{-1}$，干胶单位面积年平均带走碳总量为 1.41 $tC \cdot hm^{-2} \cdot a^{-1}$。

5.1.4　橡胶林植被碳库研究

表 5.2 显示了橡胶林植被生物量碳库汇总情况。从表中可看出，研究地橡胶林生态系

统 3 年平均植被总碳库为 35.39 $tC \cdot hm^{-2}$，其中橡胶林碳库最大，其均值为 32.86 $tC \cdot hm^{-2}$，占比重为 92.87%，林下植被碳库和干胶碳库年均值分别为 1.11 和 1.41 $tC \cdot hm^{-2}$，占比重分别为 3.15%和 3.98%。

表 5.2 橡胶林植被生物量碳库汇总表

年份	橡胶林植被生物量碳库($tC \cdot hm^{-2}$)			植被总碳库($tC \cdot hm^{-2}$)
	橡胶林碳库	林下植被碳库	干胶碳库	
2010	26.67	1.13	1.58	29.39
2011	35.75	1.22	1.25	38.22
2012	36.18	0.99	1.38	38.55
平均	32.86(92.87)	1.11(3.15)	1.41(3.98)	35.39(100.0)

注：①把当年林下植被碳储量和干胶碳总量作为当年总碳库的一部分；②平均值所在行括号内数据为其单项占植被总碳库的百分比

表 5.3 显示了橡胶林生态系统全年植被生物量和碳储量增量汇总情况。从表中可看出，研究样地橡胶林植被碳库 3 年平均年增量为 7.13 $tC \cdot hm^{-2}$，其中橡胶树植被碳年均增量为 4.61 $tC \cdot hm^{-2}$，占年总增量的 64.66%，林下植被和干胶年平均碳增量分别为 1.11 和 1.41 $tC \cdot hm^{-2}$，占年总增量的 15.57%和 19.77%。王春燕等(2011a)的数据表明，老龄更新胶园林下植被碳储量仅为 0.44 $tC \cdot hm^{-2}$，其数据较小。据分析，可能与其取样时间为 11 月份，林下植被大多枯萎，并且 1 年只取 1 次样有关。

表 5.3 橡胶林生态系统全年植被生物量和碳储量增量汇总

年份	橡胶树植被($t \cdot hm^{-2}$)		橡胶林林下植被($t \cdot hm^{-2}$)		干胶($t \cdot hm^{-2}$)		橡胶林植被全年碳增量($tC \cdot hm^{-2}$)
	植被生物量年增量	植被碳年增量	林下植被生物量年增量	林下植被碳年增量	干胶产量	干胶碳储量	
2010	11.27	4.49	3.88	1.13	1.80	1.58	7.20
2011	10.84	5.15	4.00	1.22	1.44	1.25	7.63
2012	9.61	4.15	3.54	0.99	1.58	1.38	6.53
平均	10.57	4.61(64.66)	3.81	1.11(15.57)	1.61	1.41(19.77)	7.13(100.0)

注：①把当年林下植被碳储量(主要为一年生植物)和干胶碳总量均作为当年碳增量的一部分；②平均值所在行括号内数据为其单项植被占当年碳增量的百分比

5.2 橡胶林生态系统土壤有机碳蓄积研究

5.2.1 不同土层深度土壤有机碳质量分数

对不同林龄橡胶林 0～100 cm 土壤有机碳(Soil Organic Carbon，SOC)的含量进行方差分析和 Duncan 多重比较，结果如图 5.8 所示。由图可知，0～100 cm 各林龄橡胶林 5，10，19 和 33 年土壤有机碳含量总体上随着土层深度增加而递减，其中 33 和 19 年整体上比 5 和 10 年下降的幅度更大。与 Arrouays 等(1994)对温带森林的研究结果一致。在垂直方向上，土壤有机碳含量与土层深度密切相关，随深度的增加呈下降趋势。4 种林龄胶林不同深度土壤有机碳含量介于 2.64～14.36 g · kg^{-1}之间。0～60 cm 土层 33 年林龄土壤 SOC 含量显著高于 5，10 和 19 年的；在 0～15，15～30 和 30～45 cm 土层，33 和 19 年胶林土壤有机碳含量显著高于 10 年的；5 和 19 年，5 和 10 年胶林土壤在 0～15 cm 土壤层有机碳含量差异不显著（$P \geqslant 0.05$）；10 和 19 年胶林土壤在 0～60 cm 土壤层有机碳含量差异均不显著。

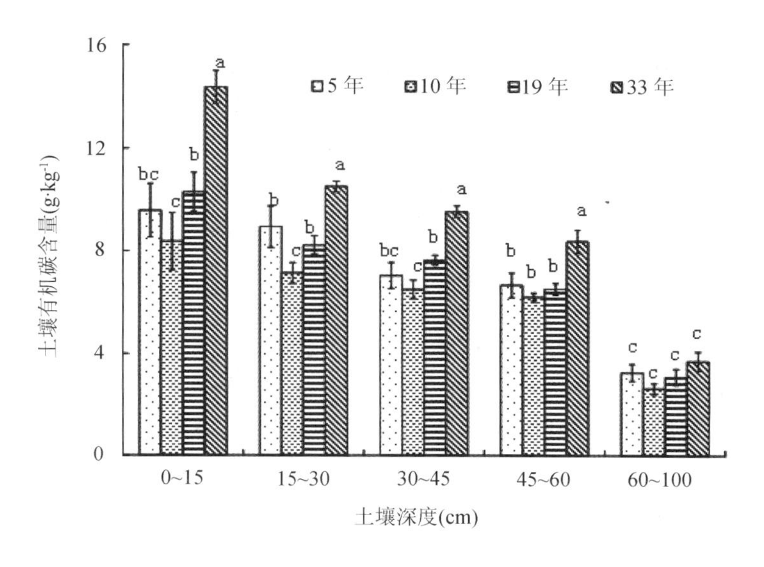

图 5.8　不同林龄橡胶林土壤有机碳含量变化（$P=0.05$）

图中小线表示误差线，字母表示不同水平：a 最高，b 其次，c 更次。下同

5.2.2　不同林龄橡胶林土壤有机碳质量分数

对不同林龄胶林各层土壤的 SOC 含量进行分析，结果如图 5.9 所示。由图可知，橡胶

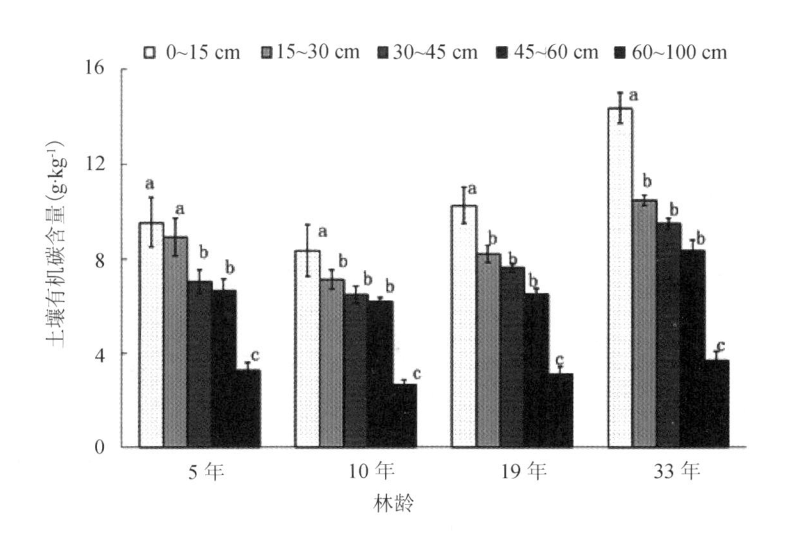

图 5.9　橡胶林生态系统土壤有机碳含量沿剖面分布特征（$P=0.05$）

林的树龄大小对林下土壤有机碳含量的垂直分布的影响较大。随土壤层的加深，SOC 含量逐渐减少，各林龄胶林 SOC 最高含量均出现在 0～15 cm 土壤层；5，10，19 和 33 年胶林 SOC 含量分别为 8.05，7.05，8.17 和 10.69 g·kg^{-1}。10，19 和 33 年胶林 SOC 含量在 0～15 和 15～30 cm 土壤层均有显著差异，而 5 年胶林土壤各层却不显著。

从图 5.9 可明显看出，对于 33 年橡胶林，其 0～15 cm 土层 SOC 含量特别高，这主要是因为其土壤 SOC 主要来自于橡胶林本身的凋落物及其林下植被等的沉积。而对于 5 年橡胶林，其最上面两层土壤的 SOC 含量相对较高，两者没有显著差异，因为其土壤有机碳主要来自上一代胶林更新后枯枝落叶分解和自身枯枝落叶分解（吴志祥 等，2009），而不像其他林龄橡胶林，土壤有机碳主要来自于凋落物和林下植被等的沉积。

把不同林龄胶园 0～100 cm 土壤作为一个整体来看，5，10，19 和 33 年胶林 SOC 含量加权平均后分别为 6.139，5.285，6.145 和 7.897 g·kg^{-1}，即 33 年＞19 年＞5 年＞10 年。

5.2.3 土壤有机碳的富集系数

土壤有机碳富集系数是某一土壤层 SOC 含量与整个土壤剖面 SOC 平均含量的比值。图 5.10 显示了不同林龄橡胶林生态系统 SOC 富集系数，总体均随土层深度的增加而逐渐减小。5，10 和 19 年林段在 0～45 cm 土壤层深度 SOC 富集系数整体上均大于 1，而 45 cm 土壤层深度以下 SOC 富集系数小于 1，表明土壤 SOC 富集在 0～45 cm 土壤空间；5，10，19 和 33 年胶林 0～15 cm 土壤层 SOC 富集系数分别为 1.35，1.36，1.44 和 1.55，显著高于 15～100 cm各层，由此可知，不同林龄橡胶林对 SOC 含量的影响主要体现在 0～30 cm 土壤深度，特别是 0～15 cm 土壤层。这可能是由于每月均有凋落物和林下植被死亡的沉积归还到地表土壤，形成一定数量凋落物碳蓄积，与此同时，死亡根系及其分泌物补充了土壤有机质，加上每年 2～3 次的人工割草压青和施肥等胶林管理措施。在 45 cm 土壤深度以下，不同林龄橡胶林对 SOC 的影响甚小，土壤有机碳的富集主要依赖死亡根系及其分泌物，但由于较大的土壤容重，加之土壤中养分缺乏，因而较少有根系分布（房秋兰 等，2006）。

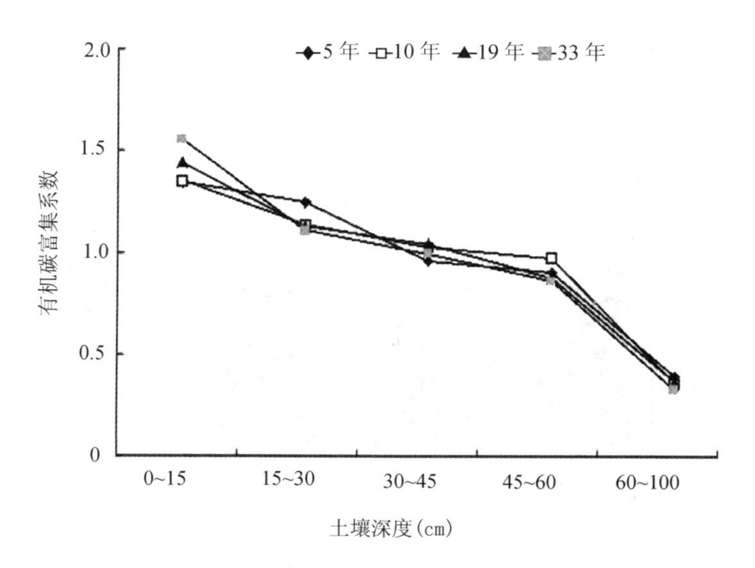

图 5.10 橡胶林生态系统土壤有机碳富集系数

土壤有机碳的蓄积决定着土壤有机碳的动态变化，土壤有机碳的动态变化影响着土壤生态系统碳收支的平衡，还影响土壤肥力和植被生长，进而间接影响陆地碳库的储量。对于橡胶林生态系统土壤，土壤有机碳的输入量除人为施肥等抚管外，主要有 3 个方面：一是地上部分植被（包括橡胶树的枯枝落叶残体和林下植物等）死亡后的沉积；二是地下部分植被（包括橡胶树和其他植被）的根系，尤其是细根，主要集中在土壤表层 0～15 cm，其周转时间比粗根快，对土壤有机碳的蓄积有重要影响；三是土壤生物（微生物和动物）的残体及其分泌物，相对于前两部分而言，此部分输入土壤的碳总量极小，本研究忽略。

5.2.4　橡胶林土壤不同深度容重特征

由表 5.4 可知，不同林龄橡胶林土壤容重为 1.34～1.71 g·cm^{-3}。5，10，19 和 33 年橡胶林不同土壤层的土壤容重分别为 1.41～1.57，1.46～1.71，1.43～1.50 和 1.34～1.61 g·cm^{-3}，4 种林龄胶林不同土壤层之间容重相差不大，10 和 33 年橡胶林土壤容重有随深度增加而增大的趋势，5 和 19 年整体情况却有相反趋势。5 年胶林 0～15 cm 土壤层容重显著低于 15～60 cm 各层，而 10，19 和 33 年胶林 0～15 和 15～30 cm 土壤层容重与 30～45 和 45～60 cm 土壤层差异显著，但不同土壤层容重相差不大。胶林土壤容重整体上随林龄的增加而呈不断下降的变化趋势。在 0～15 和 15～30 cm 土壤层，5，10 和 19 年相邻林龄胶林土壤容重差异不显著，但 19 与 33 年差异显著，而且高于 33 年胶林容重。在 30～45 cm 土壤层相邻林龄 5，10 和 19 年之间差异显著，45～60 cm 土壤层相邻林龄胶林容重差异不显著。4 种林龄胶林土壤在 60～100 cm 土壤层容重差异不显著。

表 5.4　4 种林龄橡胶林各土壤层容重

林龄（年）	橡胶林各层土壤容重（g·cm^{-3}）				
	0～15 cm	15～30 cm	30～45 cm	45～60 cm	60～100cm
5	1.41±0.05a	1.51±0.02b	1.57±30.07b	1.55±0.06b	1.45±0.05a
10	1.46±0.01ab	1.48±0.04ab	1.66+0.02c	1.71±0.09c	1.57±0.02a
19	1.44±0.09b	1.50±0.07b	1.43±0.01a	1.49±0.05bc	1.37±0.07ab
33	1.38±0.07c	1.34±0.01c	1.59±0.04ab	1.61±0.03a	1.48±0.06a

注：表中 4 种林龄胶林各土壤层的土壤容重对应平均值±标准差。表中字母 a，b，c，d 分别表示存在显著差异（$P=0.05$）

5.2.5　橡胶林土壤碳库研究

根据不同林龄橡胶林不同深度的土壤容重及土壤含碳率，可计算各层土壤有机碳储量，详见表 5.5。研究的 4 种林龄样地橡胶林土壤有机碳储量介于 82.80～115.73 t·hm^{-2}之间，平均值为 94.69 t·hm^{-2}。具体来说，33 年＞5 年＞19 年＞10 年。基本上是土壤有机碳储量随着林龄的增加而增加，因为每年均会有橡胶林凋落物及林下植被没种于橡胶林中，并不会马上分解，随着时间的推移，土壤碳储量会增大。但研究中，以 5 年橡胶林为特例，因为研究地为第二代胶园，其土壤碳主要来自上一代胶林更新后枯枝落叶分解和自身枯枝落叶分解（吴志祥 等，2009），因此 5 年橡胶林土壤有机碳储量会比 10 和 19 年橡胶林高。

本节研究橡胶林土壤有机碳储量平均值在 94.69 t·hm^{-2}左右，高于王春燕等（2011a）对老龄更新胶园的研究（其土壤有机碳蓄积为 75.48 t·hm^{-2}），究其原因，可能与相应的生产经营管理和随之而导致的土壤性质有关。老龄更新林地后期管理粗放，土壤黏重(土壤容重大)，但土壤有机质含量低(较少施用有机肥，SOC含量较低)；而研究样地作为高产示范胶园，施用有机肥，土壤容重较低，但土壤有机质含量较高(SOC含量较高)。

表5.5 不同林龄橡胶林土壤有机碳储量

不同深度土壤层(cm)	橡胶林土壤碳库($t \cdot hm^{-2}$)			
	5年	10年	19年	33年
0～15	20.234	18.308	22.212	29.732
15～30	20.23	15.84	18.50	21.11
30～45	16.59	16.18	16.40	22.71
45～60	15.49	15.89	14.57	20.22
60～100	18.97	16.58	17.04	21.96
总量	91.51	82.80	88.73	115.73

5.3 橡胶林生态系统凋落物碳研究

5.3.1 橡胶林凋落物组分的碳含量

图5.11给出了不同林龄橡胶林凋落物组分的有机碳含量。由图可知，不同林龄橡胶林生态系统凋落物各组分碳含量变化范围分别为落叶49.94.%～51.42%，枯枝46.13%～46.75%，繁殖组分(花果)52.37%～52.51%，其他组分42.36%～42.53%。5年林龄凋落物组分碳含量小于10,19和33年，不同林龄橡胶人工林生态系统凋落物组分碳含量(除其他组分外)差异不显著。

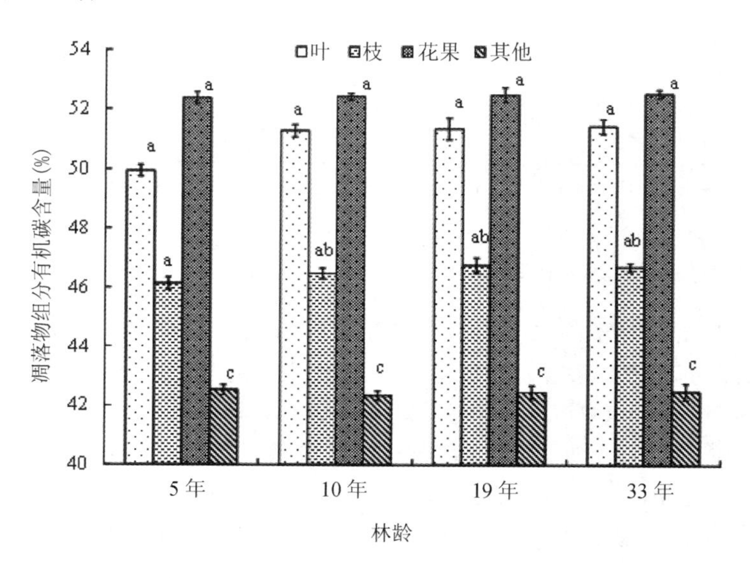

图5.11 不同林龄橡胶林凋落物组分碳含量(P=0.05)

5.3.2　橡胶林凋落物年归还量

从表5.6可知，橡胶林生态系统凋落物组分年碳归还量由高到低的顺序为：叶＞枝＞花果（繁殖组分）＞其他。其中落叶占凋落物碳年归还总量的74.08%～76.72%，枯枝占凋落物碳年归还总量的16.52%～21.33%，繁殖组分占凋落物碳年归还总量的4.37%～6.59%，由此可看出，胶林各凋落物组分在橡胶林生态系统碳年归还量中的比例差异很大，落叶是橡胶林生态系统碳输入的主要来源。不同林龄橡胶林生态系统凋落物碳年归还量变化范围为2.081～3.583 t・hm^{-2}，林龄水平凋落物碳年归还量高低表现为：33年＞19年＞10年＞5年，随林龄的增加，橡胶林凋落物碳年归还总量逐渐增加。

从表5.6还可看出，落叶和枯枝在橡胶林生态系统碳的归还中起着重要作用，所有林龄中凋落组分叶和枝均占凋落物碳的年归还量的90%以上。总体来看，不同林龄橡胶林凋落物组分碳归还量占各自凋落物碳总归还量的百分比有一定差别，其中落叶所占百分比为33年＞19年＞5年＞10年，枯枝所占百分比为10年＞5年＞19年＞33年，繁殖组分（花果）所占百分比为33年＞19年＞10年＞5年。这实际体现了各种不同林龄橡胶树的生态策略，在不同林龄段，其凋落物组分占比有差异。

表5.6　不同林龄橡胶林生态系统凋落物年碳储量及组分所占比例

林龄(年)	凋落组分碳储量[tC・hm^{-2}(%)]				总量 (tC・hm^{-2})
	叶	枝	繁殖组分	其他	
5	1.562 (75.06)	0.421 (20.23)	0.091 (4.37)	0.007 (0.34)	2.081
10	1.983 (74.08)	0.571 (21.33)	0.119 (4.45)	0.004 (0.15)	2.677
19	2.374 (76.43)	0.547 (17.61)	0.183 (5.89)	0.002 (0.06)	3.106
33	2.749 (76.72)	0.592 (16.52)	0.236 (6.59)	0.006 (0.17)	3.583

注：括号内数字为各凋落物组分占总凋落物的百分比；其他组分包括林下其他植物残体等杂物

5.3.3　橡胶林凋落物碳库研究

由表5.6可知，橡胶林凋落物碳库介于2.08～3.58 tC・hm^{-2}之间，其平均值为2.86 tC・hm^{-2}。橡胶林凋落物碳库大小与橡胶树林龄相关，随着林龄的增加而增加，也就是说，橡胶树林龄越大，其每年凋落物越多。

凋落物进入土壤会随之发生分解，一般分解时间超过1年。因实验原因，本节没有考虑因凋落物分解速率及随之而产生的量的差异。

5.4　橡胶林生态系统NEP及其驱动机制

正如前面所述，把橡胶树植被、林下植被、胶乳固定的碳，再加上凋落物固定的碳，可获得整个橡胶林生态系统的净生态系统生产力（Net Ecosystem Productivity，NEP），这是整个生态系统当年固定碳总和，实际相当于研究样地所在的橡胶林生态系统整年总碳吸收量，即生态系统的NEE（为与涡度相关法获得的NEE区别，利用生物量清查法获得的数据称为NEP）。此处研究实际上相当于NBP，即Net Biome Productivity。

橡胶林植被年均增长量为 4.61 tC·hm^{-2}，林下植被年均增长碳储量为 1.11 tC·hm^{-2}，橡胶树割胶带走干胶年均增长量为 1.41 tC·hm^{-2}（表 5.3）；凋落物每年输入土壤的总碳量均值为 2.86 tC·hm^{-2}·a^{-1}，汇总可获得橡胶林植被碳库和凋落物碳库的年均增加量之和为 9.99 tC·hm^{-2}·a^{-1}，即整个橡胶林生态系统的 NEP 为 9.99 tC·hm^{-2}·a^{-1}。

由上述研究可知：一方面橡胶林的栽培品系和林龄大小、橡胶林的抚管水平、土壤质地及肥力、凋落物量累积与分解以及割胶等因素可能影响橡胶林 NEP 的大小；另一方面，外界环境因子，如降水、气温、光照与极端气象灾害等因素也会影响其 NEP 的变化。

5.5 橡胶林生态系统土壤呼吸研究

5.5.1 橡胶林土壤呼吸日变化

太阳辐射影响着陆地生态系统的动态过程，太阳辐射的昼夜变化引起气温的昼夜变化，相应会引起土壤温湿度、植被根系和土壤生物（特别是微生物）活动强度的变化，进而引起土壤呼吸速率的昼夜变化。图 5.12 (a)～(d)给出了 4 种林龄橡胶林生态系统不同季节土壤表面 CO_2 呼吸通量的日变化。结果表明，4 种林龄胶林土壤呼吸速率具有明显的昼夜变化、相似的日变化趋势，但并不完全同步，不同月份不同林龄土壤呼吸速率整体上呈单峰曲线，但随着胶林生长季节的不同，各胶林土壤呼吸速率日变化谷值和峰值出现时间也大不相同。

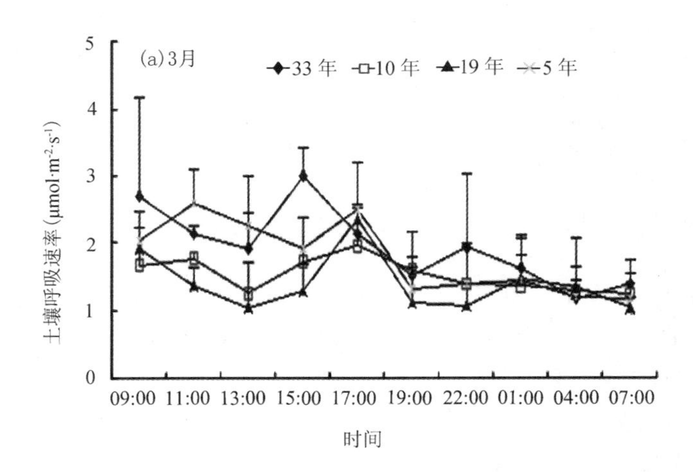

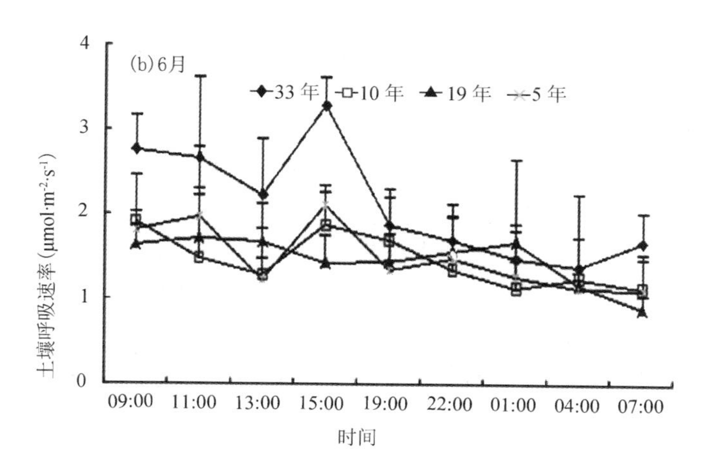

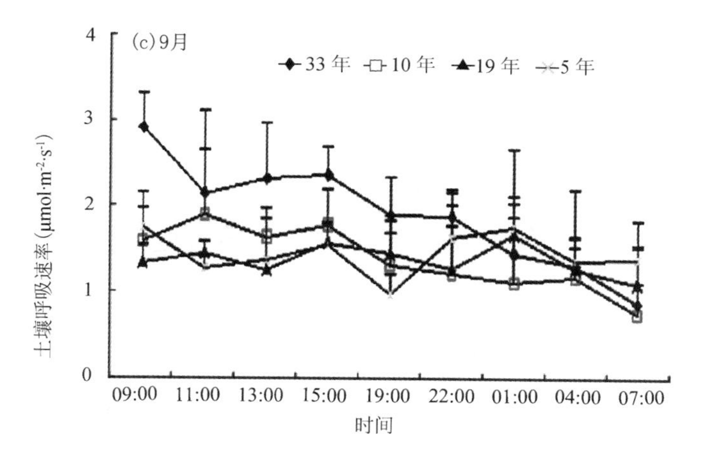

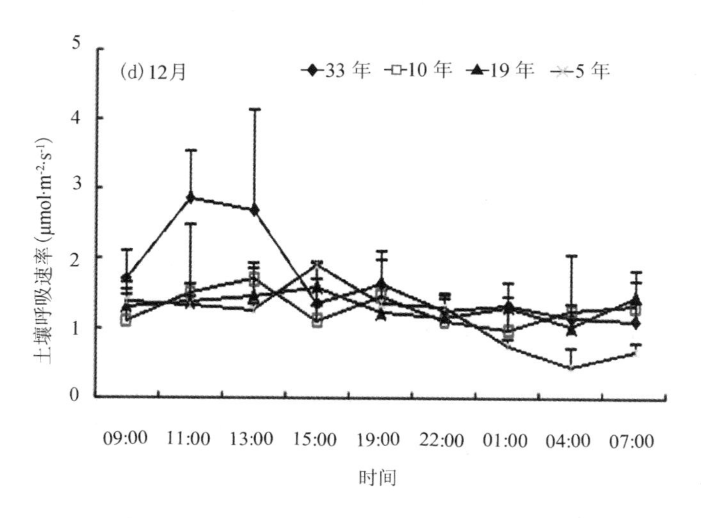

图 5.12　不同林龄橡胶林土壤呼吸速率日变化特征

5.5.2 橡胶林土壤呼吸年变化

图 5.13 给出了 4 种林龄橡胶林生态系统土壤总呼吸速率(Rs)在不同月份(季节)的变化特征。5,10,19 和 33 年橡胶林 Rs 的年变化都比较明显,整体呈双峰型,于 4—6 月和 7—8 月达到峰值,8 月份的呼吸速率在整年中达最大值,5 年第二峰值出现在 4 月,10 年橡胶林第二峰值出现在 6 月,19 和 33 年第二峰值均出现在 4 月;在观测的 12 个月份中,33 年胶林的土壤总呼吸速率明显高于 5,10 和 19 年胶林,而 5,10 和 19 年胶林 Rs 相互差异不显著;1—9 月的 19 和 5 年胶林 Rs 整体高于 10 年胶林,5 年胶林 Rs 略高于 19 年。4 种林龄胶林土壤总呼吸速率在 4 月份前较低,4 月份略高,4 月份后整体趋势是逐渐下降的,8 月份土壤总呼吸速率显著高于其他各月,8 月份后呈明显下降趋势,33 和 10 年胶林 12 月份土壤总呼吸达最小值,分别为 1.69 和 1.06 $\mu mol \cdot m^{-2} \cdot s^{-1}$,19 和 5 年胶林在 11 月份达最小值,分别为 1.14 和 1.29 $\mu mol \cdot m^{-2} \cdot s^{-1}$。

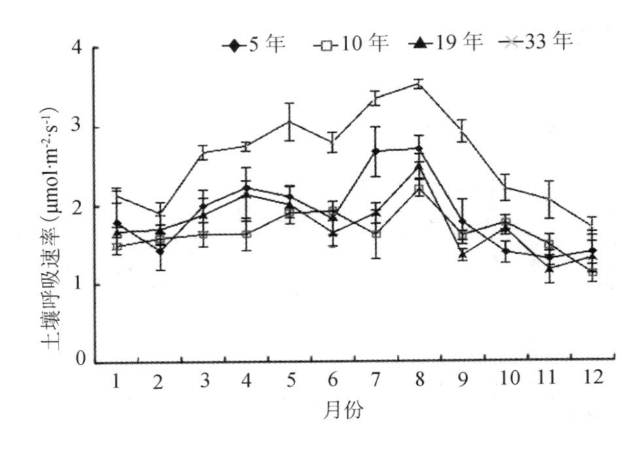

图 5.13 不同林龄橡胶林土壤总呼吸速率年变化特征

图 5.14 (a)～(d)分别给出了 5,10,19 和 33 年橡胶林生态系统土壤各组分呼吸速率的年变化,不同林龄橡胶林生态系统土壤呼吸具有明显的年变化特征。

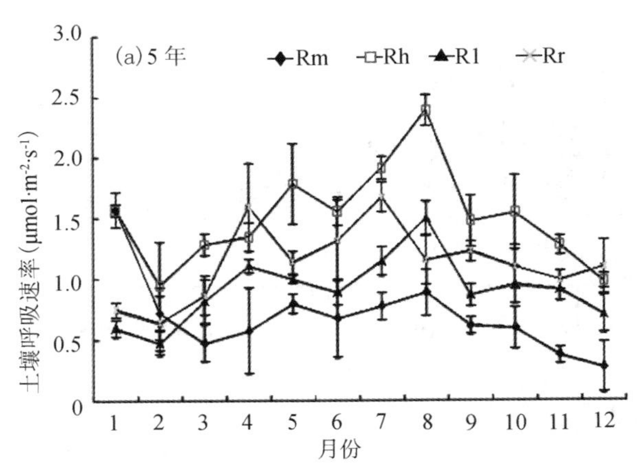

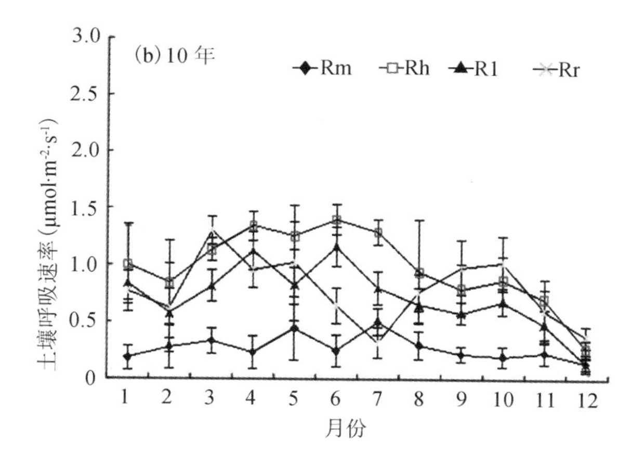

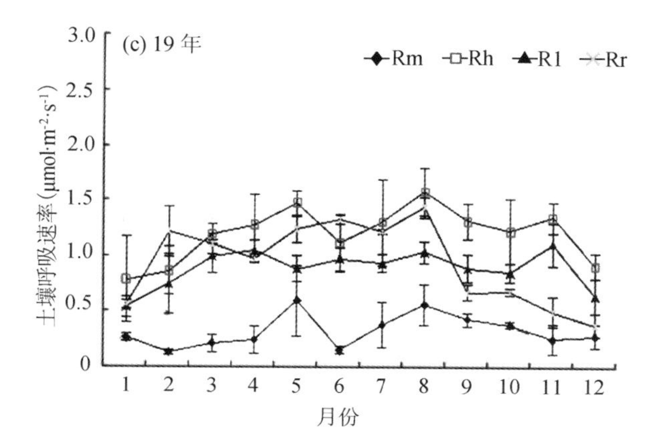

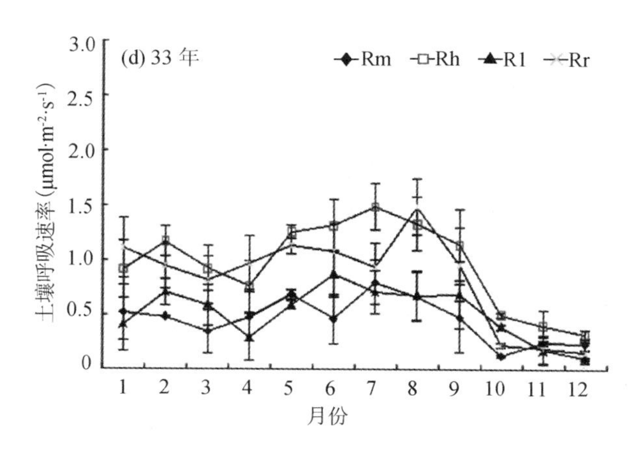

图 5.14 不同林龄橡胶林土壤各组分呼吸速率年变化特征

注:土壤微生物呼吸速率即异养呼吸速率为 Rh(Heterotrophic respiration rate),根呼吸速率为 Rr(Respiration of roots rate),凋落物层呼吸速率为 Rl(Respiration of litter layer rate),矿质土壤呼吸速率为 Rm(Respiration of mineral soil rate)。下同

由图 5.14 可知，不同林龄橡胶林土壤各组分呼吸速率总体表现为 Rh＞Rr＞Rl＞Rm，在不同月份略有差异。

5.5.3 橡胶林土壤呼吸组分及其年碳排放量

通过对测定样地进行分区处理，定点原位测量，量化分离土壤各组分呼吸，估算各组分年排放碳量，如表 5.7 所示。总的来说，橡胶林生态系统土壤呼吸各组分碳排放量大小表现为：土壤异养呼吸＞根系呼吸＞凋落物呼吸＞矿质土壤呼吸，但有些林龄（如 19 年）胶园土壤呼吸表现略有差异。

从表中还可看出，不同林龄橡胶林土壤呼吸年碳排放总量有差异，以 19 年胶园土壤呼吸年碳排放量最大，达到 11.96 $t \cdot hm^{-2} \cdot a^{-1}$，而以 5 年胶园土壤呼吸年碳排放量最小，为 10.03 $t \cdot hm^{-2} \cdot a^{-1}$。对于 19 年橡胶林，其根呼吸在各呼吸组分中占比重略大，其次为土壤异养呼吸；对于 33 年橡胶林，其土壤异养呼吸在各呼吸组分中占比重较大，表示其土壤微生物活跃，呼吸旺盛。

表 5.7 不同林龄橡胶林土壤总呼吸及各组分呼吸的年排放碳量

土壤呼吸组分	年排放碳通量（$t \cdot hm^{-2} \cdot a^{-1}$）			
	5 年	10 年	19 年	33 年
矿质土壤呼吸（Rm）	1.030 (10.27)	0.850 (8.22)	0.790 (6.61)	0.910 (8.21)
土壤异养呼吸（Rh）	3.850 (38.38)	3.930 (38.00)	4.220 (35.28)	5.850 (52.75)
根呼吸（Rr）	3.210 (32.00)	3.530 (34.14)	4.780 (39.97)	2.410 (21.73)
凋落物呼吸（Rl）	1.940 (19.34)	2.030 (19.63)	2.170 (18.14)	1.920 (17.31)
土壤总呼吸（Rs）	10.03	10.34	11.96	11.09

注：括号内数字为各林龄样地呼吸组分占该林龄样地土壤呼吸年排放碳量的百分比

5.5.4 橡胶林土壤呼吸影响因子分析

为探讨相关水热因子对土壤呼吸速率的影响，分别选择干湿两季的实测数据，对土壤呼吸监测点 0～5 cm 土壤温度、5 cm 深度土壤含水量与土壤呼吸进行相关拟合分析，见表 5.8。结果表明，不同林龄橡胶林土壤呼吸与 0～5 cm 土壤温度和 5 cm 深度土壤含水量均可拟合成指数关系。对于土壤温度，在旱季不同林龄橡胶林土壤呼吸速率与 0～5 cm 土壤温度之间呈极显著相关性（$P<0.01$），而在湿润雨季呈显著相关（$P<0.05$）。整体看来，不同林龄橡胶人工生态系统土壤呼吸速率与 5 cm 深度土壤含水量指数关系不显著（$P\geqslant0.05$）。

土壤呼吸速率与土壤温度（或气温）的关系一般用 Q_{10} 表示，在生理生态学研究中，Q_{10} 是指土壤温度每增加 10 ℃，土壤呼吸速率增加的倍数。已有研究表明，全球土壤呼吸与土壤温度的 Q_{10} 值介于 2.0～2.4 之间，平均值为 2.0，一般低纬度地区的 Q_{10} 小于高纬度地区（方精云 等，1998；2001）。

从表中看出，可以根据拟合方程计算 Q_{10} 值，橡胶林土壤呼吸 Q_{10} 值在 1.14～2.37 之间。本研究表明，不同季节、不同林龄橡胶林的 Q_{10} 不同，与已有研究（房秋兰 等，2006）相比，海南岛橡胶林土壤呼吸 Q_{10} 与西双版纳橡胶林和热带季节雨林土壤呼吸 Q_{10} 值（2.18 和 2.16）基本相当。

表 5.8　不同林龄橡胶林土壤呼吸与土壤温湿度的相关拟合

林龄(年)	季节	0～5 cm 土壤温度			5 cm 深度土壤含水量	
		拟合方程	R^2	Q_{10}	拟合方程	R^2
5	旱季	$Rs=1.138e^{0.06511T}$	0.617 5**	1.92	$Rs=13.2451e^{0.0841X}$	0.257 1
	雨季	$Rs=0.9213e^{0.01987T}$	0.553 4*	1.22	$Rs=13.7536e^{0.00837X}$	0.276 3
10	旱季	$Rs=1.351e^{0.02872T}$	0.755 8**	1.33	$Rs=14.8572e^{0.0784X}$	0.215 7
	雨季	$Rs=1.2175e^{0.05689T}$	0.749 1*	1.77	$Rs=14.5741e^{0.07425X}$	0.236 4
19	旱季	$Rs=1.2015e^{0.08647T}$	0.895 5**	2.37	$Rs=15.2451e^{0.04627X}$	0.310 9*
	雨季	$Rs=1.395e^{0.01257T}$	0.879 1**	1.14	$Rs=15.8935e^{0.0233X}$	0.336 5
33	旱季	$Rs=1.257e^{0.08174T}$	0.754 1**	2.26	$Rs=15.6771e^{0.06824X}$	0.179 4*
	雨季	$Rs=1.079e^{0.0772T}$	0.748 5*	2.16	$Rs=15.8537e^{0.06274X}$	0.182 5

注：T 为 0～5 cm 土壤温度(℃)，X 为 5 cm 深度土壤含水量(%)；* 表示差异显著($P<0.05$)，** 表示差异极显著($P<0.01$)

5.6　本章小结

5.6.1　橡胶林生物量碳储量研究

应用周再知等(1995)、唐建维等(2009)、贾开心等(2006)3 类模型进行模拟计算，从 2009—2012 年 4 个年份，研究的 5 个林段橡胶林生物量平均值分别为 55.85，67.02，75.22 和 83.67 t・hm^{-2}，4 年平均值为 70.44 t・hm^{-2}左右。研究样地生物量还只有最大值的 1/4左右，增长潜力巨大。2009—2012 年 4 年平均生物量增量分别为 10.68，11.27，10.84 和 9.61 t・hm^{-2}・a^{-1}，4 年平均值为 10.60 t・hm^{-2}・a^{-1}。

2009—2012 年每年的碳储量分别为 24.31，26.67，35.75，36.18 t・hm^{-2}・a^{-1}，4 年平均值为 30.73 t・hm^{-2}・a^{-1}。2009—2012 年每年植被碳增量分别为 4.65，4.49，5.15 和 4.15 tC・hm^{-2}・a^{-1}，4 年平均值为 4.61 tC・hm^{-2}・a^{-1}。

4 个不同林龄林段，连续 3 年林下植被单位面积生物量干重平均值为 3.54～4.00 t・hm^{-2}・a^{-1}，而其含碳率为 0.14～0.44，单位面积林下植被碳储量为 0.99～1.22 tC・hm^{-2}・a^{-1}。橡胶林林下植被单位面积 3 年年均生物量为 3.80 t・hm^{-2}・a^{-1}，林下植被单位面积年均碳储量为 1.11 tC・hm^{-2}・a^{-1}。

3 个不同林龄开割林段，连续 3 年干胶产量均值为 1.44～1.80 t・hm^{-2}・a^{-1}，而其含碳率为 0.870～0.881，单位面积干胶产量碳储量为 1.253～1.586 tC・hm^{-2}・a^{-1}。橡胶林干胶单位面积 3 年年均产量为 1.61 t・hm^{-2}・a^{-1}，干胶单位面积年均碳总量为 1.41 tC・hm^{-2}・a^{-1}。

研究地橡胶林生态系统 3 年平均植被总碳库为 35.39 tC・hm^{-2}，其中橡胶林植被碳库最大，其均值为 32.86 tC・hm^{-2}，占比重为 92.87%，林下植被碳库和干胶碳库年均值分别为 1.11 和 1.41 tC・hm^{-2}，占比重分别为 3.15%和 3.98%。橡胶树植被碳库 3 年平均年增量为 7.13 tC・hm^{-2}，其中橡胶林植被碳年均增量为 4.61 tC・hm^{-2}，占年总增量的 64.66%，林下植被和干胶年均碳增量分别为 1.11 和 1.41 tC・hm^{-2}，占年总增量的

15.57%和19.77%。

5.6.2 橡胶林土壤有机碳蓄积及影响因子

土壤有机碳作为土壤生态系统碳收支研究的基础，其含量与储量的大小受当地气候条件、植被分布、微生物种类、土壤理化性质及农林生产经营等自然因素和人文因素的控制，并存在各种因子之间的相互作用。本研究得出，橡胶林土壤有机碳含量总体上随着土层深度增加而递减，4种林龄胶林不同深度土壤有机碳含量为2.64～14.36 g·kg^{-1}。同等气候条件和相同土壤类型条件下，橡胶林土壤有机碳碳含量随土壤层深度的增加呈下降趋势，这与国内外研究者的结论一致(Arrouays *et al.*，1994；Yang *et al.*，2005；王洪岩 等，2012)。同一林龄胶林不同土壤层间碳含量有一定差异，不同林龄橡胶林在同一土壤层和不同土层间土壤碳含量差异均明显不同。这可能是与不同林龄橡胶林土壤碳的来源不同有关，橡胶林生态系统土壤有机碳主要来源于橡胶林地表凋落物和林下植被死亡的积累和分解、橡胶树根系周转(根系密度大小、代谢活动、分解)以及人工施肥效应(如胶园增施有机肥、胶园割草压青等)等三大方面。橡胶林在栽培管理中常以坑穴施肥，本研究在采样过程中均避开了施肥坑(当然也会造成有机碳储量比实际要低)。

对于19年成熟林和即将更新33年胶园，成林时间较久，由于前几年(或几十年)的生长积累，林下枯枝凋落物积累较多，含碳物质有相当时间分解迁移蓄积的缘故，其表层0～15 cm土壤有机质含量最高，15～60 cm各层土壤有机质含量的积累相对幼林期和新开割树要高；5年胶林因上一代胶林更新积留下未分解凋落物加上当代凋落物的分解，0～15 cm土壤层的土壤有机碳含量也较高；10年胶林处于开割丰盛期，因上一代胶林更新后枯枝凋落物分解产物已基本被林下植被根系吸收完，自身在当代积累的枯枝凋落物并不多，此外橡胶树生长旺盛吸收消耗较多营养物质，造成10年胶林0～100 cm土壤有机碳含量明显偏低于其他3个林龄胶林。不同林龄橡胶林生态系统SOC富集系数总体均随土层深度的增加而逐渐减小。5，10和19年林段在0～45 cm土壤层深度SOC富集系数整体上均大于1，而45 cm土壤层深度以下SOC富集系数小于1，表明土壤有机碳主要蓄积在0～45 cm层。而33年胶园表现不同。本研究中33年胶园病害较为严重，加上割胶导致死皮树体很多枯死，造成深层45～60 cm根系大量死亡，常年分解补充了土壤有机质，所以45～60 cm土壤有机质含量与其他林龄0～45 cm土壤层的有机质含量相当，这与国内一些研究者的结论基本一致(叶功富 等，2008；池富旺 等，2009；李树战 等，2011；刘瑾 等，2010；王卫霞 等，2013)。

研究的4种不同林龄橡胶林土壤有机碳含量加权平均后分别为6.139，5.285，6.145和7.897 g·kg^{-1}，即SOC含量平均表现为33年>19年>5年>10年。土壤有机碳储量为82.80～115.73 t·hm^{-2}，平均值为94.69 t·hm^{-2}。具体来说，33年>5年>19年>10年。基本上是土壤有机碳储量随着林龄的增加而增加。正如前面所述，除5年胶园部分土壤有机碳来源于上代胶林更新后枯枝落叶分解和自身枯枝落叶分解外，其余胶园土壤有机碳主要来自自身枯枝落叶和林下植被死亡沉积。

橡胶林土壤碳储量明显低于我国森林土壤平均碳储量(193.55 t·hm^{-2})和世界土壤平均碳储量(189.00 t·hm^{-2})。这可能是由于海南儋州西部的气候特点和土壤母质造成。橡胶林生态系统土壤有机碳受多方面因素的综合影响，某一时段的土壤有机碳含量是土壤母质、气候特征、林分类型、胶树生理状况(光合强度、生理活性等)、凋落物蓄积、凋落物氧化分解、土壤有机质矿化分解作用以及胶林人为经营管理(压青、施肥对土壤扰动)等共同作用的结果。另外,取样要避开施肥坑,否则会造成估算值比实际值低。

5.6.3　橡胶林凋落物层碳储量及影响因素

森林凋落物作为营养物质的主要载体,通过分解、迁移和淀积等过程,将固定在生物体内的营养物质带入土壤,被生产者再次使用。森林凋落物的分解和迁移等过程是碳素进入土壤碳库的主要途径,土壤有机碳的蓄积主要决定于凋落物的积累和分解。本研究中 5,10,19 和 33 年林龄的橡胶林年凋落物输入土壤碳总量分别为 2.08,2.68,3.11 和 3.58 $t \cdot hm^{-2}$,其平均值为 2.86 $t \cdot hm^{-2}$。凋落组分叶和枝分别占凋落物碳年归还量的 95.26%,95.41%,94.04%和 93.24%。橡胶林凋落物组分碳含量大小表现为:繁殖组分>叶>枝>其他,其中林龄水平凋落物碳年归还量高低表现为:33 年>19 年>10 年>5 年,凋落物碳年归还量随林龄增加而增大,这可能与 4 种研究样地林段的种植模式、橡胶树生长状况、品种生物学特性和气候条件有关;橡胶林凋落物组分碳含量在不同林龄级之间差异不显著,同一林龄组分之间碳含量大小表现为:繁殖组分>叶>枝>其他,这与国内研究者的结果一致(李正才 等,2010;潘辉 等,2010;原作强 等,2010)。

5.6.4　橡胶林土壤呼吸及其影响因素

土壤呼吸是土壤与大气交换 CO_2 的过程,是土壤同化和异化作用平衡的结果。与国内外研究者发现的土壤呼吸具有显著的季节动态相一致(Fang *et al.*,1998;Davidson,2000;Xu *et al.*,2001;卢华正 等,2009;朱凡 等,2010;张俊兴 等,2011;孟春 等,2013),橡胶林土壤呼吸速率在不同生长季节呈现出明显的季节变化和昼夜变化特征。不同林龄橡胶林下,植被生长与土地利用覆盖的变化对温度的影响及土壤理化性质导致的土壤热传导性不同,都将导致温度及土壤呼吸速率变化幅度的差异。叶面积指数高、森林郁闭度大及林下地表植被覆盖多的胶林降低了土壤温度对空气温度变化的敏感性。

研究中橡胶林生态系统土壤呼吸不同季节的日变化基本表现为单峰曲线,而年变化则整体呈双峰型,每年 4—6 和 7—8 月达到峰值,8 月份的呼吸速率为全年最大值。分离量化土壤呼吸各个组分,各组分碳排放量大小基本表现为:土壤异养呼吸>根系呼吸>凋落物呼吸>矿质土壤呼吸。5,10,19 和 33 年土壤总呼吸年排放碳量分别为 10.03,10.34,11.96 和 11.09 $t \cdot hm^{-2} \cdot a^{-1}$,表现为 19 年>33 年>10 年>5 年。

土壤总呼吸随季节的变化趋势与该地区降水及地上植被覆盖和凋落物数量有关。通过对土壤呼吸速率与 0~5 cm 土壤温度和 5 cm 土壤湿度的关系研究,结果表明土壤温度是重要影响因子,而土壤湿度则不明显。橡胶林土壤总呼吸速率呈现出与温度基本同步的变化规律。

温度是控制橡胶林土壤总呼吸通量的关键因子。每年进入雨季,气温较高,土壤温度较高,再加上水分充足(如不过多),植物本身生长旺盛。随着水热条件逐渐好转,土壤呼吸速率会迅速增加;至 7 和 8 月水热因子处于适宜水平,橡胶树生长茂盛,地下根系和微生物等活性加强,微生物呼吸增加,凋落物分解加速,因此土壤总呼吸升高,橡胶林土壤表面 CO_2 通量达最高,至 8 月达到当年峰值。根据土壤呼吸速率与土壤温度回归模拟,可得相应指数方程,计算橡胶林土壤呼吸 Q_{10} 值为 1.14~2.37,与已有研究(房秋兰 等,2006)基本相当。

橡胶林土壤湿度与土壤总呼吸、排除根系呼吸和根系呼吸之间没有明显的相关关系。这可能是由于海南岛每年降水丰富，水分不是限制土壤呼吸的关键因子，水分对土壤呼吸的影响往往被温度的影响所遮盖。过高的土壤含水量会限制土壤中 O_2 和 CO_2 的扩散，胶林地下根系和微生物活动受抑制，土壤有机质的分解速率降低，土壤中产生的 CO_2 减少，从而会使土壤表面 CO_2 通量在该时段内维持在较低水平。每年在较湿润的 9—10 月，降水事件可能对土壤呼吸产生明显的抑制现象；在较干旱的 11 月—翌年 3 月长期干旱胁迫时土壤呼吸可能受到抑制；4—6 月干湿交替，长时间干旱后突发性瞬间强降水事件间歇性交替的发生可能会强烈的刺激土壤呼吸碳排放，造成橡胶林生态系统土壤碳损失加剧。水分对土壤呼吸的影响机理受多种综合因素作用。水分下渗替代土壤空隙中的 CO_2 等气体，造成土壤 CO_2 排放量在干旱季节的雨后增加；水分替代土壤中 CO_2 空间的同时，使土壤通透性降低，CO_2 在土壤中的扩散阻力因此增加，可能导致雨后实测土壤表面 CO_2 通量减小（Cavelier *et al.*，1990；张丁辰 等，2013）；水分的增加促进土壤中微生物活动强度，还加剧了土壤有机质的分解矿化，近而使土壤中微生物和和根系土壤呼吸释放 CO_2 量增加（Anderson，1973；高翔 等，2012）。

5.6.5 橡胶林生态系统碳收支平衡

本研究从橡胶林生态系统植被碳库、凋落物碳库和土壤碳库 3 个方面分析了橡胶林生态系统碳收支平衡状况。

对橡胶林生态系统植被碳库而言，研究样地橡胶林正处于生长旺盛期，橡胶林生态系统 3 年平均植被总碳库为 35.39 tC · hm^{-2}，其中橡胶林植被碳库最大，为 32.86 tC · hm^{-2}，年均增长量为 4.61 tC · hm^{-2}；对林下植被碳库而言，研究样地林下植被年均增长碳储量为 1.11 tC · hm^{-2}；对橡胶树割胶带走干胶含有的碳总量年均为 1.41 tC · hm^{-2}。三者合计，年均橡胶林植被可固定碳达 7.13 tC · hm^{-2}。

对凋落物碳库的研究表明，橡胶林生态系统每年输入土壤的总碳量为 2.08～3.58 tC · hm^{-2} · a^{-1}，平均值为 2.86 tC · hm^{-2} · a^{-1}。

对橡胶林生态系统土壤碳库而言，研究的 4 种林龄样地橡胶林土壤碳库介于 82.80～115.73 t · hm^{-2}之间，平均值为 94.69 t · hm^{-2}。但是，如果把橡胶林土壤作为一个亚系统，加进凋落物等净增加给土壤的碳，减去土壤呼吸等净排放的碳，土壤亚系统实际上作为一个碳源。

橡胶林生态系统共有 4 个碳库：植被生物量碳库、凋落物碳库、土壤碳库和土壤动物碳库。我们研究了前 3 个碳库，其总量为 133.21 t · hm^{-2}；而忽略了土壤动物碳库。

橡胶林生态系统 NEP 为 9.99 tC · hm^{-2} · a^{-1}，即研究样地所在的橡胶林生态系统整年碳吸收总量，即生态系统的 NEE。

橡胶林的林龄大小、经营管理水平、土壤质地、凋落物量累积与分解及割胶等因素可能是影响橡胶林碳蓄积的主导因子，为提高橡胶林生态系统碳蓄积量，应从这些方面着手考虑。

本研究利用生物量清查方法，初步估算了橡胶林生态系统碳收支的基本情况，研究结果积累了海南岛橡胶林生态系统碳源/汇功能研究的基础研究数据，评价橡胶林生态系统的碳汇功能生态效益，可为热区人工林生态系统碳循环研究提供范例。

第 6 章

橡胶林生态系统通量观测有效性评价

涡动相关技术经过 60 多年的发展，随着其观测探头的不断革新及采样频率的提高，以其理论假设少、响应速度快、采样精度高等突出特点被认为是现今唯一能直接测量生物与大气间物质、能量交换通量的基本方法(Baldocchi *et al.*，2000；于贵瑞 等，2006b)。

利用涡动相关技术进行湍流通量观测与常规的气象观测不同，它要求仪器安装在通量不随高度发生变化的常通量层(constant flux layer)。这个要求也就说明并非所有涡动观测数据都可得到有效的统计结果，这是由湍流本身的规律和特点决定的。因此，必须通过数据质量评价(QA)，对湍流统计量进行有效质量控制(QC)。涡度相关法观测要求的理想条件是使观测在一个相对开阔的水平均质下垫面上进行，且要求观测源区内下垫面具有足够的代表性(Aubinet *et al.*，2000；于贵瑞 等，2006a)。但在实际观测中往往并不能满足所有条件，因此有必要进行探讨、修正等。

对橡胶林生态系统的通量观测而言，国际上已有 3 个国家进行观测：泰国(法泰合作，Chachoengsao Rubber Research Center)、科特迪瓦(法科合作)和中国。法泰合作和法科合作至今没有实际的研究成果，据了解，主要是因为热带地区降水过多，涡动相关系统尤其是开路系统数据不稳定，数据不能较好地反映橡胶林的实际情况，虽然观测系统已经建立了5～6年，但一直没有研究结果出来。因此，我们进行橡胶林生态系统通量观测研究时，就十分有必要进行可行性研究。

本章的探讨主要包括如下几个方面：湍流数据质量评价，主要对大气涡流发展是否充分及其平稳性进行研究；生态系统能量平衡闭合分析，主要研究生态系统湍流能量与有效能量间的闭合情况；生态系统通量足迹与源区分析，主要是对通量观测源区进行探讨，以期涡度系统观测的区域信息量足以反映整个系统的特征。

6.1　橡胶林生态系统湍流数据质量评价

在通量界，各国学者提出了众多的湍流数据评价控制方案，尤以 Foken 等(1996，2004)提出的方法得到了通量界的认可。他们以莫宁-奥布霍夫(Monin-Obukhov)相似理论为出发点，提出利用反映湍流平稳性状况的湍流稳态测试和反映湍流发展状况的湍流整体性检验结合的方法来评价湍流数据质量，根据不同的评价结果对湍流数据进行更为合理的应用。该方法在国内外得到了广泛的应用和发展，Rebmann 等(2005)提出把该方法作为数据前期质量评价的基本方法；Hammerle 等(2007)应用该方法对其湍流通量数据进行了筛选；宋涛

(2007)应用该方法对三江平原湍流数据进行质量评价,并对其效果进行了基本描述,提议把该方法纳入到ChinaFLUX数据检验中。徐自为等(2008)利用其对密云湍流通量数据进行了定性和定量的评价。姜明等(2012)、李茂善等(2012)分别利用该方法对锡林浩特气候观象台和纳木错站的通量观测数据进行了质量检验,并对检验效果进行了评价与探讨。

橡胶林生态系统因其生长环境的特殊性,对其进行数据质量评价十分必要。本节拟利用农业部儋州热带作物科学观测实验站2010年全年涡动相关观测数据进行定性和定量的质量评价,研究橡胶林生态系统涡度观测技术的可行性,并对该质量评价后的数据分布等逐一进行了分析。

6.1.1 湍流数据质量评价方法

(1)湍流稳态测试

涡度相关技术仪器常要求安装在常通量层,在此层内被假定大气湍流处于稳态(steady state,或称定常),且下垫面具有均质性。大气湍流处于稳态表示其各统计特征不会随时间发生变化,处于非稳态是湍流测定中影响最大的问题。下垫面均质性表示其各统计特征不随空间发生变化,均质性通常会因下垫面植被高度相似的程度和观测点高度的增加而增加,会因地表粗糙度和障碍物的减少而增加,而异质性通常表现为大气湍流的非稳态(Foken *et al.*,1996)。俄国科学家于19世纪60年代就提出利用平均时间内更小时间尺度的通量平均值来判断其在时间上的变化程度,即稳态测试(于贵瑞 等,2006b)。

湍流稳态或称平稳性(stationarity)指一个观测时次内主要统计量保持稳定,即满足一个观测时次内全时段方差(协方差)的均值与每个分时段的方差(协方差)和的均值大致相等。湍流稳态测试(Steady State Test,SST)具体操作方法如下(Foken *et al.*,1996;2004):

把30分钟总长度的10 Hz原始湍流数据(样本总共有18 000个)分成M个5分钟的等分($M=6$),每个等分有N个样本($N=3\ 000$),对此原始湍流信号时间系列x和w(此处x为气温T、CO_2密度或H_2O密度,w为垂直风速)进行稳态测试。首先计算每个等分时段(即5分钟)的协方差

$$(\overline{x'w'})_{5\ \min} = \frac{1}{N-1}\left(\sum_{j=1}^{N} x_j \cdot w_j - \frac{1}{N}\sum_{j=1}^{N} w_j\right) \tag{6.1}$$

进而可计算6个5分钟时间序列的平均协方差

$$(\overline{x'w'})_{\text{segment}} = \frac{1}{M}\sum_{i=1}^{M} (\overline{x'w'})_{5\ \min} \tag{6.2}$$

而对于30分钟时间序列,其协方差为

$$(\overline{x'w'})_{\text{all}} = \frac{1}{MN-1}\left(\sum_{j=1}^{MN-1} x_j \cdot w_j - \frac{1}{MN}\sum_{j=1}^{MN} x_j \cdot \sum_{j=1}^{MN} w_j\right) \tag{6.3}$$

用这两个协方差之间的偏差来测试稳态,定义为

$$\text{SST} = \left|\frac{(\overline{x'w'})_{\text{segment}} - (\overline{x'w'})_{\text{all}}}{(\overline{x'w'})_{\text{all}}}\right| \tag{6.4}$$

可获得一个稳态测试指数SST,假如SST≤30%,则说明该序列湍流通量处于稳态条件(Foken *et al.*,1996;Mahrt,1998;Aubinet *et al.*,2000)。稳态测试结果可作为涡度相关技术测定的湍流通量数据质量分析与控制的标准。根据表6.1中SST的数据范围分类,进行

数据质量分级判断。

表 6.1　SST 分类表

质量级	1	2	3	4	5	6	7	8	9
SST 范围(%)	0～15	16～30	31～50	51～75	76～100	101～250	251～500	501～1 000	>1 000

(2)整体湍流特征检验

整体湍流特征检验(Integrated Turbulence Characteristic test，ITC，也有译为“整体积分统计特性测试”)也就是湍流方差相似性关系检验(Turbulence Variance Similarity test)，它是大气湍流的统计特征之一，是基于大气湍流相似性特征的参数，它可以很好地检验湍流的发展状况，检测偏离湍流特征的无效数据，从而对湍流数据进行质量评估(Kaimal *et al.*，1994；Foken *et al.*，1996；Aubinet *et al.*，2000)。它是利用湍流方差相似性关系作为检验数据质量的标准，即发展较好的湍流应当符合相似性关系。通过对观测数据与拟合的方差相似性函数模拟数据进行对比来检验湍流数据质量的好坏。

在湍流发展充分的情况下，Monin-Obukhov 相似理论成立，近地层大气的许多归一化无量纲参数，如方差、梯度、能谱、协谱等，只是稳定度 z/L 的函数。一般地，参考 Foken 等(1996)的研究，对各变量归一化方差做检验。归一化方差检验函数形式由微气象学实验得到，各风速分量、某标量 x(如温度 T)的计算如式(6.5)和式(6.6)所示。各参数如表 6.2(Thomas *et al.*，2002)和表 6.3(Foken *et al.*，1996)所示。

$$\frac{\sigma_{u,v,w}}{u_*} = c_1\left(\frac{z}{L}\right)^{c_2} \tag{6.5}$$

$$\frac{\sigma_x}{x_*} = c_1\left(\frac{z}{L}\right)^{c_2} \tag{6.6}$$

表 6.2　近中性下的无量纲风速方差

参数	$-0.2 < z/L < 0.4$
σ_u/u_*	$0.44\ln(z_+ \cdot f/u_*) + 6.3$
σ_w/u_*	$0.21\ln(z_+ \cdot f/u_*) + 3.1$

注：z_+ 为归一化因子，取值 1 m；f 为 Coriolis 参数($f=2\Omega\sin\varphi=2\cdot(2\pi/86400)\cdot\sin\varphi$)，$\varphi$ 为纬度

表 6.3　不同稳定度(z/L)范围的 c_1，c_2 常数

参数	z/L	c_1	c_2
$\frac{\sigma_u}{u_*}$	$0 > z/L > -0.032$	2.7	0
	$-0.032 > z/L$	4.15	1/8
$\frac{\sigma_w}{u_*}$	$0 > z/L > -0.032$	1.3	0
	$-0.032 > z/L$	2.0	1/8
	$1 > z/L > 0.02$	1.4	−1/4
$\frac{\sigma_T}{T_*}$	$0.02 > z/L > -0.062$	0.5	−1/2
	$0.062 > z/L > -1$	1.0	−1/4
	$-1 > z/L$	1.0	−1/3

检验时，将实际计算的归一化方差值与以上模型值进行比较，即可计算总体湍流特征指数 ITC。

$$ITC = \left| \frac{(\sigma_x / x_*)_{\text{model}} - (\sigma_x / x_*)_{\text{measured}}}{(\sigma_x / x_*)_{\text{model}}} \right| \tag{6.7}$$

进而得到 ITC 分类表(Foken *et al.*，1999)(表 6.4)，一般 $ITC \leqslant 30\%$，可认为数据质量可靠，可用于研究。

表 6.4　ITC 分类表

质量级	1	2	3	4	5	6	7	8	9
ITC 范围(%)	0～15	16～30	31～50	51～75	76～100	101～250	251～500	501～1 000	>1 000

如果已知某区域湍流整体特征的真实函数关系，或者说是最接近的评估方程，那么就可将其作为一个固定的模式来评估观测湍流数据，通过观测值和模型值的比较来确定该时间序列的湍流发展是充分的还是不完全的。对于已有的整体湍流特征的研究，都假设了水平的均质性、稳定性和好的混合湍流空气层；而在非均匀下垫面，对于它们的适用性就有必要进行再评估，找到更适合当地的 ITC 参数，更好地控制湍流数据质量。

(3)数据质量整体标记结果

基于上述湍流稳定性测试和湍流整体特征检验，把计算得到的 SST 和 ITC 两者进行综合筛选可得到最终的数据等级分布情况，较常用的有 Foken 等(1996;1999)提出的 9 级分布、Rebmann 等(2005)提出的 5 级分布和 Carbon Europe 使用的 3 级分布(Mauder *et al.*，2004;2011)。为简单起见，本文采用 Carbon Europe 使用的“0，1，2”3 级分布，湍流通量资料的最终质量控制结果如表 6.5 所示，标记为数据质量整体标记结果(overall quality flag)，其中“0”标记高质量数据(high quality data：可用于基本研究)，“1”标记中等质量数据(moderate quality data：可用于一般通量的分析)，“2”标记低质量数据(low data quality：需要进行补缺和插值，视为无效数据)。

表 6.5　根据湍流稳态测试和总体湍流特征检验得到的最终数据质量标记

最终质量标记	SST 标记	ITC 标记(ITC 范围(%))
0(高质量数据)	1～2(<30)	1～2(<30)
1(中等质量数据)	≤5(≤100)	≤5(≤100)
2(低质量数据)	≥6(>100)	≥6(>100)

6.1.2　橡胶林湍流稳态测试结果

大气湍流通量测定会随时间、天气状况或者测定地点相对于气候事件的变化而变化(Foken *et al.*，1996;Mahrt 1998;Aubinet *et al.*，2000)。不同的大气湍流通量状况受外界影响会有差异，因此本节分别探讨感热通量(Sensible Heat flux，H)、潜热通量(Latent heat flux，LE)和 CO_2 通量(CO_2 flux，Fc)湍流的平稳性情况。

(1)感热通量 H 稳态性测试结果

对感热通量 H 进行稳态测试，结果如图 6.1 所示。针对 H 全年而言，湍流发展平稳，1～3级高质量数据占比达到 81.6%，4～6 级中质量数据占比为 15.0%，而 7～9 级低质量数据只占 3.4%。结果表明，80%以上的数据质量较好地符合湍流发展的观测特点并趋于理想的稳态条件，仅有少量数据必须剔除进行插补计算，即表明橡胶林生态系统近地层湍流发展平稳。针对全年的旱、雨两季而言，旱季数据略好于雨季，尤其是评价为第 1 级的数据旱季(54.78%)好于雨季(52.22%)，优 2 个多百分点。而对于质量较差的数据(7～9 级)，旱季和雨季相差不大(分别为 3.25%和 3.59%)。

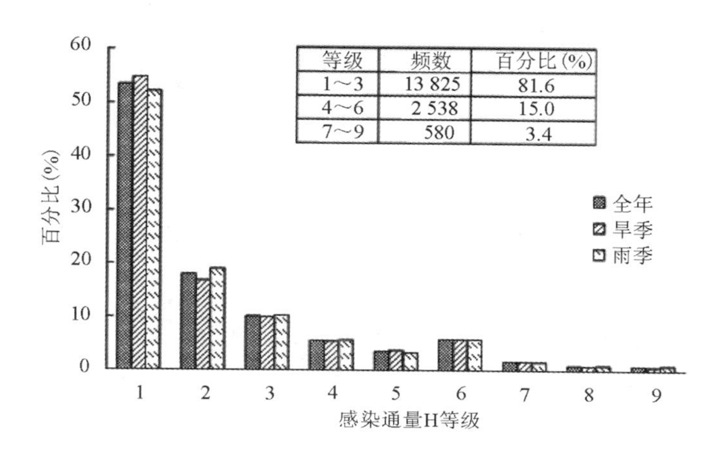

图 6.1　感热通量 H 稳态测试结果

(2)潜热通量 LE 稳态性测试结果

对潜热通量 LE 进行稳态测试，结果如图 6.2 所示。针对 LE 全年而言，湍流发展相对平稳，1～3 级高质量数据占 70.3%，4～6 级中质量数据占 24.9%，而 7～9 级低质量数据只占 4.8%。结果表明，70%以上的数据质量较好地符合湍流发展的观测特点并趋于理想的稳态条件，仅有少量数据必须剔除进行插补计算。虽然相对其他湍流通量而言，其平稳性稍差，这可能与海南岛热带地区降水较多影响涡度相关观测数据质量关系较大。但是比较旱、雨两季的情况，雨季较好质量数据(1～3 级)占比达 73.43%，要好于旱季的 67.00%；雨季较差数据(7～

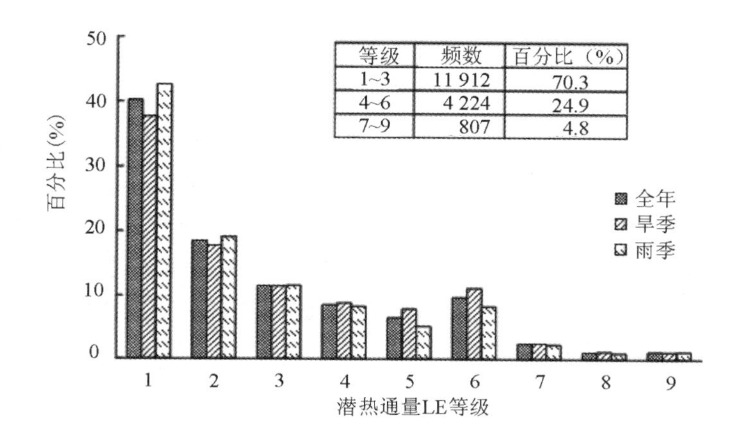

图 6.2　潜热通量 LE 稳态测试结果

9 级)占比达 4.60%,略低于旱季的 4.94%。分析其中原因,这可能是因为雨季季风到达,水分充沛,大气湿度较大,湍流潜热(尤其蒸发潜热可能达到相对旺盛程度)通量相对平稳,而不会像旱季因湿度相差过大而导致湍流平稳性降低。

(3)CO_2 通量 Fc 稳态性测试结果

对 CO_2 通量 Fc 进行稳态测试,结果如图 6.3 所示。针对全年 CO_2 通量而言,湍流发展平稳,1~3 级高质量数据占比达到 77.8%,4~6 级中质量数据占比 18.4%,而 7~9 级低质量数据只占 3.8%。结果表明,80%以上的数据质量较好地符合湍流发展的观测特点并趋于理想的稳态条件,仅少量数据必须剔除进行插补计算,即表明橡胶林生态系统近地层湍流发展平稳。从数据整体质量来看,橡胶林湍流平稳性要优于千烟洲常绿阔叶林(温学发,2005)。

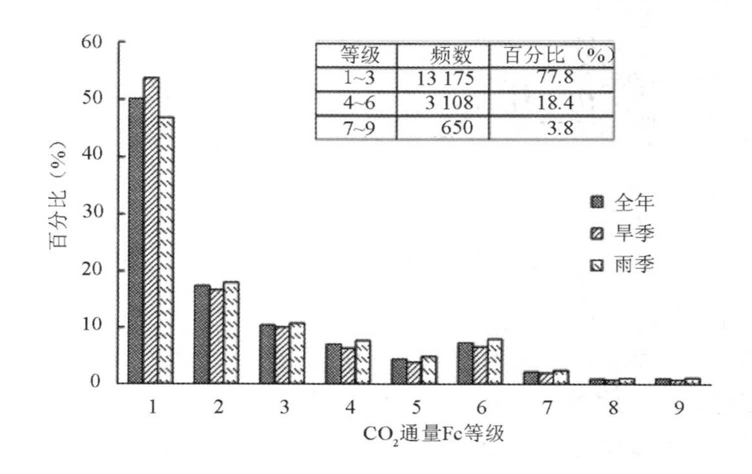

图 6.3 CO_2 通量 Fc 稳态测试结果

相应地,比较旱、雨两季的情况,旱季数据质量要好于雨季数据(1~3 级数据,旱季为 80.30%,雨季为 75.44%;7~9 级数据,旱季为 3.29%,雨季为 4.36%)。究其原因,CO_2 通量观测是通过开路涡度相关技术进行的,受降水影响较大,导致雨季数据质量弱于旱季。

为明确分析出湍流通量数据中较差时段,有必要选择典型旱、雨两季中的晴天,研究 CO_2 湍流通量数据的日变化过程。图 6.4 显示了典型旱、雨两季中晴天(旱季选择 2010 年 4 月 9—14 日,雨季选择 7 月 20—25 日)CO_2 湍流通量观测时间系列稳态测试的结果。从图中可看出,质量差的数据主要集中在夜间。在夜间大气稳定条件下,几乎所有涡度相关技术应用上的限制都可能发生,影响数据质量的优劣,这其中有一些原因来自观测仪器本身的限制,另一些则是来自气象条件的限制(Massman *et al.*,2002)。

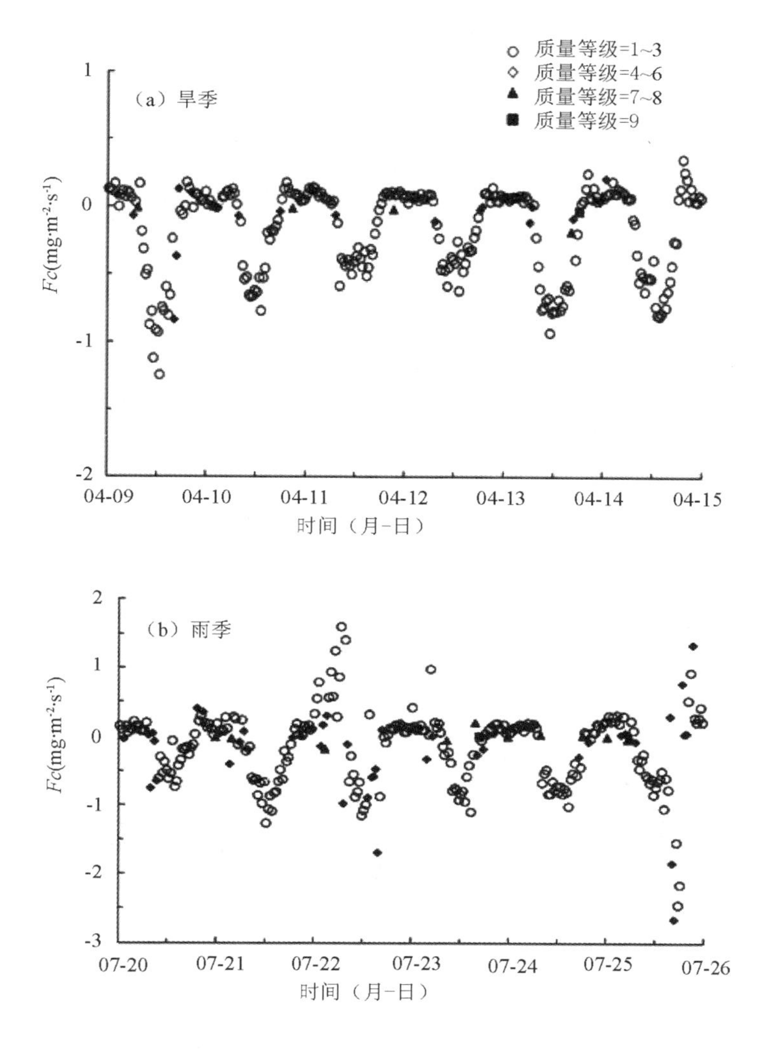

图 6.4　稳态测试不同数据质量级别的 CO_2 湍流通量数据的日变化过程(以 CO_2 质量计)

6.1.3　橡胶林整体湍流特征检验结果

(1)橡胶林垂直风速湍流整体性检验

对橡胶林的涡度相关数据进行总体湍流特征检验，我们只利用垂直风分量(w)来进行该项检验。根据橡胶林垂直风速湍流整体性检验，可得结果如图 6.5 所示。相对于垂直速度的 ITC 检验结果表明，橡胶林近地层湍流发展充分，1～3 级高质量数据占比达到 94.7%，4～6 级中质量数据占 5.2%，7～9 级低质量数据只占 0.1%。已有研究发现非均质下垫面或者障碍物等对湍流的影响，会影响观测湍流数据的质量(Blanken，1998；Aubinet *et al.*，2000)。比较国内已有研究，橡胶林整体湍流特征略低于黄土高原半干旱区荒草地(肖霞，2011)的湍流整体特征，这可能是因为海南岛橡胶林下垫面相对黄土高原草地较粗糙导致的。

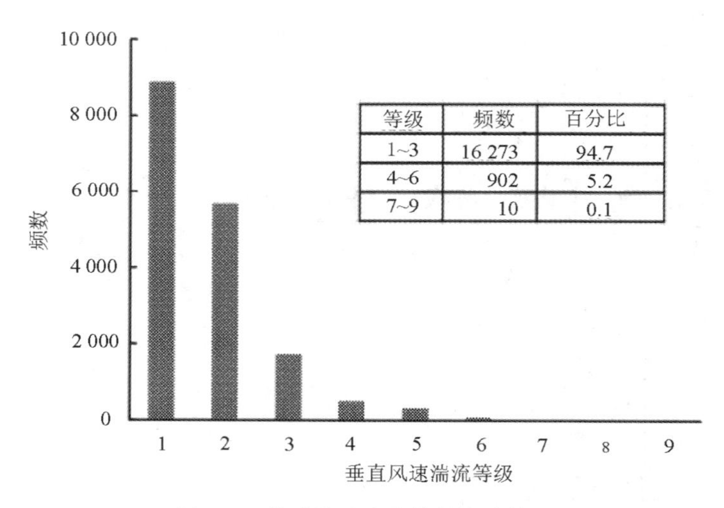

等级	频数	百分比
1~3	16 273	94.7
4~6	902	5.2
7~9	10	0.1

图 6.5　橡胶林湍流整体性检验结果

(2)不同季节橡胶林湍流整体性检验

图 6.6 显示了不同季节垂直风速湍流发展充分性检验的分布情况。湍流发展的充分性检验要明显好于湍流的平稳性检验，旱季数据略好于雨季，1～3 级数据占比在 90%以上，说明橡胶林湍流发展充分，进行涡度相关观测可行。

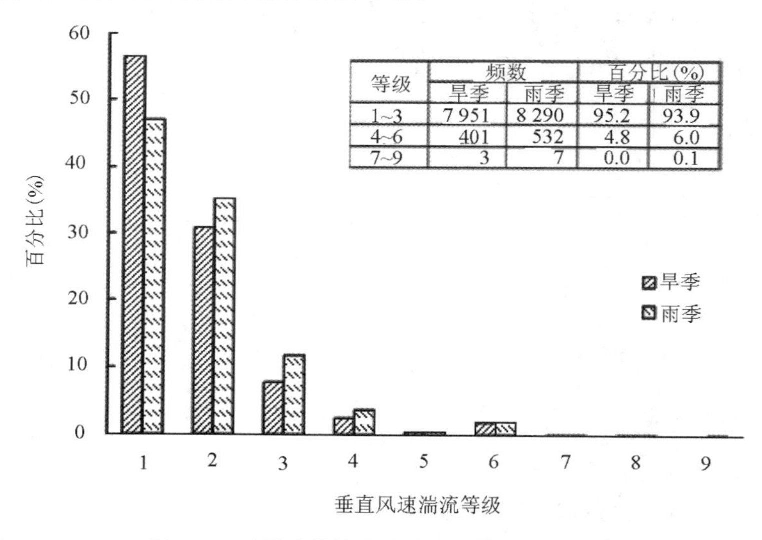

等级	频数		百分比(%)	
	旱季	雨季	旱季	雨季
1~3	7 951	8 290	95.2	93.9
4~6	401	532	4.8	6.0
7~9	3	7	0.0	0.1

图 6.6　不同季节橡胶林湍流整体性检验结果

6.1.4　橡胶林湍流数据质量的等级分布

(1)感热湍流通量数据质量综合评价

根据 2010 年全年感热湍流通量数据稳态性测试和整体性检验结果，利用表 6.5 把数据进行标记，可得到如图 6.7 所示的橡胶林生态系统感热湍流通量数据质量综合评价。从图 6.7 可看出，数据质量评级为“0”的高质量数据占比全年达 63.4%，而评级为“2”的低质量数据全年占比为 10.9%(这是应剔除并要求进行插补的数据)。把全年旱、雨季数据进行对比，发现旱季数据略好于雨季(高质量数据分别为 65.4%和 61.6%)。正如前面所述，旱季降水较少，大气湿度相对平衡，大气湍流热量传输稳定，湍流发展充分，平稳性较好，因此高质量数据较多。

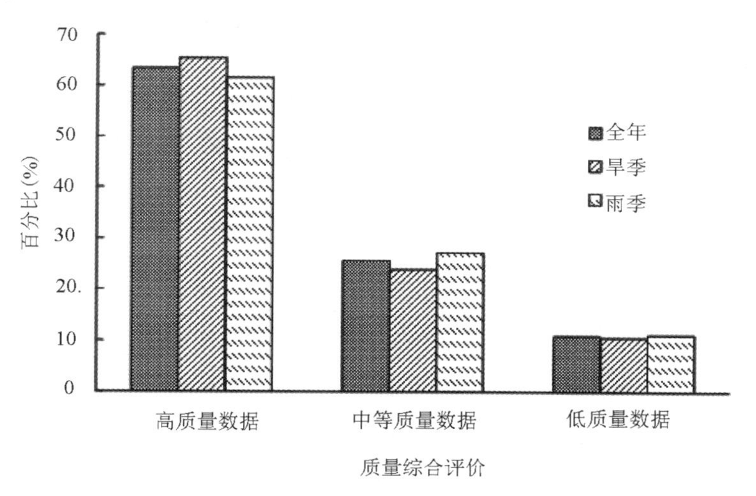

图 6.7　橡胶林感热湍流通量数据质量综合评价

(2)潜热湍流通量数据质量综合评价

类似地，根据 2010 年全年潜热湍流通量数据稳态性测试和整体性检验结果，利用表 6.5 把数据进行标记，可得到如图 6.8 所示的橡胶林生态系统潜热湍流通量数据质量综合评价。从图 6.8 可看出，数据质量评级为"0"的高质量数据占比全年达 52.6%，而评级为"2"的低质量数据全年占比为 16.0%(这是应剔除并要求进行插补的数据)。把全年旱、雨季数据进行对比，发现雨季数据略好于旱季(高质量数据分别为 53.9%和 51.1%)。可能是因雨季降水多，大气湿度大，潜热湍流通量相对平稳，而不会像旱季因湿度相差过大而导致其湍流平稳性降低。

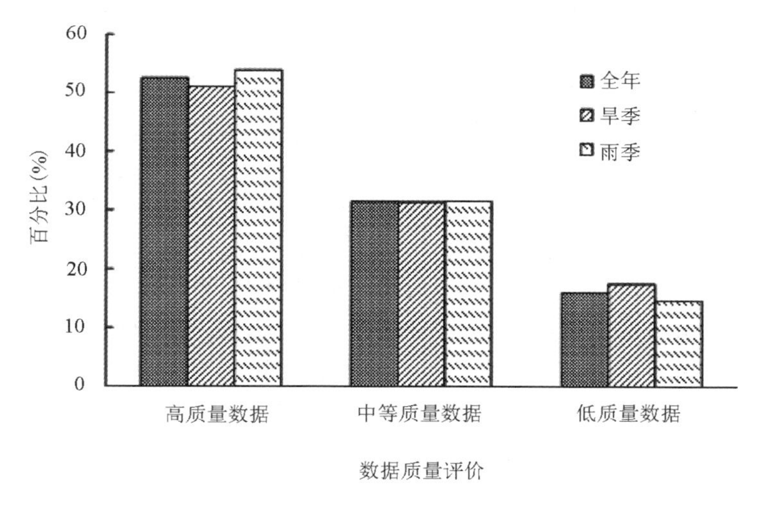

图 6.8　橡胶林潜热湍流通量数据质量综合评价

(3)CO_2 湍流通量数据质量综合评价

同样地，根据全年 CO_2 湍流通量数据稳态性测试和整体性检验结果，利用表 6.5 把数据进行标记，可得到如图 6.9 所示的橡胶林生态系统 CO_2 湍流通量数据质量综合评价。从图 6.9 可看出，数据质量评级为"0"的高质量数据占比全年达 59.1%，而评级为"2"的低质量数据全年占比为 12.7%(这是应剔除并要求进行插补的数据)。把全年旱、雨季数据进行对比，旱季数据好于雨季(高质量数据分别为 63.1%和 56.0%)。究其原因，雨季因降水较多，而通过开路涡度相关技术观测 CO_2 通量，受降水影响较大，导致旱季数据质量明显优于雨季。

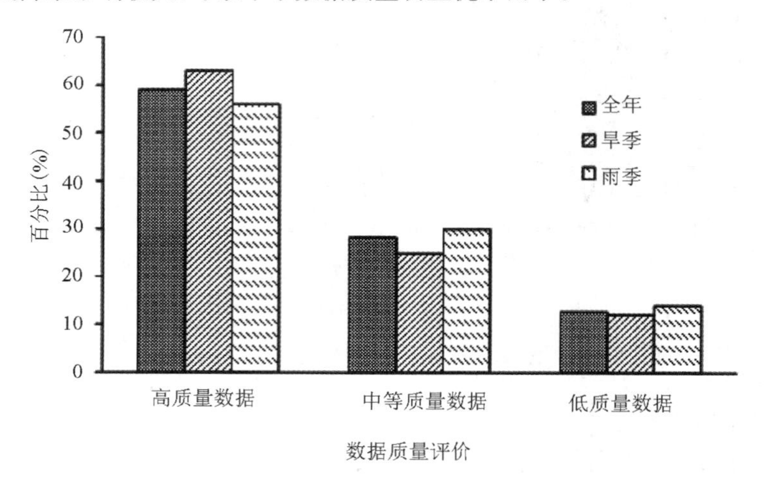

图 6.9 橡胶林 CO_2 通量数据质量综合评价

最后，比较我们研究的 3 类湍流通量数据质量，发现感热湍流通量数据质量最优，而潜热湍流通量数据质量最低，CO_2 湍流通量数据质量居中。

6.1.5 小结

我们利用国际上通用的湍流稳态测试及垂直风速湍流整体性检验相结合的湍流数据质量评价方法，对农业部儋州热带作物科学观测实验站 2010 年全年橡胶林生态系统通量观测的感热通量、潜热通量和 CO_2 通量 3 类数据进行质量评价，经过分析可得出如下结论：

(1)橡胶林生态系统湍流通量数据质量相对较高，对全年数据进行综合评价，3 类通量数据中高质量数据占比为 52%～63%，仅有 10%～16%的数据质量较差，须剔除并进行插补才可进行后续研究与分析。这表明，利用涡度相关技术进行橡胶林生态系统湍流通量观测可行，数据可靠，所得数据可用于研究。

(2)橡胶林感热通量、潜热通量和 CO_2 通量 3 类数据中，感热通量数据最优，CO_2 通量数据次之，潜热通量数据最差。海南岛橡胶林主要生长在高温多雨的地区，研究地区年均气温，气温变化幅度不大；降水丰富，影响开路湍流相关技术的观测，导致数据质量会有所降低。

(3)3 类数据中，除潜热通量数据是雨季略好于旱季外，另两类数据均是旱季好于雨季。主要是因为潜热通量数据质量和感热通量、CO_2 通量数据质量受雨季的影响不同。潜热通量在雨季因受季风影响，水汽充沛，降水丰富，使湍流相对平衡并且发展充分。

(4)湍流数据质量白天优于夜间，这与夜间大气层结稳定，而白天大气湍流发展充分是分不开的。

6.2 橡胶林生态系统能量平衡闭合分析

生态系统能量最终来源于太阳辐射，太阳辐射是森林生态系统最重要的能量输入，森林对能量的再分配对区域乃至全球的气候有着重要影响，再分配的结果又影响着植被光合生产力的分布。研究森林生态系统能量再分配后的平衡特征不仅对认识森林的生态效应有重要意义，同时也为森林生态系统光合生产力研究提供了重要的环境参数。

涡度相关技术在陆地生态系统的应用发展，使得获得生态系统能量平衡方程主要收支项——感热通量和潜热通量较为容易。如何评价涡度相关系统观测数据的可靠性就成为研究者共同关心的问题。涡度相关技术的基本假设建立在相似理论的基础之上，CO_2 和水热具有相同的传输机制，因此，将能量平衡闭合程度作为评判涡度相关综合系统数据质量有效性的重要标准已经被人们广泛接受(LaMalfa *et al.*，2008；Wilson *et al.*，2000)。世界通量网已经推荐使用这种评价标准，世界许多站点都把能量平衡状况分析作为一种标准的程序应用于通量数据的质量评价。

森林生态系统能量平衡研究在世界各国均获得了许多新发展(Sánchez *et al.*，2009；Schmid *et al.*，2000；Rotenberg *et al.*，2011；Lindroth *et al.*，2010)。自20世纪60年代开始，我国就开展了森林能量平衡研究，迄今已对许多森林类型能量平衡进行了较深入的研究(康峰峰 等，2003；肖文发，1992；高西宁 等，2002)。但以往的研究因为观测手段等多集中在森林生长季节，时间尺度较短，以日为主，难以反映其能量平衡的季节特征。如今涡度相关技术的应用，使其高精度、高时间分辨率的优点得到了充分发挥，并因其可直接测定 HS 和 LE 而在能量平衡分析中得到了很好的应用(王旭 等，2005；张新建 等，2011；贺有为 等，2011；张燕，2010；王春林 等，2007c)。

本节先对海南岛橡胶人工林2010年全年能量平衡分量进行研究，然后采用线性回归的普通最小二乘法 OLS(Ordinary Least Square)、简约主轴 RMA(Reduced Major Axis)和能量平衡闭合率 EBR(Energy Balance Ratio)对湍流通量和有效能量的关系进行了分析，分析探讨和评价了海南岛橡胶林能量平衡闭合特征，包括能量收支概况、能量平衡闭合的日变化和季节变化趋势等，并讨论了影响能量平衡不闭合的主要原因，以期为橡胶林涡度相关数据质量控制和能量闭合研究提供基础。

6.2.1 能量平衡闭合分析方法

(1)能量平衡闭合分析

地表净辐射 Rn，是地表其他过程能量交换及转化的最终来源，因而也称其为“辐射平衡”。通常，当地面获得能量时，Rn 取正号；反之，当能量由地面放出时，取负号。一般能量平衡表达式(Wilson *et al.*，2002)如下：

$$LE + H = Rn - G - S - Q \tag{6.8}$$

式中：LE 为潜热通量($W \cdot m^{-2}$)，即潜热耗能；H 为显热通量($W \cdot m^{-2}$)，即显热耗能；Rn 为冠层净辐射($W \cdot m^{-2}$)；G 为土壤表面热通量($W \cdot m^{-2}$)；S 为冠层热储量；Q 为附加能量源汇的总和(主要包括森林植被光合作用消耗的能量等)，Q 占的比例较小，在下面的计算中忽略不计。因此，通量平衡可表达为

$$LE + H = Rn - G - S \tag{6.9}$$

式中:右端项为有效能量(又称可利用能量);左端项为标准湍流通量。

通量平衡闭合表示湍流通量与有效能量的关系,根据热力学第一定律,要求湍流通量与有效能量相等。但在目前研究中,普遍存在能量平衡不闭合现象。据研究,$LE+H$ 一般低于 $Rn-G-S$,两者比值为 50%~100%(Lee,1998)。

可运用不同的能量平衡指标来评价能量平衡闭合度,主要有两种分析方法。第一个是根据有效能量和湍流通量间的线性回归方程的斜率和截距。线性回归方法一般有普通最小二乘法 OLS 和简约主轴 RMA 两种方法,以往的研究表明(Wilson *et al.*,2002;李正泉 等,2004)两者略有区别,其不同之处在于其回归假设条件不同。OLS 回归的基本假设条件是使 E_{OLS} 最小,而 RMA 回归的基本条件是使 E_{RMA} 最小。

$$\begin{aligned} E_{OLS} &= \sum[(x_i - X_i)^2 + (y_i - Y_i)^2] \\ E_{RMA} &= \sum(x_i - X_i)(y_i - Y_i) \end{aligned} \tag{6.10}$$

式中:x_i,y_i 为数据点的横、纵坐标值;X_i,Y_i 为回归直线上离数据点最近的横、纵坐标值。

第二个分析方法是将由涡度相关仪器直接观测的湍流通量与有效能量的比值——能量平衡比率 EBR 表示为能量平衡率(Mahrt,1998; Gu *et al.*,1999):

$$EBR = \frac{\sum(LE + H)}{\sum(Rn - G - S)} \tag{6.11}$$

理想状况为 1,$EBR<1$ 表示湍流通量在观测中被低估,而有效能量被高估;反之,则表明有效能量被低估,而湍流通量的测量值偏高。

(2)显热通量和潜热通量的测算

显热通量 H 和潜热通量 LE 是利用涡度相关方法计算获得的(Mitsuta,1974;Ohtaki,1985),表达式如下:

$$\begin{aligned} H &= \rho C_{pd}\,\overline{w'T'} \\ LE &= \lambda\rho\,\overline{w'q'} \end{aligned} \tag{6.12}$$

式中:ρ 为空气密度;λ 为水的汽水潜热;C_{pd} 为常压下干空气的比热;w' 为风速在垂直方向分量的脉动值;T',q' 分别为温度、比湿的瞬时脉动量。

(3)土壤表面热通量的计算

土壤表面热通量可表示为

$$G = G_s + G_{5cm} \tag{6.13}$$

式中:土壤贮热量 G_s(5 cm 深度以上土层)计算如下:

$$G_s = \int \rho c \frac{\partial T}{\partial t} dz = \int C_v \frac{\partial T}{\partial t} dz \tag{6.14}$$

式中:ρ 为土壤密度($kg \cdot m^{-3}$);c 为土壤比热($J \cdot kg^{-1} \cdot K^{-1}$);$C_v$ 为土层平均的容积热容量(其值确定:新鲜沙土为 1.28×10^6,饱和湿润沙土为 2.96×10^6)($J \cdot m^{-3} \cdot K^{-1}$);$T$ 为土层厚度 z(m)(其值为 0.05 m)的绝对温度(K);t 为时间(s),$\frac{\partial T}{\partial t}$ 是该层土壤温度随时间的平均变化率(0.5 K 范围内)($K \cdot s^{-1}$)(Arya,2001)。

5 cm 处的土壤热通量($G_{5\,cm}$)采用土壤热通量板的测定数据,选取具有代表性的测点,分别埋设于距土表 5 cm 深度处，取其平均值即为该层次的土壤热通量。

(4)冠层储热量的计算

冠层热储量项(S)的计算公式(王春林 等，2007c)为

$$S=\int_0^H \rho C_p \frac{\partial T}{\partial t}\mathrm{d}z+\int_0^H \lambda \frac{\partial \rho_v}{\partial t}\mathrm{d}z \tag{6.15}$$

上式右边两项分别为冠层内感热和潜热储存量，式中：H 为湍流能量观测高度(此处采用冠层高度)；ρ 为空气密度($\mathrm{kg\cdot m^{-3}}$)；C_p 为空气定压比热($1\ 004.67\ \mathrm{J\cdot kg^{-1}\cdot K^{-1}}$)；$T$ 为冠层气温；λ 为水汽潜热系数($2\ 400\ \mathrm{J\cdot g^{-1}}$)；$\rho_v$ 为冠层内空气湿度，$\frac{\partial \rho_v}{\partial t}$ 单位为 $\mathrm{kg\cdot m^{-3}\cdot s^{-1}}$。

有研究(McCaughey，1985；Moore，1986)表明，当冠层高度在 8 m 以上时(如森林)，如忽略冠层热储量就会造成较大误差。研究中忽略了冠层内枝干和叶中的热储量，忽略了净辐射和热通量观测高度间的净辐射衰减。

本部分研究采用 2010 年全年数据，数据已经在利用超声虚温计算感热通量时进行了数据和 Webb 订正及采用查表法和非线性回归法对缺失数据进行了插补。

6.2.2　能量平衡分量的概况

海南岛橡胶林生态系统不同季节的能量平衡分量日变化如图 6.10 所示。净辐射通量、感热通量和潜热通量日变化均呈相对较规则的单峰型；土壤表面热通量也呈单峰型，但其雨季变化不规则；而冠层热存储形状不同，但也有单一的峰值和谷值。

橡胶林不同季节的净辐射在白天为正，在夜间为负，但雨季和旱季的昼夜时段略有差别(图 6.10a)，依照净辐射正负划分，雨季白天时段为 08:15—18:15，旱季为 07:45—18:45。净辐射雨季较大，在 12:15—12:45 达到峰值 550 $\mathrm{W\cdot m^{-2}}$左右；旱季较小，在 12:45—13:15 达到峰值 410 $\mathrm{W\cdot m^{-2}}$左右。旱季峰值比雨季推迟约半小时出现。这可能与雨季太阳直射北半球，橡胶林冠层吸收太阳辐射较多有关。

橡胶林不同季节的感热通量和潜热通量日循环变化规律与净辐射相似，均是白天为正，夜间为负(图 6.10b，c)。旱季感热通量要大于雨季感热通量，旱季原本净辐射就小于雨季净辐射，说明旱季有较多净辐射用于热量输送。因为旱季降水较少，大气湿度较低，净辐射多用于感热输送。雨季潜热通量要大于旱季潜热通量，尤在白天时段幅度更大，原本太阳辐射雨季大于旱季，说明雨季有较多净辐射用于潜热输送。雨季降水较多，大气湿度大，净辐射多用于感热输送，因此雨季对流雨也较多。

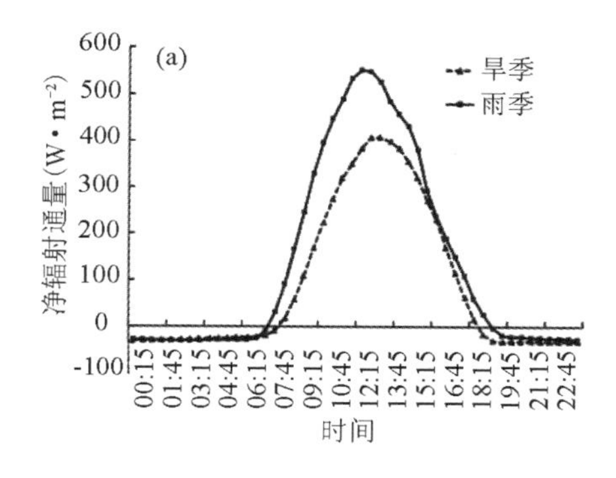

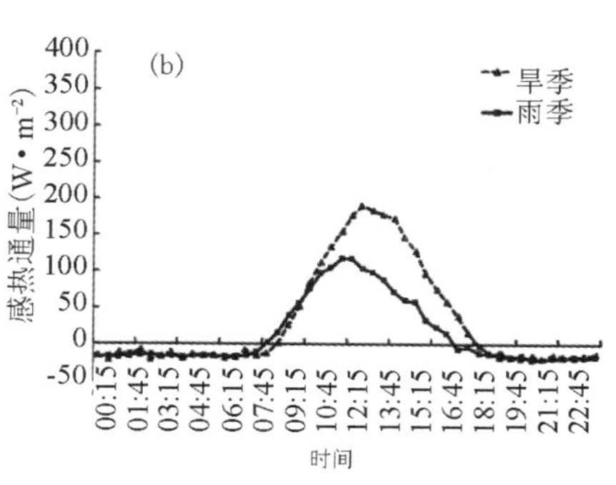

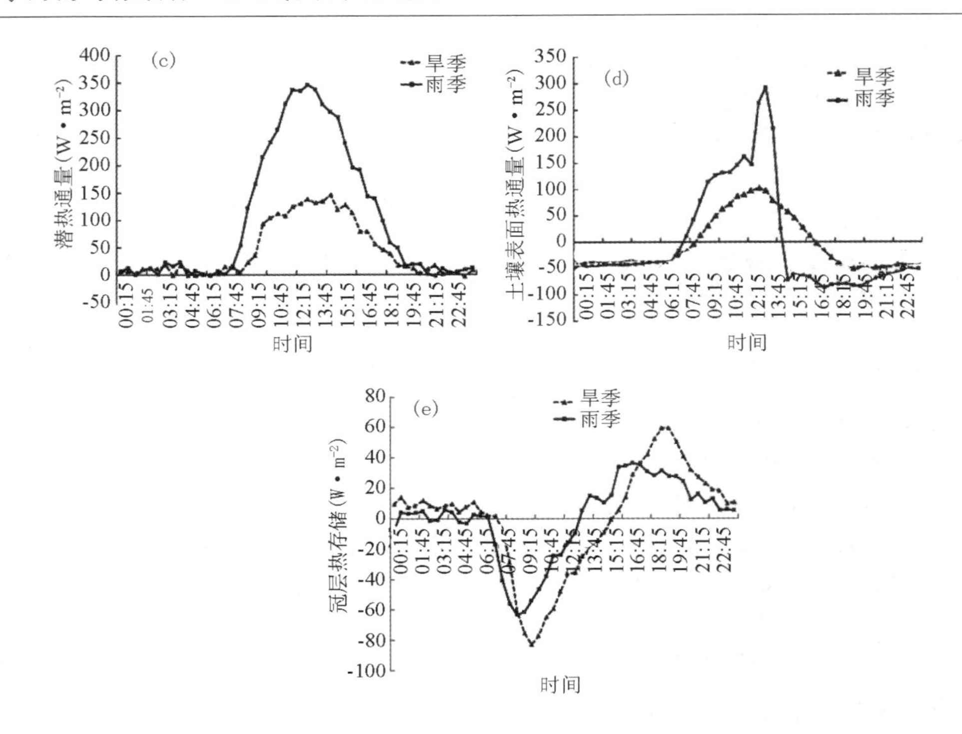

图 6.10　能量平衡各分量不同季节的日变化特征

土壤热部分由 5 cm 以上土层土壤贮热量和 5 cm 处土壤热通量加总得到(图 6.10d)。在不同季节,日变化表现出较大差异。旱季表现为较规则的单峰型,白天时段为正值,夜间为负值,变化过程与净辐射相似,只不过正值出现时间比净辐射晚,负值出现时间比净辐射早。究其原因,主要是因为净辐射把热量经过林冠、林下植被层后传给土壤有时间的滞后;同样道理,傍晚净辐射减弱后,部分净辐射能量可能先传递给了林冠及林下植被层,故土壤表面热通量正值开始晚,结束时间早。雨季土壤表面热通量变化为不规则的单峰型,其不规则时段主要在正午至下午时段。此时段,雨季经常是对流雨出现时段,太阳辐射因受降水影响传递给土壤层部分减弱,相应土壤热通量也大幅降低至负值。

橡胶林冠层内热存储量较小,其旱、雨季节日变化形态相似,存在单一的峰值和谷值(图 6.10e)。冠层内空气的热量存储,因传热过程和空气热容等原因,其峰值和谷值的出现时间要大大晚于净辐射。其谷值出现在上午 09:00 前后,峰值出现在下午 18:00—19:00。

为了比较各能量通量分量大小,把不同季节的日均各时刻值求和可得到不同季节能量通量各分量的日平均积分值(表 6.6)。对于雨季,潜热通量日积分值占到净辐射能量的 75.9%,感热通量只占到净辐射能量的 11.0%,雨季净辐射能量大部分用于潜热蒸散,只有很少的部分用于感热输送。对于旱季,潜热通量日积分值占到净辐射能量的 50.1%,感热通量占到净辐射能量的 37.0%,也就是说,旱季净辐射约一半能量用于潜热蒸散,1/3 多的能量用于感热输送。另外,从表 6.6 可看出,橡胶林土壤表面热通量 G 和冠层内热存储量 S 的日均值占净辐射日均值比例极小,这也说明这两者在研究中或可忽略,尽管有研究表明(Moore,1986;McCaughey,1985),高于 8 m 的森林生态系统需要研究,这可能与其研究地点在北方森林有一定关系。热带橡胶林因其热量蒸散和传输旺盛,土壤表面热通量和冠层内热存储变化十分迅速，因此其比例很小。

表 6.6　不同季节能量通量各分量的日平均积分值

能量通量分量	雨季		旱季	
	日均积分值 ($W \cdot m^{-2} \cdot d^{-1}$)	占净辐射百分比 (%)	日均积分值 ($W \cdot m^{-2} \cdot d^{-1}$)	占净辐射百分比 (%)
Rn	6 546.9	100.0	4 301.5	100.0
H	723.0	11.0	1 593.2	37.0
LE	4 971.9	75.9	2 154.7	50.1
G	−33.3	0.5	−87.9	2.0
S	1.5	0.0	−0.1	0.0

从表 6.6 中还可看出，湍流能量通量($LE+H$)比有效能量通量($Rn-G-S$)要小，即不管是雨季还是旱季，湍流能量通量会被低估 13%左右，能量通量呈现不闭合状况。

6.2.3　能量平衡闭合特征

(1)半小时尺度能量平衡分析

生态系统能量平衡的理想状况是湍流能量通量($LE+H$)和有效能量($Rn-G-S$)线性回归的斜率为 1、截距为 0。但在回归时，因有效能量和湍流能量通量间的回归直线通常不通过原点，即截距不为 0，为了更清晰地表明回归结果，我们利用强制线性回归截距为 0 时的结果。

利用 OLS 法，对海南岛橡胶林生态系统 2010 年全年半小时数据进行能量平衡分析，结果如图 6.11 所示。湍流通量和有效能量间的回归斜率在旱季为 0.786 8，雨季为0.806 8，全年为 0.799 5，回归方程的决定系数为 0.657 0～0.724 9。很明显，半小时尺度橡胶林生态系统存在 13.2%～21.32%的能量不闭合现象。

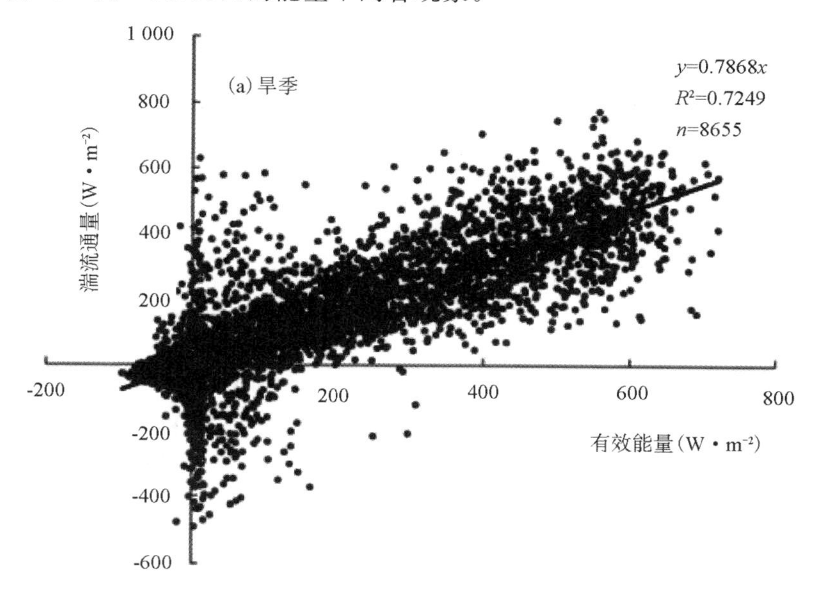

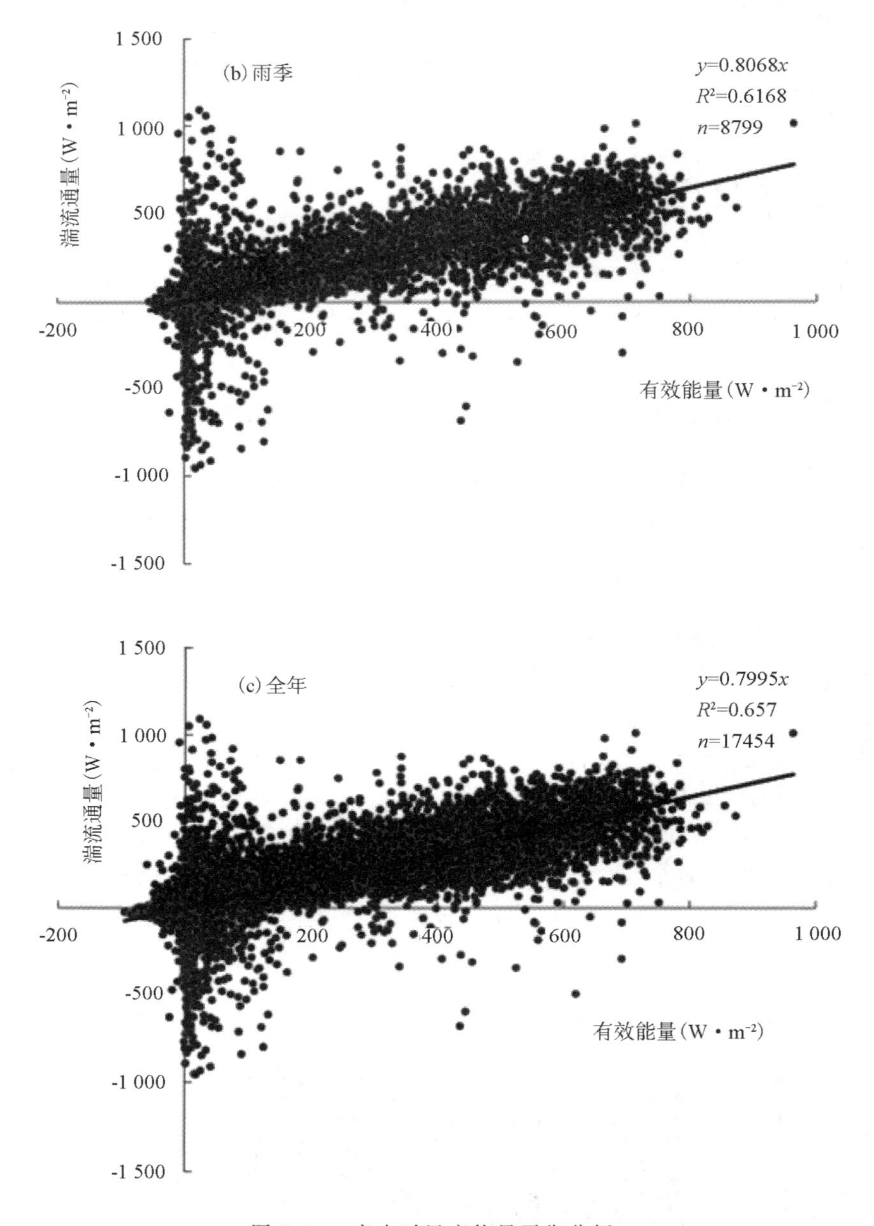

图 6.11　半小时尺度能量平衡分析

我们知道,OLS 回归的假设条件是自变量不存在随机误差(Meek *et al.*,1998),然而实际上在 *Rn*,*G* 和 *S* 测量中存在着随机采样误差。我们采用 RMA 回归方法消去采样随机误差的影响,计算橡胶林生态系统半小时尺度的能量平衡比率 EBR,结果如表 6.7 所示。EBR 为 0.856 6～0.874 9,旱季略高,雨季略低。十分明显,能量闭合情况旱、雨季节均有所提高,不闭合情况为 12.51%～14.34%。尤其旱季能量闭合率提高明显,从 78.68%提高到 85.66%,提高了 6.98%;雨季提高了 6.81%;使全年的能量闭合率从 79.95%提高到 86.76%,提高了 6.81%。全年的能量不闭合率为 13.24%。

表 6.7　橡胶林生态系统半小时尺度能量平衡比率

时间	能量平衡比率 EBR
全年	0.867 6
雨季	0.874 9
旱季	0.856 6

(2)日尺度能量平衡分析

在日尺度上，利用 OLS 回归分析方法，对橡胶林生态系统能量平衡进行分析，结果如图 6.12 所示。湍流能量通量与有效能量通量间的回归斜率为 0.833 4，回归方程决定系数为 0.753 6，即能量不闭合率达 16.66%。同样地，采用 RMA 回归方法消去采样随机误差的影响，计算其日尺度能量平衡率 EBR 为 87.86%，提高了 4.52%；能量不闭合率只有 12.14%。

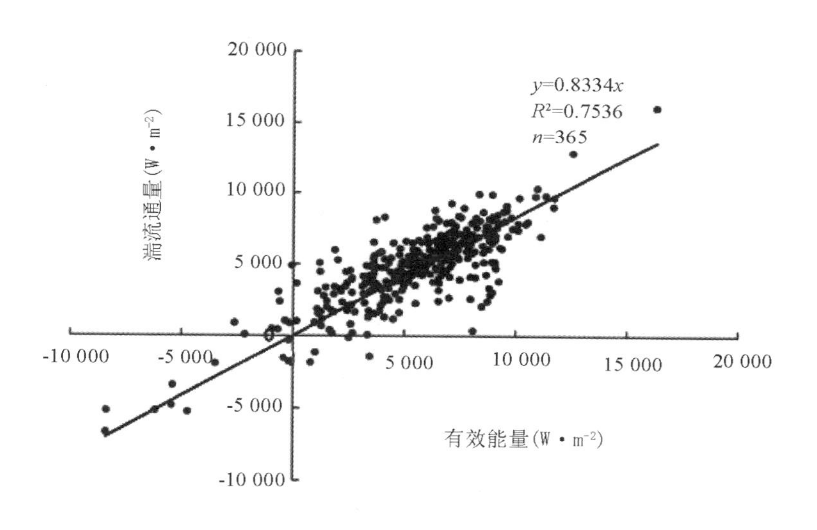

图 6.12　日尺度能量平衡分析

(3)月尺度能量平衡分析

在月尺度上，利用 OLS 回归分析方法，对橡胶林生态系统能量平衡进行分析，结果如图 6.13 所示，湍流能量通量与有效能量通量间的回归斜率为 0.876 5，回归方程决定系数为 0.913 9，即能量不闭合率为 12.35%。但用 RMA 回归后，计算 EBR 值为 86.44%，反而降低了能量闭合率 1.21 个百分点。这可能是因为月尺度相对时段较长，反而 RMA 回归把采样误差给扩大了。

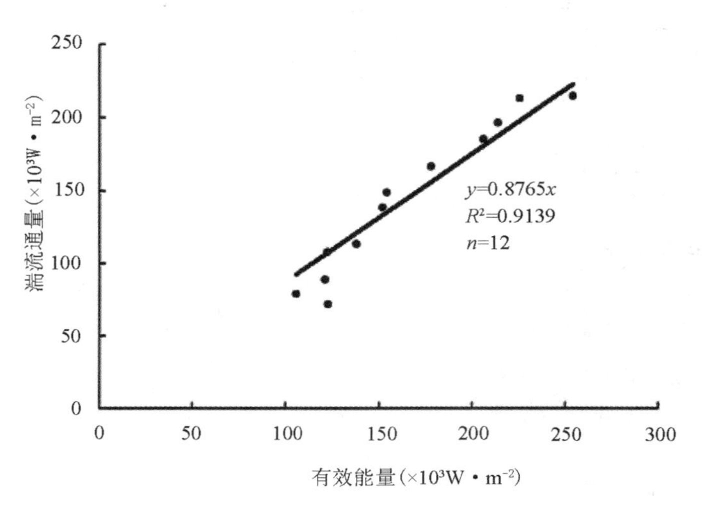

图 6.13　月尺度能量平衡分析

根据前人研究，利用涡度相关系统获得的湍流能量通量通常不能平衡森林实际获得的能量（即有效能量通量），涡度相关系统观测获得的数据要较辐射仪获得的数据偏低（Lee，1998）。对全球通量网（FLUXNET）50 站 1 年的观测数据分析表明，各站点普遍存在10%～30%的能量不闭合现象（Wilson *et al.*，2002）。对比本节研究的橡胶林生态系统通量观测站，无论是半小时尺度、日尺度还是月尺度，其能量不闭合率均不超过 14%，数据较好，符合研究用途。

6.2.4　小结

(1)能量平衡分量变化概况

橡胶林生态系统全年无论旱季或雨季，其冠层净辐射、感热通量和潜热通量日变化均表现为规则的单峰型。因海南岛纬度较低，气候为热带海岛季风气候。其净辐射能量的绝大部分用于潜热蒸散，尤其是雨季，占到净辐射的 3/4；旱季也占到 1/2 左右。其次用于感热输送，旱季占到净辐射能量的 37%，而雨季只占 11%。

已有的研究表明，对森林生态系统不能忽略（Moore，1986；McCaughey，1985）的土壤表层热通量与冠层热存储占比均很小，对橡胶林可忽略不计。本节研究表明，橡胶林位居热带，其热量蒸散和传输旺盛，土壤表面热通量和冠层内热存储变化迅速，故其占比很小，这和北方森林有很大不同。

(2)能量闭合影响因素

总体说来，生态系统能量平衡不闭合现象是很普遍的。正如前面所述，假定常规的有效能量（Rn，G，S）观测准确的前提下，我们有理由认为涡度相关系统测定的湍流通量可能被低估了。在世界通量界相关研究中，生态系统能量平衡不闭合的主要原因可有如下几点：

1)仪器系统偏差

仪器标定不准确会产生系统偏差，比如有研究表明不同型号的净辐射表和同一净辐射表利用不同方法标定，净辐射表的测量精度差异较大（Kustas *et al.*，1998；Halldin，2004）；

土壤热通量板与其周围土壤热传导特性不一致时，也会带有偏差（Mayocchi *et al*.，1995；Verhoef *et al*.，1996）；潜热和感热通量是通过超声风速仪所测的风速与温度以及IRGA所测的水汽计算出的，仪器的安装也可能会因风向原因带来偏差。因此，对观测仪器进行交叉标定和确保数据采集正常运行等均可能会减少能量平衡不闭合率（Baldocchi *et al*.，2000；李正泉 等，2004）。

2）观测采样误差

涡度相关系统观测的LE和H取自通量源区面积（Flux Footprint）（详见下节）与观测Rn，G，S的仪器测量面积是不相同的，会带来误差。涡度相关仪器的通量源区大致成椭圆形，随风速与风向变化；而净辐射表、土壤热通量板等测定面积很小（相差几个数量级），并且是固定不变的。

3）忽略其他能量吸收项

能量平衡分量中，一般只讨论Rn，G，S和LE，H共5个分量，而忽略了诸如植被的热储量、植物的光合耗能、净辐射的部分衰减及其他气象过程中伴随的能量转化等，这也会造成能量不闭合现象。在本研究中，上述几个因素均未考虑进来，影响有效能量的计算，可能也是本研究能量不闭合的原因之一。

4）高频与低频湍流通量损失

EC方法测定通量是在一定的采样频率（如10 Hz）内进行的，湍流通量可能会由于低通滤波（高频损失）的作用和高通滤波（低频损失）的作用被过低测定（Moore，1986）；另外，超声风速计和IRGA装置的空间分离也会造成高频损失。然而现在还没有一种标准方法可以校正，现有的不同校正方法得到的结果也不尽相同（于贵瑞 等，2006b）。

5）平流的影响

利用EC方法计算各能量通量时，假定在某时刻没有平流热量输送和水汽输送，认为垂直平流可通过坐标旋转使垂直风速为0而被忽略。这就要求在进行研究观测时不能有大规模的平流输送，这在短时间可能存在，但如果把时间拉长到几个月甚至1年，可能会存在误差，也不易消除。另外，本研究中，橡胶林平坦的下垫面在大气层结稳定性较强时，会引起夜间泄流和平流现象发生（Sun *et al*.，1998）。

本研究采用OLS，RMA和EBR方法，分析和评价了海南岛橡胶林能量平衡特征，得出如下结论：

橡胶林全年获得87%左右的净辐射能量用于潜热蒸散和感热输送，尤其雨季潜热蒸散消耗能量最大，达75.9%，而旱季占到50.1%；土壤表层热通量与冠层热存储占比很小。分析不同时间尺度的能量平衡状况，橡胶林生态系统能量平衡比率在87%左右，仍有13%的能量不知去向。分析能量平衡不闭合的原因，主要包括仪器的系统误差、通量观测时的采样误差、其他能量吸收项的忽略、高低频损失、平流影响等。橡胶林生态系统能量闭合度相对较高的，数据可以达到研究用途要求。

6.3 橡胶林生态系统通量足迹与源区分析

应用微气象方法测定生态系统植被下垫面与大气之间水、气、热交换是气象学和生态学研究中最常用的方法，主要包括涡度相关法和梯度分析法（profile method）两种。涡度相关法是用某一固定高度的涡度相关仪器直接测定物质和能量的通量；梯度分析法则根据近地面大气边界层中各个层次间的温度、风速和物质梯度来间接计算物质或能量通量(Rannik *et al.*，2004；Sergej *et al.*，2007)。近10年来涡度相关技术日渐成熟，广泛地应用于研究生态系统各种植被与大气间的物质、能量通量的观测(Baldocchi *et al.*，1988；Goulden *et al.*，1996；Running *et al.*，1999；Curtis *et al.*，2002；Rannik *et al.*，2004；Guan *et al.*，2006)，因此通量传感器测定各通量的空间代表性就成为此研究领域的热点问题(Gashj，1986；Horst *et al.*，1994；Haenel *et al.*，1999)。森林生态系统在全球生物圈-大气圈之间的水汽、CO_2 等物质和能量通量交换方面起着十分重要的作用，世界各国对其通量数据代表性问题的研究也就越来越关注。而对于森林冠层上下层间特有的湍流、紊流性质，非单一植物交错林地以及地形因素等问题对湍流通量的观测与研究，也提出了巨大的挑战(Baldocchi *et al.*，2001)。经过众多学者的深入探索研究，解决此方面问题的足迹(footprint)和信息源区分析理论逐渐完善起来。

通量足迹最早的明确概念见于 Pasquill 等(1983)提出的一个反问题中。他们将物质排放源作为引起大气浓度扩散的结果而提出如下公式：

$$c(r)=\int_R Q(r+r')f(r,r')\mathrm{d}r' \tag{6.16}$$

式中：c 为浓度；Q 为排放源源强；f 为足迹函数(确切地说应为浓度足迹函数)；r 为物质浓度观测点的位置；r'为空间位置变量；R 为积分区域。f 实际为反映排放源源强 Q 与观测到的浓度 c 之间关系的一个传导函数，其侧重点在于将观测到的物质浓度等接受体信息与造成该浓度的排放源源区域信息联系起来。从排放源到观测到的浓度扩散是一个确定性的正问题，而从观测到的浓度结果反过来到排放源的信息提取则是一个带有许多不确定性的反问题。把上述问题进行推广，首先把浓度 c 当作其他观测量(通量)进行扩展，则排放源源强 Q 是对该通量 c 的源/汇项，f 是关于通量 c 的通量足迹函数。将式(6.16)写到平面坐标系中，把源/汇项定义在水平地面上，以逆向迎风方向作为 x 轴的正方向，观测地点为原点，则会有新的形式。

在涡动相关法中，观测通量各传感器一般安装在高出观测面一定高度 Z_m(植被较高时 $Z_m=Z-d$，Z 为测量高度，d 为零平面位移)的观测塔/架上，观测到的通量就是风吹来的方向上某个表面区域内的源/汇强度，但是相对于通量传感器而言，此区域内表面的不同位置对通量观测值的贡献大小是不同的。通量足迹函数就是描述某个高度 Z_m 表面源/汇的空间分布和在此高度观测到的通量信息之间的关系。建立如图6.14所示的坐标系(Schmid，1994)，以观测塔/架的位置为原点，迎风方向的反方向为 x 轴，向上垂直于 x 轴方向为 y 轴，则式(6.16)可变，通量 $c(r)$ 表示为

$$c(r)=\iint Q(x,y)f(x,y,z_m)\mathrm{d}x\mathrm{d}y \tag{6.17}$$

式中：$Q(x,y)$为观测某个表面源/汇的强度；$f(x,y,z_m)$为通量足迹函数，是观测表面上某点(x,y)对 z_m 高度通量测量值的贡献率密度。图6.14是 $f(x,y,z_m)$的空间变化示意图。一般通量足迹值在距观测塔某一距离处有一极大值 $f_{\max}$，然后向其他各个方向逐渐下降。区域 Ω_P(也就是源区)上对足迹函数的积分值表示此区域对 z_m 高度的通量观测值的贡献率。理论上在观测高度 z_m 的通量值是来流方向上无限大区域的贡献率积分，而实际分析中

常用 $f(x,y,z_m)$ 的 P 水平等值线所包围的区域(图中用 f_P 等值线表示，一般取 $P=0.8$ 或 0.9，即 80%或 90%的贡献率)来表示各传感器可观测到的面积范围。更详细的分析则用通量足迹函数由不同等高面截取面积的范围描述各传感器的测量范围，即不同贡献率等值线 f_P 所包围的面积(图 6.14)。

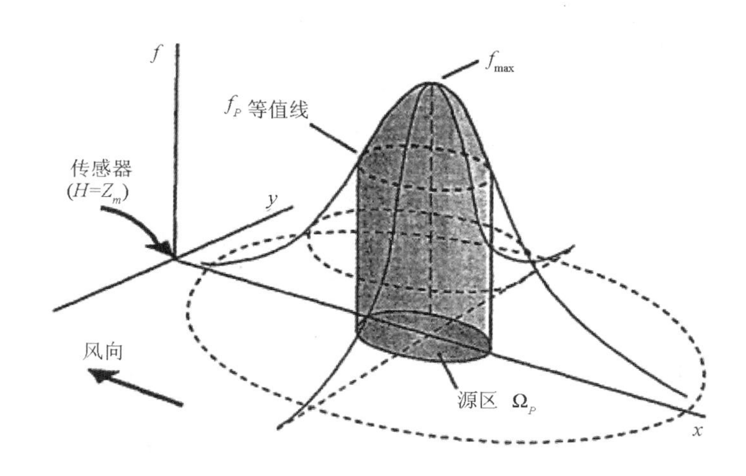

图 6.14　通量足迹函数概念及源区示意图

对于通量足迹的计算与求解问题，各国学者们进行了大量艰苦的工作，提出了适合大气边界层内不同植被类型和不同高度的通量足迹模型(Schmid，1994；Flesch，1996；Schmid，1997；Baldocchi，1997；Leclercm *et al.*，1997；Horst，1999；Kormann *et al.*，2001)。其中，瑞士学者 Schmid 在 1994 年提出的通量源区面积模型 FSAM(The Flux-Source Area Model)(Schmid，1994)，在所有模型中，它的物理机制明确，使用简单。它可应用于大气边界层内的近地面层，通过输入 3 个复合参数数值便可计算得到足迹源区数值，至今仍得到广泛应用。相对于 Schmid 的 FSAM 模型，Kormann 等(2001)也给出了一个真正意义上的解析解，其解析模式虽是显式函数，在应用上也较方便，但函数形式十分复杂，计算时必须利用计算机语言编程进行。

农业部儋州热带作物科学观测实验站应用涡动相关方法实现了对海南岛儋州地区橡胶林生态系统通量信息的长期定位观测。因 50 m 高观测铁塔周边的景观异质性，风(速度和方向)的时间变化，通量传感器测得的通量信息来自铁塔周边不同方向、不同距离，这些均使微气象通量观测的空间代表性变得十分复杂。本研究试图利用 Schmid 的通量源区面积模型(Schmid，1994)，结合海南岛橡胶林生态系统长期通量观测数据，分析观测铁塔周边各个方向上的足迹和源区信息变化，确定盛行风方向通量观测主要源区，解释其空间代表性问题，为今后的通量数据应用与分析奠定基础。

6.3.1　FSAM 模型简介

Schmid (1994，1997)是用连续点源的通量浓度分布函数来近似求算观测高度为 z 的传感器的足迹函数。运用 K 理论，垂直方向通量可表示为

$$F(x,y,z) = -K_c(z)\frac{\partial c}{\partial z} = D_y\overline{F^y}(x,z) \tag{6.18}$$

式中：$K_c(z)$ 为涡流通量的扩散率；$\overline{F^y}$ 为横向(垂直于 x 方向，即 y 方向)积分通量；$D_y(x,y)$ 为 y 方向的浓度分布函数。利用二维结构的平流扩散方程，可把横向积分通量 $\overline{F^y}$ 与横向积分浓度 $\overline{C^y}$ 和平均风速廓线 $\overline{u}$ 联系起来。z_m 观测高度的垂直通量表达式为

$$\overline{F^y}(x,z_m) = \overline{F^y}(x,z_0) - \int_{z_0}^{z_m}\overline{u}(z)\frac{\partial}{\partial X}\overline{C^y}(x,z)\mathrm{d}z \tag{6.19}$$

则通量足迹函数为 $f(x,y,z_m - z_0)$，即

$$\begin{aligned} f(x,y,z_m - z_0) &= \frac{F(x,y,z_m)}{F_u} \\ &= \frac{1}{F_u}[\overline{F^y}(x,z_0) + \overline{F^y}(x>0,z_m)]D_y(x,y) \end{aligned} \tag{6.20}$$

式中：F_u 为某一观测的表面源/汇强度；贡献率为 P 水平的通量源区 Ω_P 可以用 $F(x,y,z_m - z_0) = F_P$ 等值线限定的区域来表示，即 P 是通量足迹函数全体积分 φ_{tot} 的一部分。因此贡献率为 P 的水平源区可被定义为能达到 P 水平通量贡献率的最小区域中的通量足迹函数的积分 φ_P。亦即

$$P = \frac{\varphi_P}{\varphi_{tot}} = \frac{\int_{\Omega_P}\int F(x,y,z_m)\mathrm{d}x\mathrm{d}y}{\int_{-\infty}^{+\infty}\int_0^{+\infty}F(x,y,z_m)\mathrm{d}x\mathrm{d}y} \tag{6.21}$$

把式(6.19)、式(6.20)代入式(6.21)，得到

$$P = \frac{1}{F_u}\int_{\Omega_P}\int\left[-\int_{z_0}^{z_m}\overline{u}(z)\cdot\frac{\partial}{\partial x}\overline{C^y}(x,z)\mathrm{d}z\cdot D_y(x,y)\right]\mathrm{d}x\mathrm{d}y \tag{6.22}$$

6.3.2 FSAM 模型参数及计算

为便于使用通量源区面积模型，Schmid(1994)提出了主要源区尺度的参数化公式，即 FSAM 模型，它是关于 3 个复合参数 z_m/z_0，z_m/L 和 σ_v/u_* 的函数。其中，z_m 为观测高度，z_0 为空气动力学粗糙度，L 为 Obukhov 长度，σ_v 为横向风脉动标准差，σ_v/u_* 为横向风脉动强度。输入满足条件的参数，模型输出不同贡献率水平 P 的通量源区位置和尺度参数值，进而可绘出 P 水平的源区范围。

输入的 3 个复合参数计算如下：

(1) z_m/z_0

根据风廓线关系有

$$\frac{\mathrm{d}u}{\mathrm{d}z} = \frac{u_*\varphi_m(z/L)}{kz} \quad \text{也就是} \quad u(z) = \frac{u_*}{k}\left[\ln\frac{z}{z_0} + \psi_m\left(\frac{z}{L}\right)\right] \tag{6.23}$$

z 以 z_m 代替，考虑零平面位移 d，即有式(6.24)：

$$u(z_m) = \frac{u_*}{k}\left[\ln\frac{z_m - d}{z_0} + \psi_m\left(\frac{z}{L}\right)\right] \tag{6.24}$$

$$\psi_m = \begin{cases} 5\dfrac{z}{L}, & L > 0(\text{稳定}) \\ -2\ln\dfrac{1+\zeta}{2} - \ln\dfrac{1+\zeta^2}{2} + 2\arctan\zeta - \dfrac{\pi}{2}, & L < 0(\text{不稳定}) \end{cases} \tag{6.25}$$

求解 z_0 和 d 。

对(6.24)式，L 可按如下方法求出，可求出 ψ_m 。

由式(6.23)变形，有

$$z_m - d = z_0 \exp\left[k\frac{u(z_m)}{u_*} - \psi_m\left(\frac{z}{L}\right)\right] \tag{6.26}$$

式中：对应观测高度 z_m，有一时间系列的 $u(z_m)$（水平风速），u_* 和 ψ_m，拟合进行求 z_0 和 d。

(2) z_m/L

$$L = \frac{-\overline{\theta_v} u_*^3}{\kappa g(\overline{w'\theta'_v})} \tag{6.27}$$

式中：$\bar{\theta}_v$ 为虚位温的平均值，根据公式 $\theta_v = \theta(1+0.61r)$ 计算得到，其中 r 为未饱和空气混合比（$g \cdot g^{-1}$，利用水汽浓度与空气浓度之比得出），θ 为位温，$\theta = (T + 273.15)(P_0/P)^{0.286}$，$T$ 为大气温度(℃)，P 为气压(kPa)，P_0 为基准气压，取100 kPa；κ 为卡门(von Kármán)常数，取0.4；g 为重力加速度常数，取9.8；$\overline{w'\theta'}$ 为大气垂直运动涡动热通量。θ_v，u_* 和 $\overline{w'\theta'}$ 由涡动系统三维超声风速仪直接测得，把上述值代入式(6.27)可计算得到30分钟的Obukhov长度 L 值。

(3) σ_v/u_*

σ_v/u_* 可利用开路涡动相关系统测得的横向风速脉动的标准差 σ_v（由三维超声风速仪测得）和摩擦风速 u_* 的平均值得到。

输出的参数包括 a/z_0，d/z_0，e/z_0，X_m/z_0，X_d/z_0 。各自意义对照图6.15说明如下：

X_m 为通量足迹函数取得最大值的位置，与贡献率水平 P 无关；a 为足迹等值线上最近点距观测传感器的距离；e 为足迹等值线上最远点距观测传感器的距离；d 为足迹等值线上横向方向最大宽度的一半；X_d 为足迹等值线最大宽度位置对应的 X 值。利用FSAM模型输出的5个参数便可以绘出某一贡献率水平上观测通量值的源区，如图6.15所示。通过通量源区面积模型运行，可以得到观测到的通量贡献最大点所在位置，及其对通量值产生10%～90%贡献的通量贡献源区大小及通量贡献率最小点距观测铁塔的距离(赵晓松 等，2005)。

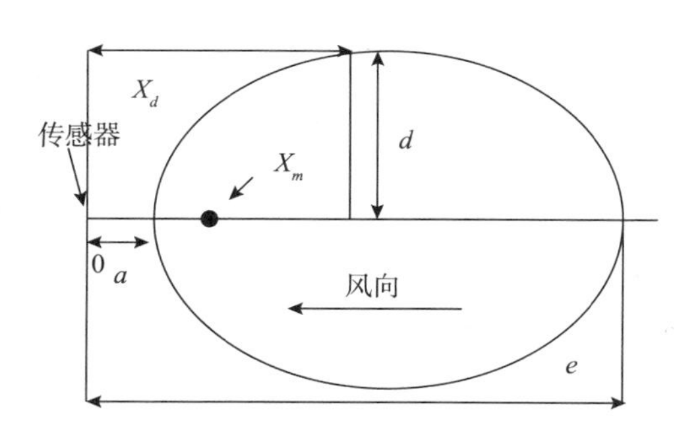

图6.15 FSAM模型输出通量源区参数图示

本节选取了2010年1月1日—12月31日的观测数据进行分析，计算中应用30分钟的平均值数据，对观测得到的生态系统净 CO_2 交换量以 $u_* > 0.12\ m \cdot s^{-1}$ 为阈值进行筛选，并对缺失和异常数据进行插补(详细情况见第4章)。FSAM模型输入的复合参数采用

C^{++}语言进行编程计算获得。

6.3.3 橡胶林盛行风向分析

2010年1月1日—12月31日风向风速分布如图6.16所示，其中风向在110°～250°之间的占研究时间段的69.19%，因此可确定东南偏南、南及西南为盛行风风向，而风向在0°～110°和250°～360°之间的比例分别为15.00%和15.82%。风速全年相对稳定，各风向平均风速为0.95～2.28 m·s^{-1}，全年平均值在1.71 m·s^{-1}左右。从图6.16可知，相对风频较大的南风、东南风，其风速也相对较大。

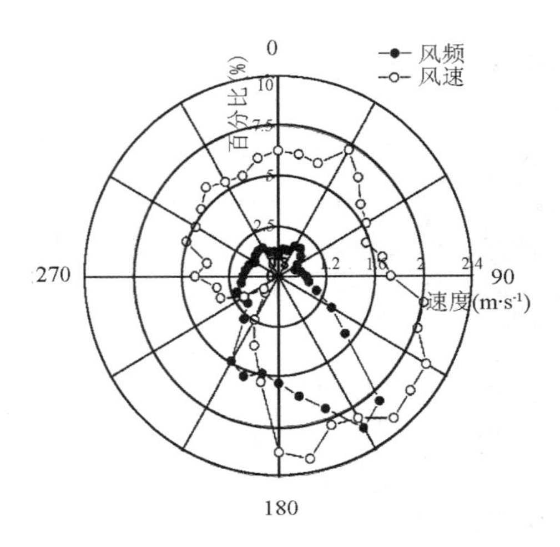

图6.16　2010年全年橡胶林风向风速分布图

6.3.4 橡胶林FSAM模型参数值

根据大气稳定度参数z_m/L来划分大气层结状态稳定与否(计算中剔除$L>5\ 000$，或$L<-2\ 000$的中性条件或不合理的观测值)，当$z_m/L>0$时为稳定条件，当$z_m/L<0$时为不稳定条件。根据C^{++}语言编程计算获得模型输入的复合参数z_m/z_0，z_m/L，σ_v/u_*数值(表6.8)，再根据橡胶林生态系统的零平面位移d和粗糙度z_0计算，橡胶林生长季节和非生长季节z_m/z_0分别为16.28和15.50，如果不考虑季节变化可取其平均值为15.89，这比Schmid(1994)的通量源区面积模型中理想要求的$z_m/z_0\geqslant 20$要小，但通过模型仍能较好地计算出通量源区面积大小。

根据FSAM模型，要求稳定大气条件下$z_m/L\leqslant 0.1$，不稳定大气条件下$-z_m/L\leqslant 1$，$1.0\leqslant\sigma_v/u_*\leqslant 6.0$。根据计算(表6.8)，$z_m/L$，$\sigma_v/u_*$均在模型要求的范围内，并且不稳定大气条件下的$-z_m/L$大于稳定大气条件下的$z_m/L$，大气不稳定条件的$\sigma_v/u_*$小于大气稳定条件时的$\sigma_v/u_*$，是因为在大气稳定条件下$u_*$较小。应用FSAM模型，按不同风向和季节输入表6.8的参数z_m/z_0，z_m/L和σ_v/u_*，运行FSAM模型，得到不同P水平的输出参数，根据输出参数可绘出不同水平条件下类似图6.15的等值线图。现选取80%通量贡献率数值列于表6.9，通量源区示意图如图6.17所示。

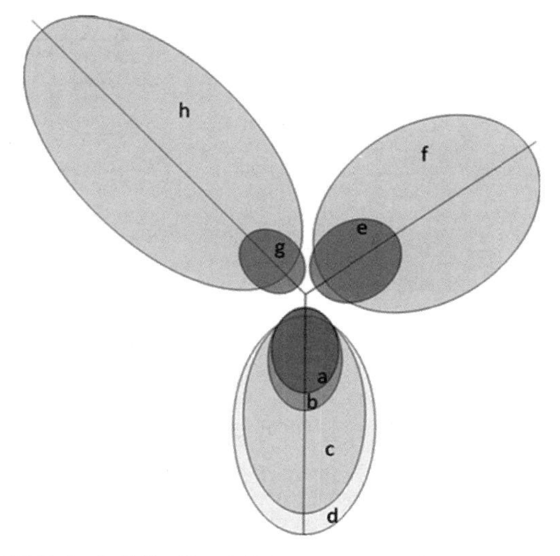

图 6.17　橡胶林生态系统不同季节各风向上 80%贡献率通量源区示意图

图中分别显示了盛行风向(110°～250°)和非盛行风向(0°～110°和 250°～360°)不同季节不同大气状态下通量源区面积示意图。其中,a 表示盛行风向生长季节不稳定大气条件下 80%贡献率通量源区;b 表示盛行风向非生长季节不稳定大气条件下 80%贡献率通量源区;c 表示盛行风向非生长季节稳定大气条件下 80%贡献率通量源区;d 表示盛行风向生长季节稳定大气条件下 80%贡献率通量源区;e,f 分别表示非盛行风向(0°～110°)大气不稳定和稳定条件下 80%贡献率通量源区;g,h 分别表示非盛行风向(250°～360°)大气不稳定和稳定条件下 80%贡献率通量源区

表 6.8　不同风向和大气稳定度状态时的输入参数

参数	110°～250°				0°～110°		250°～360°	
	生长季节（4—11 月）		非生长季节(12 月—翌年 3 月)		稳定	不稳定	稳定	不稳定
	稳定	不稳定	稳定	不稳定				
z_m/z_0	16.28		15.50		15.89		15.89	
z_m/L	0.053	−0.060	0.038	−0.040	0.061	−0.063	0.099	−0.098
σ_v/u_*	2.652	2.339	2.359	2.260	3.147	2.586	2.580	2.308

注:表中变量字母含义详见文中描述

6.3.5　橡胶林盛行风方向上的源区分布

从表 6.9 中可以看出,盛行风方向 110°～250°范围内,橡胶林生长季节和非生长季节在大气稳定和不稳定状态下的源区情况相差较大。大气处于不稳定状态时,大气上下垂直运动相当剧烈,通量、物质垂直方向输送较快,各通量传感器观测到的通量信息主要来源于迎风风向相对较近的区域范围(迎风风向生长季节为 100～758 m、非生长季节为 108～895 m),源区面积较小(垂直风向生长季节为−251～251 m、非生长季节为−277～277 m);而在大气处于稳定状态下,大气湍流活动相对较弱,通量、物质垂直方向扩散相对缓慢,观测到的通量信息则来源于相对于观测塔较远的区域范围(迎风风向生长季节为 173～1 858 m、非生长季节为 160～1 693 m),源区面积较大(垂直风向生长季节为−534～534 m、非生长季节为−458～458 m)。

表 6.9　在各风向上的通量贡献区(80%)长度范围(m)

参数	110°～250°				0°～110°		250°～360°	
	生长季节 (4—11 月)		非生长季节(12 月—翌年 3 月)		稳定	不稳定	稳定	不稳定
	稳定	不稳定	稳定	不稳定				
X_m	413	210	377	233	432	206	539	176
$a\sim e$	173～1 858	100～758	160～1 693	108～895	179～2 029	95～819	209～2 847	84～627
$-d\sim+d$	−534～534	−251～251	−458～458	−277～277	−676～676	−302～302	−687～687	−217～217
X_d	1 018	443	924	498	1 105	426	1 539	327

注:表中变量字母含义详见文中描述

依照 Schmid(1994)FSAM 模型数值分析可知,大气处于不稳定状态时,输出的 5 个参数 a/z_0,d/z_0,e/z_0,X_m/z_0,X_d/z_0 与输入的 3 个复合参数 z_m/z_0,z_m/L,σ_v/u_* 均呈正比;而在大气处于稳定状态时,输出的参数除与 z_m/z_0 呈正比外,其他均呈反比。依据模型得到表 6.9 的数据,可相应输出 5 个参数 a/z_0,d/z_0,e/z_0,X_m/z_0,X_d/z_0,同时还考虑到橡胶林非生长季节大气粗糙度(1.613 m)大于生长季节大气粗糙度(1.536 m),可以断定,在大气处于稳定状态时,在相同贡献率水平条件下,生长季节观测到的通量信息源区面积比非生长季节的信息源区面积大;在大气处于不稳定状态时,相同贡献率水平条件下,非生长季节的通量信息源区面积比生长季节的信息源区面积大。大气处于稳定层结状态时,生长季节的 X_m,e,d(P=0.8)分别为 413,1 858 和 534 m,而非生长季节的 X_m,e,d(P=0.8)分别为 377,1 693和 458 m;大气处于不稳定层结状态时,生长季节和非生长季节的 X_m,e,d(P=0.8)分别为 210,758,251 m,以及 233,895 和 277 m。盛行风向不同生长季节不同大气稳定条件下,橡胶林生态系统通量源区分布如图 6.17 中 a,b,c,d 所示。

6.3.6　橡胶林非盛行风方向上的源区分布

在风向为 0°～110°,250°～360°时,橡胶林生态系统同样有类似的表现,在相同贡献率水平时,通量信息源区面积在大气处于稳定状态时要远远大于处于非稳定状态时的范围:风向为 0°～110°,迎风方向贡献区稳定状态时为 179～2 029 m,非稳定状态时为 95～819 m,垂直迎风方向贡献区稳定状态时与非稳定状态时分别为 676 和 302 m;风向为 250°～360°,迎风方向贡献区稳定状态时为 209～2 847 m,非稳定状态时为 84～627 m,垂直迎风方向贡献区稳定状态时与非稳定状态时分别为 687 和 217 m。非盛行风向不同大气稳定条件下橡胶林生态系统通量源区分布如图 6.17 中 e,f, g,h 所示。和盛行风方向上的通量信息源区面积相比,当橡胶林大气处于稳定状态时,非盛行风方向上的通量信息源区面积范围明显要大,但在非稳定大气状态时,两者相差不大,这表明通量信息源区面积范围大小与风向具有相关性。

本研究的结果与由经典理论的风浪区(fetch)长度和观测高度(橡胶林观测铁塔高度为 25 m)间 100:1 的经验法则估算的结果(本试验样地橡胶林为 2 500 m)相比,通量各传感器在各个方向上测量得到的通量贡献区大多小于根据经验法则推算出的通量贡献区范围。这是因为当初通量观测站的观测塔选址、传感器安装高度等是依据试验研究对象和经验公式来确定的。从通量源区面积模型运行结果来看,橡胶林通量站点的风浪区长度完全可满足数据质量对通量贡献区的要求，因此，可认为该站点橡胶林通量塔各传感器所测定的通量值比较真实地反映了该橡胶林所提供的通量信息。

6.3.7　小结

本研究应用 Schmid (1994;1997)的通量源区面积模型，分析了不同大气状态下海南岛西部儋州地区 50 m 高通量观测塔通量足迹及源区分布，结果显示：在大气处于不稳定状态时，大气上下垂直运动相当剧烈，通量、物质垂直方向输送较快，各通量传感器观测到的通量信息主要来源于迎风风向相对较近的区域范围，源区面积较小；在大气处于稳定状态下，大气湍流活动相对较弱，通量、物质垂直方向扩散相对缓慢，观测到的通量信息来源于相对于观测塔较远的区域范围，源区面积较大。

在盛行风方向 110°～250°上，通过对通量足迹及源区受不同季节影响的分析发现，在大气处于稳定状态时，相同通量贡献率水平生长季节的信息源区都比非生长季节的大；而在大气处于不稳定状态时，相同通量贡献率水平非生长季节的信息源区都比生长季节的大。这可能与橡胶林生长季节均质性较好，而在非生长季节均质性相对较弱有关。在研究区域内，橡胶林年龄为 5～25 年，生长季节内叶面积指数稳定在 3～5 之间，均质性较好；而在非生长季，因部分非产胶橡胶林，全年常绿不落叶，相对均质性较弱。

根据非盛行风方向上的源区分析表明，通量贡献区在大气处于稳定状态时要远大于大气处于非稳定状态的范围。与盛行风方向上的相同通量贡献率水平源区相比，在大气处于稳定状态时，非盛行风方向上的通量源区范围明显要高，但在非稳定大气状态时，两者相差不大。

相比温带森林(赵晓松 等，2005)，在生长季节不稳定大气条件下，橡胶林 80%信息源区位于迎风方向范围为 0～758 m，略大于温带森林(0～600 m)；垂直于迎风方向范围为－251～251 m，略小于温带森林(－300～300 m)，也就是区域略扁。在生长季节稳定条件下，橡胶林 80%信息源区位于迎风方向范围为 0～1 858 m，垂直于迎风方向范围为－534～534 m，相比温带森林(0～1 500 m，－1 000～1 000 m)，同样略扁。与亚热带河滩湿地(顾永剑 等，2008)相比，当大气在非稳定条件下，崇明岛湿地 3 个站点在迎风方向上 90%的通量贡献区均在 0～140 m 范围内，在垂直于迎风方向上的通量贡献区长度为 110 m 左右，热带橡胶林的信息源区就更扁了。究其原因，可能是在热带海南岛地区，信息源区受主风向影响较大，风向径向影响明显。

从上述利用 FSAM 模型运行的结果来看，橡胶林通量站点的风浪区长度完全可满足数据质量对通量贡献区的要求，橡胶林通量塔各传感器所测定的通量值比较真实地反映了该站点橡胶林所提供的通量信息，观测到的数据质量可靠，可进行后续分析。

6.4　本章小结

本章主要从 3 个方面进行了橡胶林生态系统通量观测的有效性评价，结果如下：

(1)利用国际通用的湍流稳态测试及垂直风速湍流整体性检验相结合的湍流数据质量评价方法，对橡胶林生态系统通量观测的感热通量、潜热通量和 CO_2 通量 3 类数据进行质量评价，结果显示：橡胶林生态系统湍流通量数据质量相对较高，对全年数据进行综合评价，3 类通量数据中高质量数据占比为 52%～63%，仅有 10%～16%的数据质量较差，须剔除并进行插补才可进行后续研究与分析。

橡胶林 3 类通量数据中，感热通量数据最优，CO_2 通量数据次之，潜热通量数据最差。海南岛橡胶林主要生长在高温多雨的地区，研究地区年均气温，气温变化幅度不大；降水丰富，影响开路湍流相关技术的观测，导致数据质量会有所降低。

3 类数据中，除潜热通量数据是雨季略好于旱季外，另两类数据均是旱季好于雨季，主要是因为潜热通量数据质量和感热通量、CO_2 通量数据质量受雨季的影响不同，潜热通量在雨季因受季风影响，水汽充沛，降水丰富，使湍流相对平衡并且发展充分；湍流数据质量白天优于夜间，这与夜间大气层结稳定，而白天大气湍流发展充分是分不开的。结果表明，利用涡度相关技术进行橡胶林生态系统湍流通量观测可行，数据可靠，所得数据可用于研究。

(2)橡胶林生态系统全年无论旱季或雨季，其冠层净辐射、感热通量和潜热通量日变化均表现为规则的单峰型。海南岛净辐射能量的绝大部分用于潜热蒸散，尤其是雨季，占到净辐射的 3/4；旱季也占到 1/2 左右。其次用于感热输送，旱季占到净辐射能量的 37%，而雨季只占 11%。

橡胶林全年获得的净辐射能量中，87%左右用于潜热蒸散和感热输送，尤其雨季潜热蒸散消耗能量最大，达 75.9%，而旱季占到 50.1%；土壤表层热通量与冠层热存储占比很小。

分析不同时间尺度的能量平衡状况，橡胶林生态系统能量平衡比率在 87%左右，仍有 13%的能量不知去向。并着重分析了能量平衡不闭合的原因，主要包括仪器的系统误差、通量观测时的采样误差、其他能量吸收项的忽略、高低频损失、平流影响等。橡胶林生态系统能量闭合度相对较高，数据可以达到研究用途要求。

(3)应用 FSAM 通量源区模型，分析不同大气状态下海南岛橡胶林生态系统 50 m 高通量观测塔通量足迹及源区分布，结果显示：在大气处于不稳定状态时，大气上下垂直运动相当剧烈，通量、物质垂直方向输送较快，各通量传感器观测到的通量信息主要来源于迎风风向相对较近的区域范围，源区面积较小；在大气处于稳定状态下，大气湍流活动相对较弱，通量、物质垂直方向扩散相对缓慢，观测到的通量信息来源于相对于观测塔较远的区域范围，源区面积较大。

在盛行风方向 110°～250°上，通过对通量足迹及源区受不同季节影响的分析发现，在大气处于稳定状态时，相同通量贡献率水平生长季节的信息源区都比非生长季节的大；而在大气处于不稳定状态时，相同通量贡献率水平非生长季节的信息源区都比生长季节的大。这可能与橡胶林生长季节均质性较好，而在非生长季相对均质性相对较弱有关。在研究区域内，橡胶林年龄为 5～25 年，生长季节内叶面积指数稳定在 3～5，均质性较好；而在非生长季，因部分非产胶橡胶林，全年常绿不落叶，相对均质性较弱。

根据非盛行风方向上的源区分析表明，通量贡献区在大气处于稳定状态时要远大于大气处于非稳定状态的范围。与盛行风方向上的相同通量贡献率水平源区相比，在大气处于稳定状态时，非盛行风方向上的通量源区范围明显要高，但在非稳定大气状态时，两者相差不大。

在生长季节不稳定大气条件下，橡胶林 80%信息源区位于迎风方向范围为 0～758 m，垂直于迎风方向范围为－251～251 m；在生长季节稳定条件下，橡胶林 80%信息源区位于迎风方向范围为 0～1 858 m，垂直于迎风方向范围为－534～534 m。与其他研究相比，热带橡胶林的信息源区相对较扁，可能是因为在热带海南岛地区，信息源区受主风向影响较大，风向径向影响明显。

从上述利用FSAM模型运行的结果来看，橡胶林通量站点的风浪区长度完全可满足数据质量对通量贡献区的要求，橡胶林通量塔各传感器所测定的通量值比较真实地反映了该站点橡胶林所提供的通量信息，观测到的数据质量可靠，可进行后续分析。

总之，经过本章对橡胶林生态系统通量观测的大气湍流通量数据质量评价、能量平衡闭合分析和能量足迹与源区分析，结果均表明，橡胶林生态系统通量观测可行，数据质量可靠，适用于研究要求。

第7章 橡胶林生态系统碳通量研究

全球碳循环就是“碳”在全球土壤圈-生物圈-水圈-大气圈四大圈层间的交换过程，包括地球化学循环和生物循环，有时又合称为生物地化循环(biogeochemical cycles)。生物圈则是全球碳循环的核心圈层。生物圈的碳循环，主要是陆地生态系统的碳交换过程，它主要取决于光合作用和呼吸作用这两个方向相反的生物化学过程。对陆地生态系统而言，如果积累碳大于释放碳，即光合作用大于呼吸作用，称之为碳汇；反之，称之为碳源。对陆地生态系统而言，白天(光合有效辐射 PAR>15 $\mu mol \cdot m^{-2} \cdot s^{-1}$，且时间在日出至日落之间)系统内植物光合作用表现大于呼吸作用，生态系统吸收 CO_2，表现为碳汇作用；夜间则陆地生态系统内光合作用几乎没有，呼吸作用是系统内主要过程，生态系统释放 CO_2，表现为碳源作用。生态系统内的光合作用和呼吸作用会影响整个系统本身的碳汇或碳源作用。

在陆地生态系统碳通量研究中，主要是研究碳交换过程中生物圈与大气圈的3个碳交换指标——净生态系统碳交换量(NEE，或称生态系统净光合速率)、生态系统呼吸(Re)和生态系统光合生产力(GEP)，以及土壤圈与生物圈的一个碳交换指标——土壤呼吸(Rs)的生态学意义及其对环境因子的响应。生态系统光合生产力(GEP)有时又称为总初级生产力(Gross Primary Productivity，GPP)，本书统一称为总生态系统光合生产力。

对橡胶林生态系统而言，净生态系统碳交换量(NEE)等于测得的碳通量(Fc)与冠层 CO_2 储量(Fs)之和，即

$$NEE = Fc + Fs \tag{7.1}$$

而 NEE 可表达为总生态系统光合生产力(GEP)和生态系统呼吸(Re)两通量之差，如考虑数值符号，则表达为

$$NEE = GEP + Re \tag{7.2}$$

式中：*GEP* 为负值表示碳吸收；而 *Re* 为正值表示呼吸碳排放。若将生态系统作为一个大叶片，则和叶片尺度上的测定相似，白天的 *NEE* 可以表示生态系统的净光合速率，只不过其值为正时，代表生态系统释放 CO_2 进入大气，为负时代表生态系统从大气中吸收 CO_2，这里与传统的叶片尺度光合作用定义的符号正好相反。本书为讨论方便，与叶片光合作用一致，总生态系统光合生产力均乘以-1，以正值表示。

本书在橡胶林生态系统碳通量研究中，主要就是通过研究分析 NEE，GEP，Re 的变化特征及其对外界环境因子的响应，来解释橡胶林生态系统的生理生态过程。本节采用2010年1月1日至2010年12月31日的数据(简称2010年数据)，并与2012年9月1日至2013年8月31日的数据进行比较(简称2013年数据)。

7.1　橡胶林生态系统环境因子

7.1.1　橡胶林生态系统气温与降水动态

图 7.1 给出了海南岛橡胶林生态系统 2010 年全年 1.5 m 空气温度年变化和各月的降水总量。如图所示，2010 年最冷月(1 月)均温为 17.3 ℃，最热月(7 月)均温为27.8 ℃，年平均气温为 23.6 ℃。全年降水总量为 1 724 mm，集中在 5—10 月，占全年的 85.7%。尤其是 10 和 8 月，降水量都超过 300 mm。

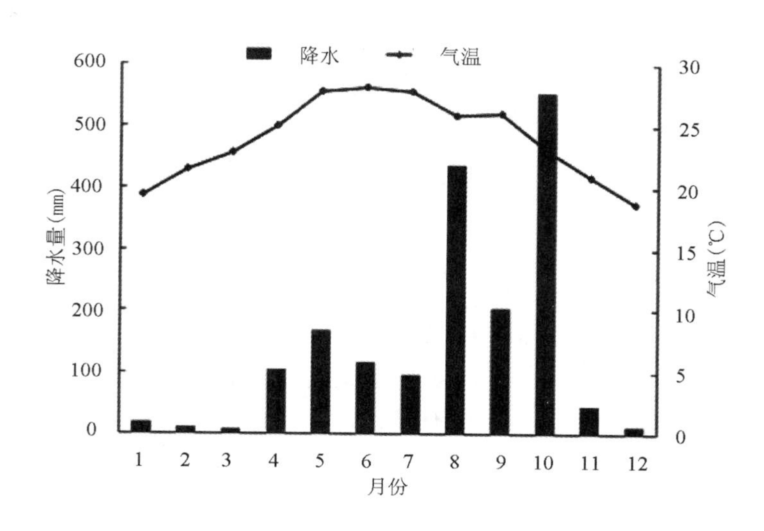

图 7.1　2010 年橡胶林生态系统气温、降水量变化特征

多年平均而言，海南岛每年的雨季为 4—10 月，旱季为 11 月—翌年 3 月。从图 7.1 也可看出，旱季与雨季不仅仅是降水量的差别，气温也有较大差异。雨季总体气温较高，旱季气温较低。因此在后续分析中，把一年时间按旱、雨季分成三段，1—3 月(年初旱季)、4—10 月(雨季)和 11—12 月(年末旱季)。实际上，雨季也就是橡胶林的主要生长季节，而旱季也就是橡胶林的休眠季节(此季节也有少部分时段橡胶林仍在生长，只不过没有雨季旺盛)。

梯度观测系统分别在橡胶林 1.5，6，10 和 15 m 高度安装了 4 层气温测定装置，为后续研究，下面还分析了它们的平均值，命名为橡胶林冠层内平均气温(T_a)。图 7.2 分别显示了全年不同季节气温的日变化情况。全年雨季(4—10 月)各个时刻气温均明显高于旱季(1—3 和 11—12 月)。不同季节日气温动态均呈单峰型，峰值均出现在午后，但不同季节有差异，4—10 月出现在午后 13:00—14:00，而旱季出现在午后 15:00—15:30，这与太阳辐射能在大气间传输、研究地点纬度位置(19.5°N)和太阳直射点的周年运动有关。气温最低值均出现在 07:00 左右，而不是和地面(1.5 m 高度)相似的出现在凌晨 03:00—04:00，这与橡胶林冠层内强烈的大气逆辐射有关。不同季节日气温变化幅度相似，平均日较差均为 6～7 ℃。

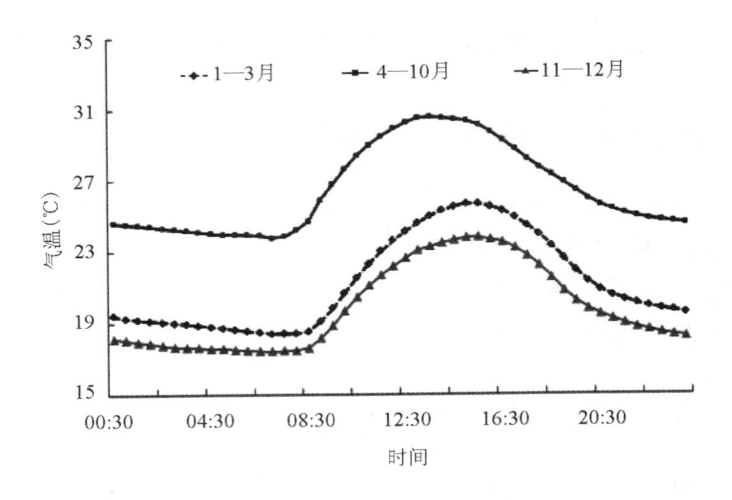

图 7.2 2010 年橡胶林生态系统林冠不同季节气温日变化特征

7.1.2 橡胶林生态系统冠层光合有效辐射特征

图 7.3 给出了海南岛橡胶林生态系统冠层上(30 m 高度)2010 年全年的光合有效辐射(Photosynthetically Active Radiation,PAR)特征。图 7.3a 所示为全年不同季节 PAR 日变化特征,PAR 在旱、雨季节均呈单峰型,在白天相同时刻 PAR 雨季均高于旱季,越到正午高出越多。雨季 PAR 峰值出现在 12:30 左右,达到 1 251 μmol · m^{-2} · s^{-1};旱季 PAR 峰值出现在 13:00—13:30,其值为 941 μmol · m^{-2} · s^{-1}。在生态系统碳通量研究中,一般以 PAR>15 μmol · m^{-2} · s^{-1}标准划分日夜。雨季白天(07:30—17:30)长 10 小时,旱季白天(08:00—19:00)长 11 小时。另外,雨季 PAR 变化曲线,在正午过后有一明显缺口,这是由于海南岛此时多对流雨;而旱季不存在此现象。

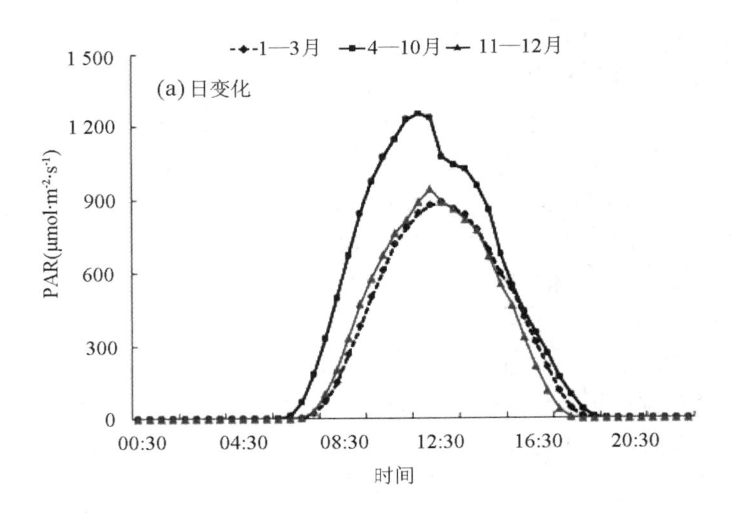

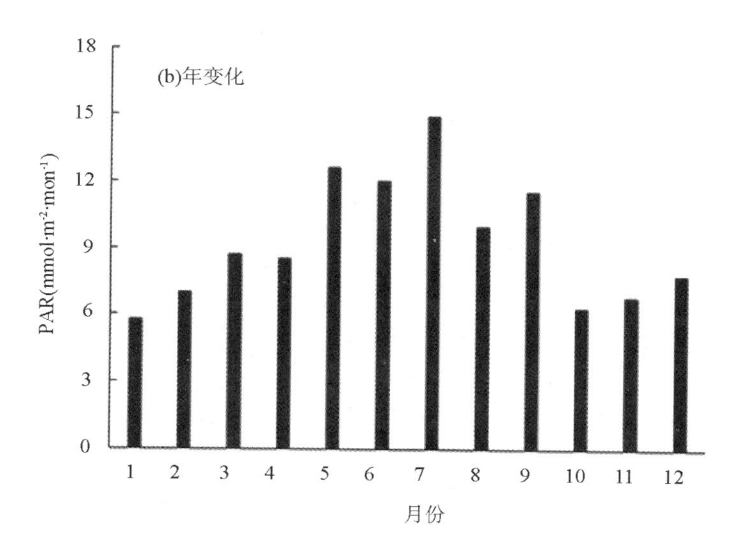

图 7.3　2010 年橡胶林生态系统冠层光合有效辐射变化特征

图 7.3b 显示了橡胶林全年不同月份 PAR 累积量状况。PAR 月累积量反映当月 PAR 强度，会影响相应生态系统内植物生化作用。雨季各月 PAR 累积量较大，旱季各月 PAR 累积量较小。雨季尤其以太阳直射月份(5—7 月)PAR 累积量较大，最大的 7 月达到 14.96 $mmol \cdot m^{-2} \cdot mon^{-1}$。最小月份为 1 月，仅为 5.77 $mmol \cdot m^{-2} \cdot mon^{-1}$。另外 10 月也较小，仅为 6.34 $mmol \cdot m^{-2} \cdot mon^{-1}$，因为当年 10 月多阴雨天气，导致 PAR 累积量较低。

7.1.3　橡胶林生态系统水汽压差变化特征

饱和水汽压差(Vapor Pressure Deficit，VPD)是某地空气在当时温度下的饱和水汽压与实际水汽压的差值，其单位是 kPa。VPD 是无法直接观测获得的，一般只能通过模型求得。在本节中，根据下述公式(Running *et al.*，1987)计算橡胶林生态系统冠层饱和水汽压差：

$$VPD = 0.611 \times (1 - RH) \times \exp\left(\frac{17.27 \times T}{T + 237.3}\right) \tag{7.3}$$

式中：VPD 即为饱和水汽压差(kPa)；RH 为冠层相对湿度(%)，T 为冠层气温(℃)。此处均采用 15 m 高度的湿度和气温，主要是因为把橡胶林生态系统作为一个整体来看待，选择整体表面温湿度进行计算。

水汽压差对植物光合作用意义重大，它是控制森林冠层导度和植物叶片气孔导度的主要因子(Leuning，1995)，其值大小会影响生态系统 NEE 和 GEP。图 7.4 给出了橡胶林生态系统 VPD 的变化特征。图 7.4a 显示了不同季节 VPD 各个时刻的平均变化状况。总体而言，不同季节水汽压差全天变化为单峰型曲线，白天变化幅度大于夜间；VPD 值雨季高于旱季，白天高于夜间。雨季峰值出现在正午过后的 13:00—14:00，达到 1.87 kPa，谷值出现在 04:00—05:00，为 0.37 kPa。旱季峰值出现在下午 15:00—15:30，11—12 月为 1.21 kPa，1—3 月为 1.63 kPa；谷值出现在 06:30—07:30，其值分别为 0.11 kPa 和 0.31 kPa。图 7.4b 显示了不同月份的 VPD 均值，全年最大值出现在 7 月，达到 1.33 kPa，最小值出现在 1 月，其值为 0.33 kPa；全年只有 3，5，6，7 月（共 4 个月）VPD 值高于 1 kPa，其他月份均低于 1 kPa。雨季虽然降水较多，但因气温较高，水汽压亏缺反而较大；旱季因气温较低，亏缺不大（只有 3 月份因气温升高而其值大于 1 kPa）。

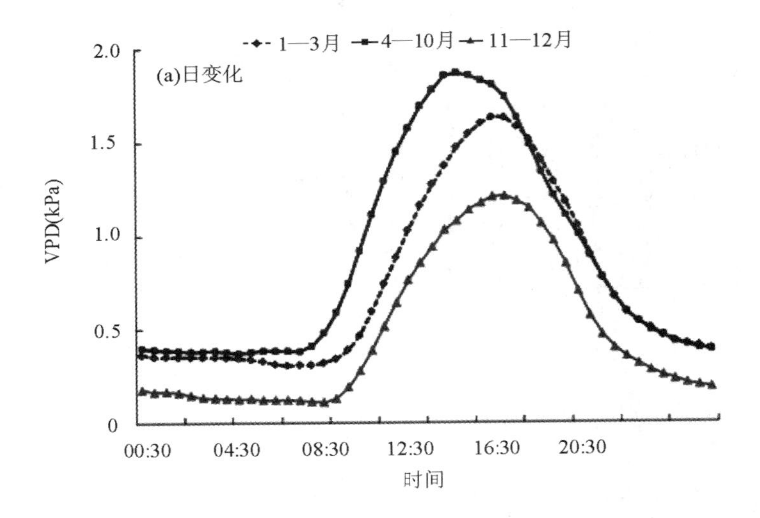

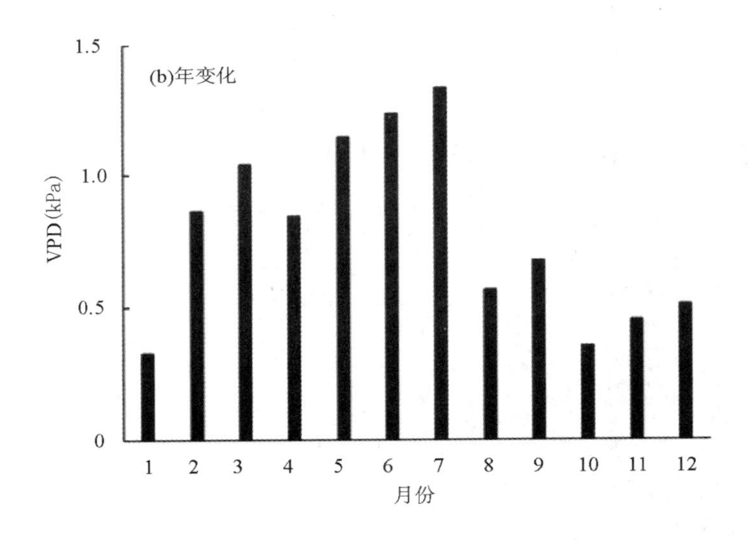

图 7.4　2010 年橡胶林生态系统饱和水汽压差变化特征

7.1.4　橡胶林生态系统土壤温湿度特征

图 7.5 给出了橡胶林生态系统地表以下 5 cm 土壤温湿度特征。图 7.5a 显示了 2010 年各月平均土壤温度（简称土温）变化情况，全年为单峰型，其值为 18.79～27.62 ℃。雨季月平均土温较高，最高为 5—7 月，均在 27 ℃以上；旱季气温较低，最低的 12 月和 1 月均在 20 ℃以下。图 7.5b 显示了 2010 年不同季节各个时刻土温变化情况，全天最高温雨季出现在下午 14：30—15：00，旱季出现在 16：30—07：00；全天最低温出现在早晨 08：00—09：00。

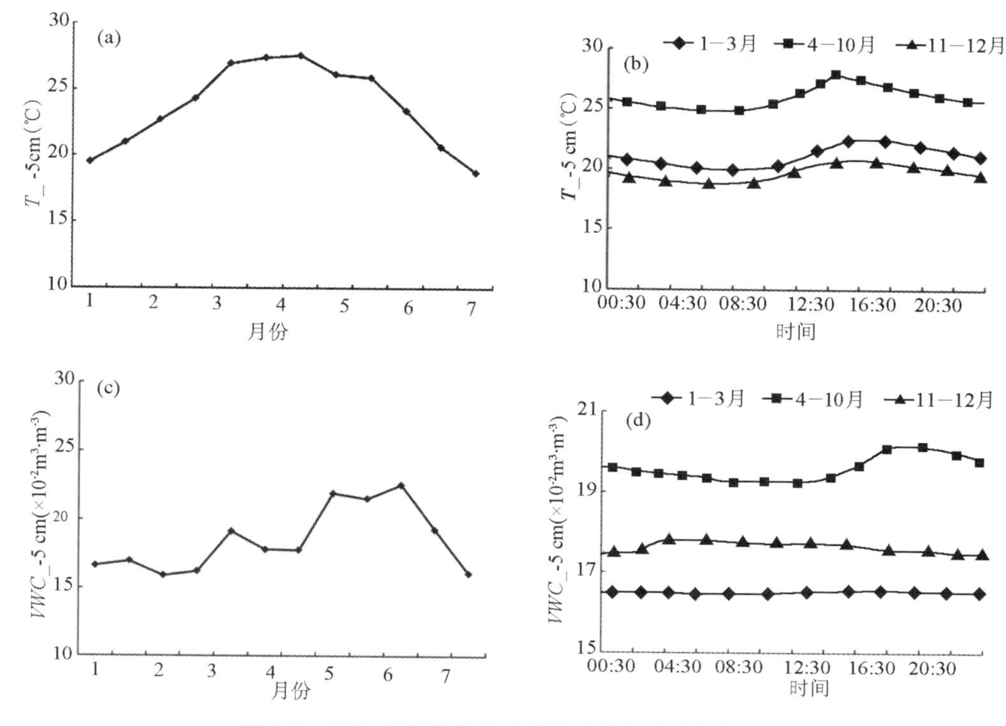

图 7.5 2010年橡胶林生态系统土壤温湿度变化特征

图7.5c显示了2010年各月地表以下5 cm平均土壤体积含水量的变化情况，全年呈不规则折线变化，全年月平均值为(16.10～22.55)$\times10^{-2}m^3\cdot m^{-3}$。雨季土壤含水量除4月以外，月平均值均较高，旱季除11月外均较低。图7.5d显示了2010年不同季节各个时刻土壤含水量的变化情况，全天各个时刻雨季均高于旱季。1—3月各时刻均低于$17\times10^{-2}m^3\cdot m^{-3}$，4—10月各时刻为(19～21)$\times10^{-2}m^3\cdot m^{-3}$，11—12月为(17～18)$\times10^{-2}m^3\cdot m^{-3}$。4—10月雨季降水多，土壤含水量高；11—12月因刚经历雨季，土壤含水量仍保持一定量；1—3月因经历了较长的旱季(尤其3月最低)，土壤含水量降低较多。

7.2 橡胶林净生态系统交换量研究

森林生态系统是陆地生态系统的主体，在全球碳循环中的地位十分重要。森林生态系统通过绿色植物光合作用固存大气中的CO_2，通过呼吸作用(植物及土壤呼吸)、凋落物分解、森林砍伐和焚烧等途径又将储存的碳释放到大气中。森林生态系统净碳收支是一个碳固存过程与碳释放过程的平衡，其过程包括树木生长、林级增长、土壤中碳的累积，也包括植物呼吸、树木死亡、凋落物分解、土壤碳的氧化、降解及扰动等(Houghton，2005；周丽艳 等，2010b)。因此，森林生态系统碳收支特征及其环境驱动机制研究已经成为全球研究的焦点(Goulden *et al.*，1998；Fang *et al.*，2001；Twine *et al.*，2000)。

7.2.1 橡胶林净生态系统交换量动态变化

(1)橡胶林净生态系统交换日动态特征

图 7.6 给出了橡胶林生态系统不同季节 NEE 日变化特征，不同季节平均日动态为当季各月每天半小时观测值的平均值。整体来看，橡胶林所有季节 NEE 日动态均为“U”形曲线；NEE 雨季和旱季白天均为碳吸收（即 NEE 为负值），夜间均为碳排放（即 NEE 为正值）。橡胶林雨季（4—10 月）碳吸收时段为 07:30—19:00，年初旱季（1—3 月）碳吸收时段为 08:30—18:30，年末旱季（11—12 月）碳吸收时段为 08:00—18:30。NEE 雨季峰值出现在 12:30，橡胶林最强碳吸收为 −0.856 0 $mgCO_2 \cdot m^{-2} \cdot s^{-1}$；NEE 年初旱季峰值出现在 14:00，橡胶林本季最强碳吸收为 −0.400 5 $mgCO_2 \cdot m^{-2} \cdot s^{-1}$；年末旱季峰值出现在 11:00，本季最强碳吸收为 −0.559 3 $mgCO_2 \cdot m^{-2} \cdot s^{-1}$。

仔细研究雨季 NEE 平均日动态曲线，可发现在下午 14:30 左右，存在一个稍低值（缺口），其原因是海南岛雨季多对流雨，然后 NEE 又略有升高（恢复原有变化趋势）。

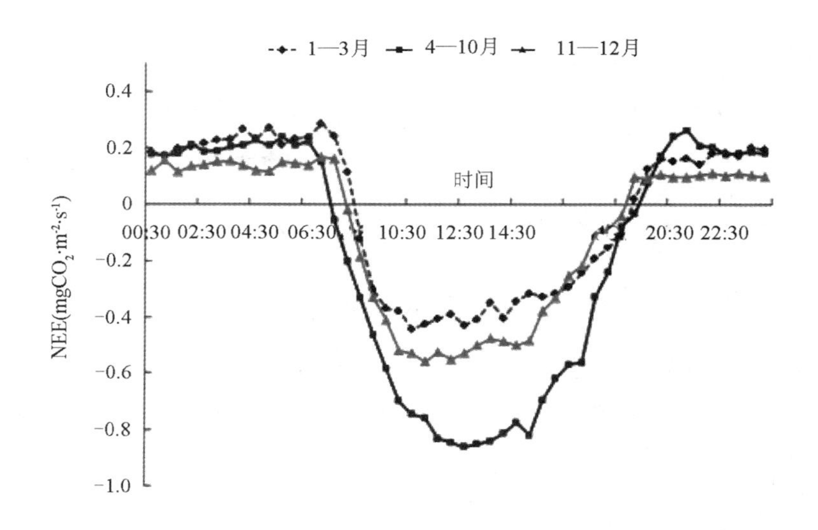

图 7.6　2010 年橡胶林生态系统不同季节 NEE 日变化特征

从 2010 年全年各月的半小时日平均动态（图略）来看，橡胶林生态系统 NEE 最大值出现在 8 月份的 13:00，最强碳吸收为 −1.051 9 $mgCO_2 \cdot m^{-2} \cdot s^{-1}$。全年 NEE 月均最大值出现在 6 月份，碳吸收为 −0.225 8 $mgCO_2 \cdot m^{-2} \cdot s^{-1}$；全年仅 2 月份 NEE 为正值，碳排放为 0.021 0 $mgCO_2 \cdot m^{-2} \cdot s^{-1}$，其余月份均为碳吸收。

图 7.7 给出了海南岛橡胶林生态系统 2010 年全年 NEE 逐日动态。NEE 日总值可以定义为从每日 00:00 开始累计到 24:00 的 NEE 总和，其计算公式可表示为

$$NEE_d = \sum_{i=1}^{48} NEE_i \times 60 \times 30 \times \frac{12}{44} \times \frac{1}{1000} \tag{7.4}$$

式中：NEE_i 为半小时的 NEE 值，单位为 $mgCO_2 \cdot m^{-2} \cdot s^{-1}$；$NEE_d$ 为 NEE 日总值，单位为 $gC \cdot m^{-2} \cdot d^{-1}$。

从图上可看出，除 1，12 月极少数几天和 2 月一段时间 NEE 为正值外，其他月份 NEE 日总值均为负，即为碳吸收。2010 年全年 NEE 日变化近似呈“U”形曲线，即中间时段（日

序为 100—300，大致为当年雨季，4—10 月）NEE 负值较大，两端（日序为 1—100 和 300—365，大致为当年旱季）NEE 负值较小，甚至部分为正值。研究地区橡胶林每年 3 月初开始抽叶，至月底叶面积逐渐稳定，净生态系统碳交换量逐渐增加，随着气温的升高和降水的增加，橡胶林光合作用加强，至 8，9 月，水热进一步加强，此阶段生态系统代谢十分旺盛，NEE 达到最小值。2010 年最小 NEE 日总值为日序 268（9 月 26 日），碳吸收最小值为 −8.440 0 gC・m^{-2}・d^{-1}。随后，随着气温降低、降水减少，至 11，12 月，叶片衰老凋落，光合能力下降，一直延续到来年 1，2 月，此时，光合作用最弱，橡胶林生态系统可能成净碳排放，此时橡胶林生态系统成为碳源。2010 年最大 NEE 日总值为日序 49（2 月 19 日），碳排放最大值为 4.452 7 gC・m^{-2}・d^{-1}。

利用 2010 年橡胶林生态系统 NEE 逐日数据，可简单估算出旱季、雨季和全年 NEE 日均值分别为：1.350 0，4.344 0 和 3.105 3 gC・ m^{-2}・d^{-1}，橡胶林生态系统固碳潜力较大。

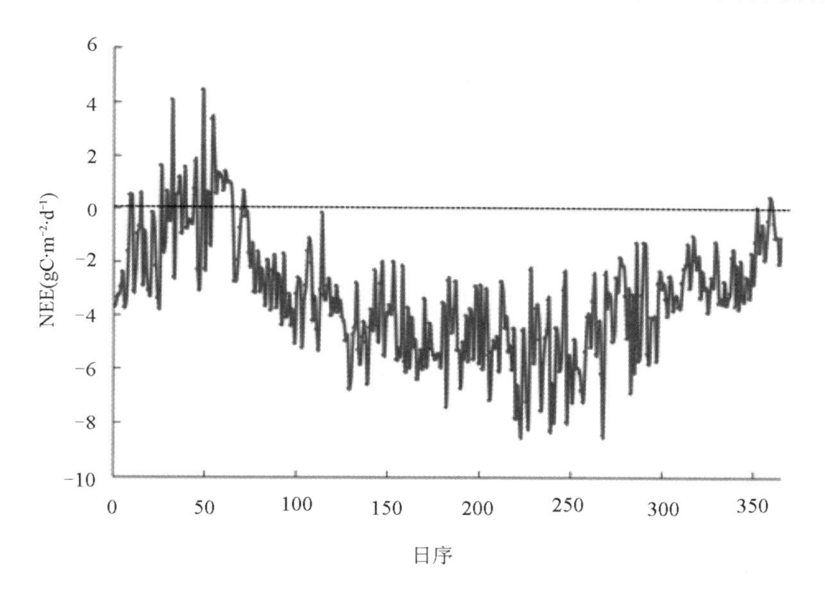

图 7.7 2010 年橡胶林生态系统 NEE 逐日变化特征

（2）橡胶林净生态系统交换月动态特征

海南岛橡胶林生态系统 2010 年全年净生态系统碳交换量各月总值如图 7.8 所示。雨季 4—10 月各月 NEE 值均较大，分别为 −91.26，−144.94，−159.62，−149.91，−158.20，−148.98 和 −76.702 gC・ m^{-2}・ mon^{-1}，这与雨季光合有效辐射较强、气温较高、降水较多、橡胶林生长旺盛有关。旱季 1—3 月、11—12 月，各月 NEE 值均较小，分别为 −35.00，13.85，−40.57，−82.50 和 −59.60 gC・m^{-2}・mon^{-1}，这与当季光合有效辐射较弱、气温降低、降水减少，以及橡胶林落叶、生长减弱等有关。但仔细研究会发现，2010 年 10 月 NEE 比 11 月稍低，这可能与当年 10 月多阴雨天气、PAR 较弱造成光合作用减弱而有关。

2010 年度橡胶林生态系统碳吸收最强月份为 6 月，达到 −159.62 gC・m^{-2}・mon^{-1}，碳排放最强（吸收最弱）的月份为 2 月，为 13.85 gC・m^{-2}・mon^{-1}。2013 年度（2012 年 9 月 1 日至 2013 年 8 月 31 日）橡胶林生态系统最强碳吸收月份为 7 月，达到 −168.56 gC・

$m^{-2}\cdot mon^{-1}$,碳排放最强月份为2013年2月,为18.56 $gC\cdot m^{-2}\cdot mon^{-1}$。

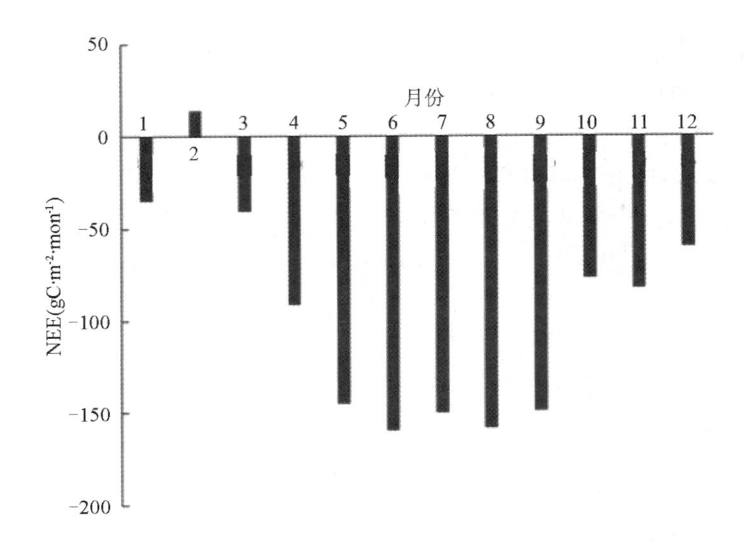

图7.8　2010年橡胶林生态系统NEE年变化特征

(3)橡胶林净生态系统交换年变化

把全年各月总NEE值加总,就可得到全年NEE值,即全年总碳吸收值。2010年海南岛橡胶林生态系统年总NEE为−1 133.45 $gC\cdot m^{-2}\cdot a^{-1}$(相当于−11.33 $tC\cdot hm^{-2}\cdot a^{-1}$),2012年9月至2013年8月,NEE为−1 087.58 $gC\cdot m^{-2}\cdot a^{-1}$(相当于−10.88 $tC\cdot hm^{-2}\cdot a^{-1}$),平均为1 110.52 $gC\cdot m^{-2}\cdot a^{-1}$(相当于−11.10 $tC\cdot hm^{-2}\cdot a^{-1}$)。

橡胶林为热带典型人工林,研究地点林龄为10年,是生长最为旺盛的时候,因此它吸收CO_2的能力十分强大。2010年橡胶林生态系统NEE年总量为−1 133.45 $gC\cdot m^{-2}\cdot a^{-1}$,高于亚热带的杨树人工林−579.0 $gC\cdot m^{-2}\cdot a^{-1}$(魏远 等,2010),高于亚热带和热带的纸浆林(桉树林)(Rodrigues *et al.*, 2005;Cabral *et al.*, 2011),也高于位置比较接近的海南岛尖峰岭热带山地雨林平均值(−236±42) $gC\cdot m^{-2}\cdot a^{-1}$(陈德祥,2010)。说明橡胶林生态系统固碳能力很强,详细比较可见表7.1。

表7.1对比研究了不同人工林及不同热带森林的NEE值,说明两点:一是橡胶林固碳能力在人工林中较强,二是橡胶林固碳能力在热带森林中较强。

表7.1　全球不同森林生态系统年总NEE比较

森林类型	地点	地理纬度	NEE ($gC\cdot m^{-2}\cdot a^{-1}$)	文献来源
9年桉树林	Herdade da Espirra	38°38′N	−790	Mateus *et al.*, 2006
6年杨树林	中国湖南	29°31′N	−579.0	魏远 等,2010
10年杨树林	中国江苏	32°20′N	−1 170±170	唐罗中 等,2004
17年樟树林	中国湖南	27°50′N	−498	雷丕锋 等,2004
12年杉木林	中国广西	26°50′N	−348.9	方晰 等,2002

（续表）

森林类型	地点	地理纬度	NEE $(gC \cdot m^{-2} \cdot a^{-1})$	文献来源
4年桉树林	São Paulo,Brazil	21°35′S	−887.5	Cabral *et al*. 2011
10年橡胶林	中国海南	19°31′N	−1 133.45	本研究
热带山地雨林	中国海南	18°23′～18°50′N	−236±42	陈德祥,2010
热带季节雨林	中国西双版纳	21°57′S	−320	张雷明 等,2006
热带雨林	La selva	10°26′S	−792.0	Loescher *et al*. ,2003
热带雨林	Jaru	10°04′S	−100.0	Grace *et al*. ,1995
热带雨林	Ducke	02°57′S	−220.0	Fan *et al*. ,1990
热带雨林	Cuieriras	02°35′S	−590.0	Malhi *et al*. ,1998

7.2.2 橡胶林净生态系统交换量影响因素

陆地生态系统NEE由系统植物光合作用和系统呼吸作用共同控制。陆地生态系统植物光合作用的影响因素包括太阳光辐射、水分和环境温度等，而生态系统呼吸作用的影响因素主要包括环境温度和水分因素等。因此，生态系统的光合有效辐射(PAR)、气温(此处选用平均气温 T_a)、空气湿度(此处选用水汽压差VPD)、土壤温度和土壤含水量等因素的动态变化均会影响到生态系统NEE的变化格局与强度。为准确分析环境因子对海南岛橡胶林生态系统NEE的影响，利用SAS程序对橡胶林生态系统白天NEE的半小时数据(插补后)及环境因子进行相关分析(表7.2)。橡胶林白天NEE与各环境因子的相关性从大到小依次为：光合有效辐射PAR、大气平均气温 T_a、饱和水汽压差VPD、地表以下5 cm土壤含水量 VWC_-5 cm、地表以下5 cm土壤温度 T_-5 cm。其中白天NEE与PAR相关性十分明显，呈明显负相关；NEE与其他因子间也存在相关性，但不如PAR明显。

表7.2 橡胶林生态系统白天(NEE)与环境因子的相关性

因子	R	P
PAR	0.654 3	<0.01
T_a	0.470 9	<0.01
VPD	0.418 9	<0.01
T_-5 cm	0.355 4	<0.01
VWC_-5 cm	0.370 4	<0.01

以上因子是针对半小时尺度的分析，实际上还可分析降水量、橡胶林叶面积指数等因素对橡胶林生态系统NEE的影响。

(1)光合有效辐射对橡胶林生态系统NEE的影响

图7.9给出了海南岛橡胶林生态系统半小时尺度白天NEE对PAR的响应情况。白天NEE与PAR呈负相关，相关系数达0.656 4。在半小时尺度上，NEE的最主要影响因子是

PAR,这与叶片光合作用相一致,短时间内 PAR 影响生态系统光合作用。也就是说,橡胶林生态系统白天 NEE 对 PAR 的响应实际就是橡胶树叶片本身光合作用对 PAR 的响应(只不过存在众多叶片的加和作用而已)。

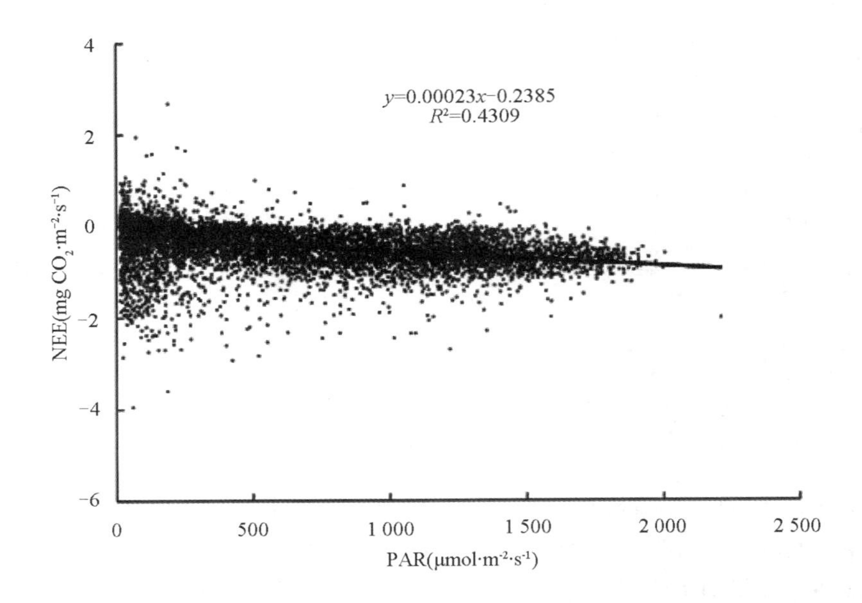

图 7.9　橡胶林生态系统白天 NEE 对光合有效辐射的响应(半小时尺度)

在光合作用的光响应研究中,一般常利用一些机理模型来分析和评价光合有效辐射 PAR 对净光合速率的影响,较著名的光响应模型有 Tenhunen 模型(Tenhunen *et al.*,1980)、Thornley 模型(Thornley,1976)等。由叶片转换为生态系统,净光合速率就转化为净生态系统碳交换 NEE。在较短时间尺度上(比如半小时尺度),PAR 强度就决定了生态系统光合作用的强弱,即 NEE 的大小(Law *et al.*,2002)。我们可以利用著名的 Michaelis-Menten 模型(Michaelis *et al.*,1913 ;Falge *et al.*,2001;Lasslop *et al.*,2010),白天 NEE 与 PAR 关系方程如下:

$$NEE_{day} = \frac{\alpha \times PAR \times P_{max}}{\alpha \times PAR + P_{max}} - R_d \tag{7.5}$$

式中:NEE_{day}为生态系统白天 NEE($mgCO_2 \cdot m^{-2} \cdot d^{-1}$);$\alpha$ 为初始光能利用率(或称表观量子效率,$mgCO_2 \cdot \mu mol \cdot photon^{-1}$);$PAR$ 为光合有效辐射($\mu mol \cdot m^{-2} \cdot s^{-1}$),$P_{max}$为最大光合速率($mgCO_2 \cdot m^{-2} \cdot s^{-1}$),$R_d$ 为生态系统呼吸速率($mgCO_2 \cdot m^{-2} \cdot s^{-1}$)。

我们采用式(7.5),用海南岛橡胶林生态系统 2010 年全年各月白天的 NEE 对 PAR 进行拟合,R^2 除 1 和 2 月外,其余月份为 0.187～0.481,并且达到极显著水平(表 7.3)。因 1 和 2 月回归拟合较差,不在后续讨论之列。

雨季橡胶林生长旺盛,从 4—10 月,初始光能利用率 α 和生态系统呼吸速率 R_d 呈递减趋势,α 从 0.005 136 $mgCO_2 \cdot \mu mol \cdot photon^{-1}$递减到 0.000 275 $mgCO_2 \cdot \mu mol \cdot photon^{-1}$,$R_d$ 从 0.160 734 $mgCO_2 \cdot m^{-2} \cdot s^{-1}$递减到 0.107 81 $mgCO_2 \cdot m^{-2} \cdot s^{-1}$;最大光合速率 P_{max}从 5 月的 4.596 569 $mgCO_2 \cdot m^{-2} \cdot s^{-1}$递减到 10 月的 1.646 265 $mgCO_2 \cdot m^{-2} \cdot s^{-1}$(虽然也有个

别月份变化趋势不一致)。

利用 Michaelis-Menten 模型拟合的橡胶林生态系统初始光能利用率 α、最大光合作用速率 P_{max}、生态系统呼吸速率 R_d 最大值分别是 0.005 136 $mgCO_2 \cdot \mu mol \cdot photon^{-1}$(4 月),4.596 569 $mgCO_2 \cdot m^{-2} \cdot s^{-1}$(5 月)和 0.190 734 $mgCO_2 \cdot m^{-2} \cdot s^{-1}$(4 月),大于长白山温带针阔混交林光合作用相关参数(0.0041 $mgCO_2 \cdot \mu mol \cdot photon^{-1}$,1.40 $mgCO_2 \cdot m^{-2} \cdot s^{-1}$,0.34 $mgCO_2 \cdot m^{-2} \cdot s^{-1}$)(周丽艳 等,2010a),更大于黑龙江寒温带针叶林光合作用相关参数(0.003 2 $mgCO_2 \cdot \mu mol \cdot photon^{-1}$,0.855 4 $mgCO_2 \cdot m^{-2} \cdot s^{-1}$,0.273 4 $mgCO_2 \cdot m^{-2} \cdot s^{-1}$)(Zhang *et al.*,2006),说明热带橡胶林生态系统比温带针阔混交林生态系统光合与呼吸作用活跃,远比寒温带针叶林生态系统活跃。

不仅如此,橡胶林生态系统光合作用相关参数最大值出现的月份较早,分别为 4,5 和 4 月,而温带针阔混交林均出现在 6 月,到北方寒温带针叶林则分别出现在 6,7 和 6 月。即越往低纬度,光合作用参数越早达到最大值;越往北方,光合作用参数越晚达到最大值。这实际上也证明了植物光合作用与环境因素关系密切,尤其受纬度因素影响的 *PAR*,也受气温和降水的协同影响。

表 7.3　橡胶林生态系统半小时尺度 NEE 光响应曲线方程参数

月份	α ($mgCO_2 \cdot \mu mol \cdot photon^{-1}$)	P_{max} ($mgCO_2 \cdot m^{-2} \cdot s^{-1}$)	R_d ($mgCO_2 \cdot m^{-2} \cdot s^{-1}$)	R^2	P
1	0.005 020	0.597 630	5.938 060	0.044 2	<0.01
2	0.001 000	0.112 864	0.258 161	0.040 1	0.296 8
3	0.000 110	0.333 570	0.215 880	0.187 1	<0.01
4	0.005 136	0.912 352	0.190 734	0.296 8	<0.01
5	0.000 392	4.596 569	0.168 703	0.336 6	<0.01
6	0.000 527	2.357 071	0.111 002	0.415 8	<0.01
7	0.000 335	2.867 724	0.161 075	0.404 1	<0.01
8	0.000 275	1.696 871	0.133 772	0.480 6	<0.01
9	0.003 083	1.886 101	0.107 81	0.402 6	<0.01
10	0.002 550	1.646 265	0.113 973	0.458 3	<0.01
11	0.004 568	1.810 617	0.107 821	0.395 1	<0.01
12	0.002 889	1.442 214	0.020 573	0.261 6	<0.01

(2)温度因子对橡胶林生态系统 NEE 的影响

图 7.10 给出了橡胶林 NEE 对大气平均温度(T_a)的响应情况,白天 NEE 与大气平均温度呈负相关,相关系数 R 为 0.470 9,相对 PAR 较小。对于海南岛橡胶林生态系统而言,因地处热带,终年气温较高,因此系统 NEE 受温度影响不明显。

图 7.11 给出了橡胶林生态系统白天 NEE 对地表以下 5 cm 土壤气温(T_−5 cm)的响应情况,白天 NEE 与土壤温度呈负相关,相关系数 R 为 0.355 4,相对 PAR 和 T_a 较小。对于海南岛橡胶林生态系统而言,因地处热带,常年气温较高,土壤温度也较高,生态系统呼吸作用终年旺盛,因此系统 NEE 受土壤温度影响不明显。

(3)水分因子对橡胶林生态系统 NEE 的影响

橡胶树属于热带森林树种,其生长发育需大量水分。海南岛橡胶林生态系统地处热带海岛季风气候,全年降水充沛,但有明显的旱、雨季节,所以水分因素一直是影响橡胶林生态

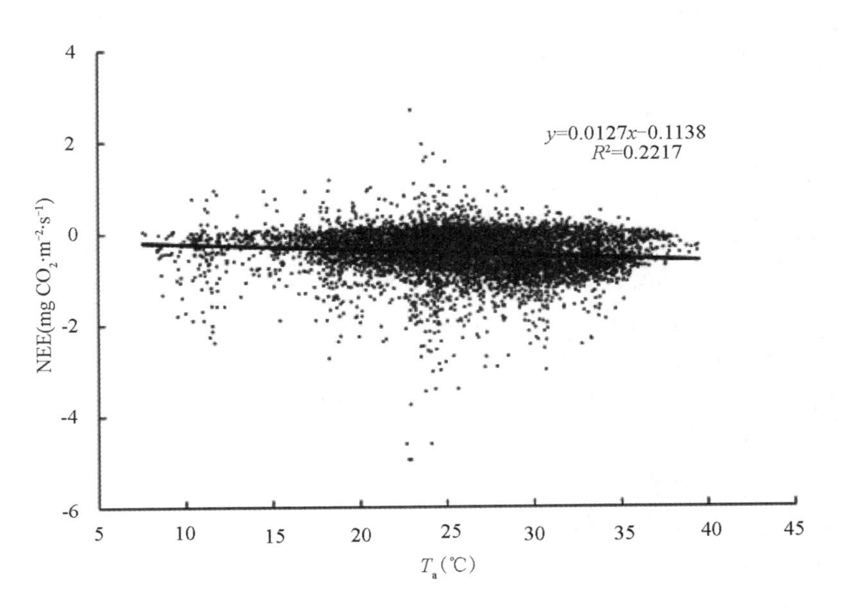

图 7.10　橡胶林生态系统白天 NEE 对大气平均气温的响应(半小时尺度)

系统的重要因素。可能水分在短期或一定时期内与 NEE 的相关性不显著,但它肯定是橡胶林生态系统的重要驱动力。本节主要从 3 个因子探讨水分对橡胶林生态系统 NEE 的影响:饱和水汽压差(VPD)、地表以下 5 cm 土壤含水量(VWC_-5 cm)和月降水量(P_r)。

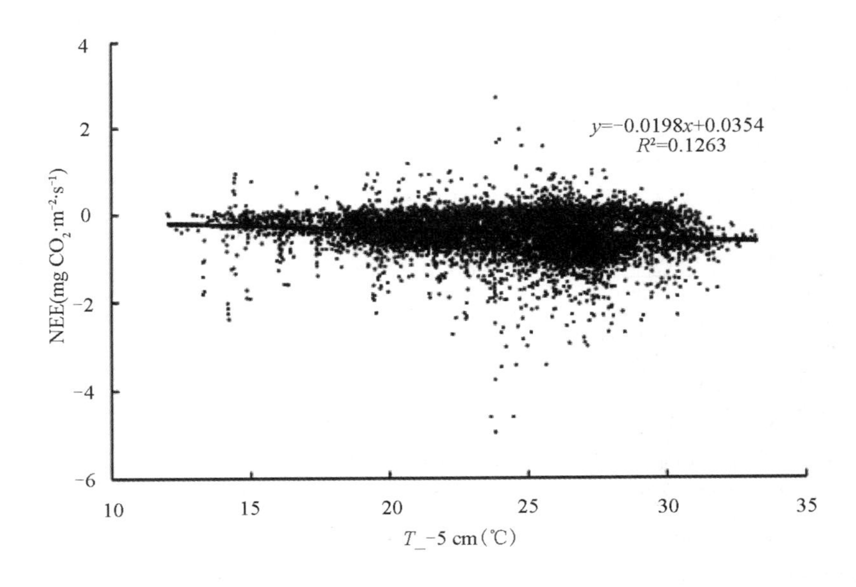

图 7.11　橡胶林生态系统白天 NEE 对土壤温度的响应(半小时尺度)

图 7.12 给出了胶林生态系统白天 NEE 对冠层饱和水汽压差(VPD)的响应情况,白天 NEE 与 VPD 呈负相关,相关系数 R 为 0.418 9,相对 PAR 和 T_a 较小,但相对T_-5 cm较大。对于海

南岛橡胶林生态系统而言,因一年分为旱、雨两季,大气中水汽多少(在当时气温下饱和与否)会影响橡胶林生态系统的光合作用和呼吸作用,进而影响 NEE。但总的来说,橡胶林生态系统水汽亏缺还是不大,并没有成为其限制因子(至少在研究的 2010 年和 2012—2013 年如此)。实际上,水汽对 NEE 的作用是两方面的,过少或过多均影响整个系统碳吸收或排放作用。分别对比图 7.4b 和图 7.8 中的 2 月和 4 月数据,就会发现这两个月 VPD 相差不大(因为 VPD 是大气温度和大气湿度的复合变量,但这两个月大气温度和大气湿度肯定不尽相同),但橡胶林生态系统 NEE 相差甚大,这也说明 VPD 不是影响 NEE 的关键因素。

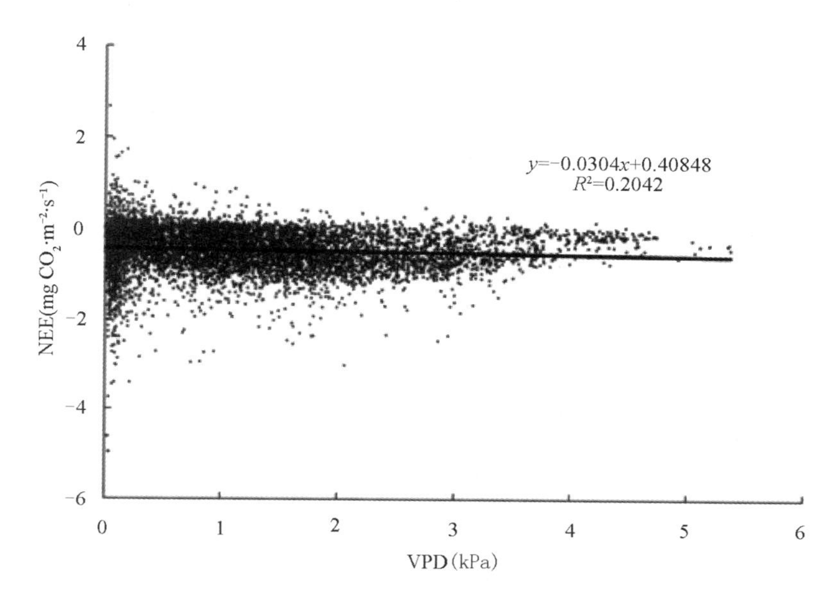

图 7.12　橡胶林生态系统白天 NEE 对水汽压差 VPD 的响应(半小时尺度)

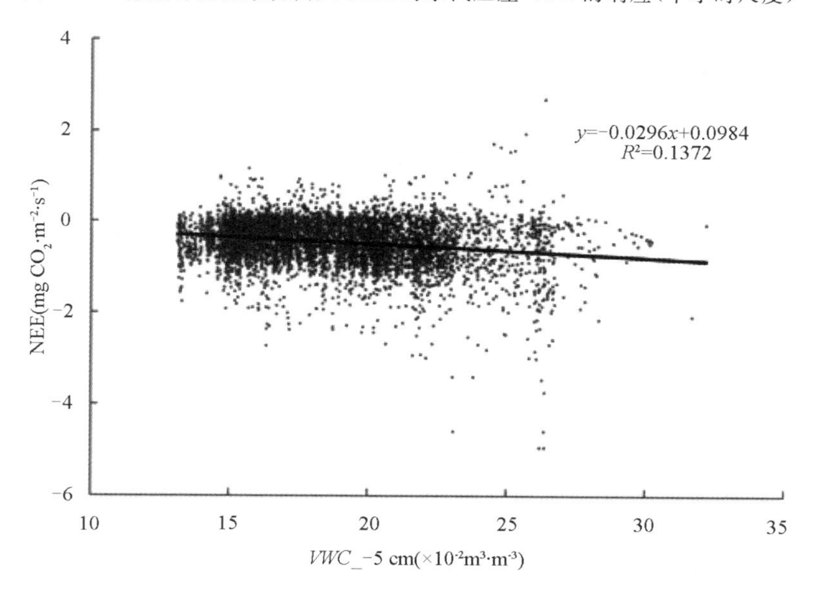

图 7.13　橡胶林生态系统白天 NEE 对地表以下 5 cm 土壤水分的响应(半小时尺度)

图7.13给出了橡胶林生态系统白天NEE对地表以下5 cm土壤含水量(*VWC*_－5 cm)的响应情况，白天NEE与土壤含水量呈负相关，相关系数*R*为0.370 4，相对PAR，T_a和VPD均较小。对于海南岛橡胶林生态系统而言，一年分旱、雨季节，土壤含水量也呈明显的季节变化。土壤含水量不仅会影响生态系统光合作用，更会影响系统呼吸作用，因此系统NEE会受土壤含水量的影响。但是，研究年份全年降水较为充沛，土壤含水量没有成为NEE的限制因子。

比较分析图7.12和图7.13发现，水分并不是海南岛橡胶林生态系统NEE的限制因子。也确实如此，对于森林生态系统而言，大多数研究均表明，水分并不是其NEE的限制因子(关德新 等，2006；周丽艳 等，2010a)，尤其在生长季节(在海南岛橡胶林生态系统称为雨季)更是如此。

上述半小时尺度分析表明，VPD和地表以下5 cm土壤含水量并不是NEE的限制因子，两者虽有相关性，但并不显著。这可能与较小的时间尺度(瞬间尺度)有关。如果把时间间隔加大到月尺度(实际也就相当于把整年数据划分为12个数据子集)，可能效果不同。

图7.14给出了橡胶林生态系统各月NEE对各月降水量的响应情况，各月NEE与当月降水量呈负相关，相关系数*R*为0.882 4，相关性极为显著。海南岛橡胶林生态系统受热带海岛季风气候影响，全年降水在1 700 mm左右。一年分旱、雨两季，旱季并不是橡胶林旺盛生长季节，其光合作用等系统生化过程受到制约；雨季(此时PAR强烈、气温也高)则是其生长旺季，净生态系统碳交换量增加迅速。当然，这既可说是雨季降水的促进，实际也是当季PAR、气温等的促进作用，或者说是各个环境因子的共同作用结果。

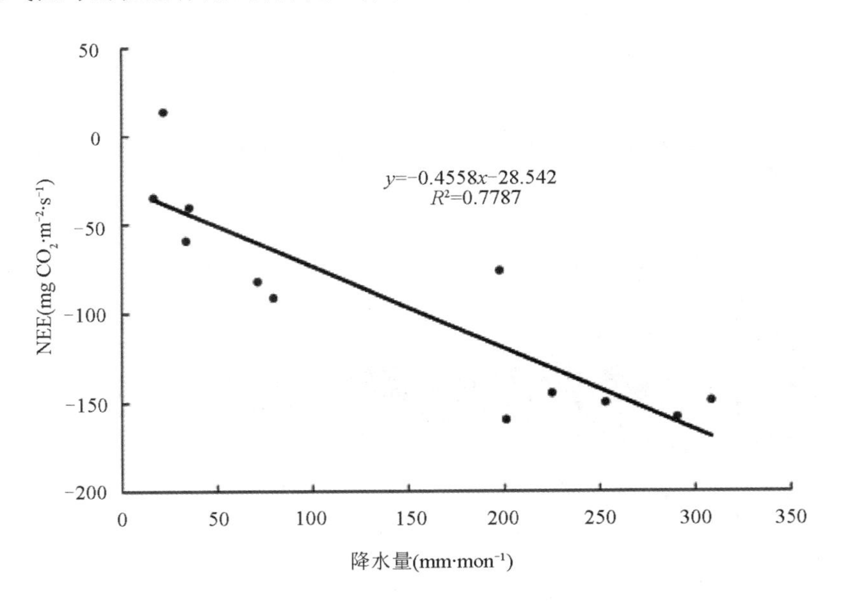

图7.14　橡胶林生态系统NEE对降水量的响应(月尺度)

(4)叶面积指数和CO_2浓度对橡胶林生态系统NEE的影响

对陆地生态系统而言，系统NEE的影响因素除环境因素外，本身植物的生理生态学特性或过程对其NEE也具有重要影响。林分叶面积指数(LAI，Leaf Area Index)是影响生态系统 NEE 的重要指标。

对橡胶林生态系统而言，橡胶林林分 LAI 的增加对系统 NEE 的影响包括两个方面：一是通过影响橡胶林本身光合作用，在季节尺度上制约生态系统光合生产力(GEP)，从而影响 NEE；二是橡胶林 LAI 的增加，本身就增加了森林的叶量，积累了生物量，当然会导致 CO_2 的固存。因此，林分 LAI 的增加，会增加生态系统的 NEE，两者呈负相关关系。

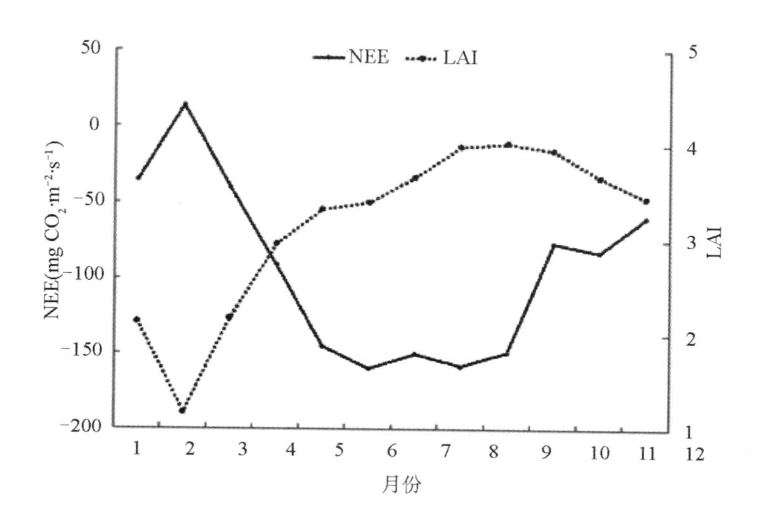

图 7.15　2010 年橡胶林林分叶面积指数 LAI 与 NEE 的变化特征

图 7.15 给出了橡胶林生态系统 2010 年各月 LAI 均值与各月 NEE 总量的对应变化趋势。橡胶林生态系统 2 月份为落叶期，LAI 达到当年最小值，接近 1；而此时 NEE 达到最大值，为正。随着 3 月份抽叶，LAI 急剧升高，到 4 和 5 月后，LAI 升幅变缓；而此段时间 NEE

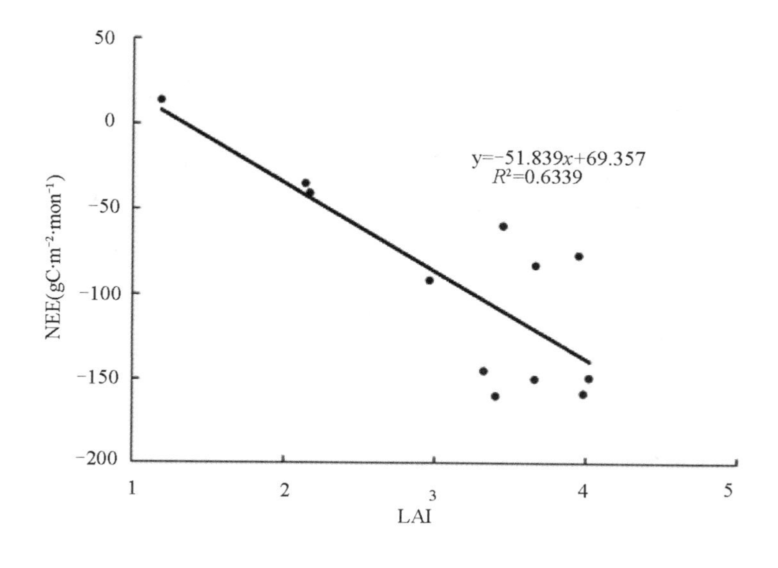

图 7.16　橡胶林生态系统 NEE 对林分叶面积指数 LAI 的响应(月尺度)

也类似变化，NEE急剧下降，至5月份后降幅变缓。6—10月，LAI维持高位；NEE也多维持在当年低值附近，然而在10月份，因叶片光合能力降低，再加上2010年10月多阴雨天气，此月NEE降幅明显。此后，从11，12月到翌年1月，随着林分LAI降低，NEE逐渐升高。周而复始。在橡胶林整年生长过程中，橡胶林林分LAI较好地解释了生态系统NEE的季节变化特征。

图7.16回归分析了海南岛橡胶林生态系统2010年全年各月NEE对林分LAI的响应情况。从月尺度看，橡胶林生态系统NEE与LAI呈显著的负相关关系，相关系数为0.796 2。

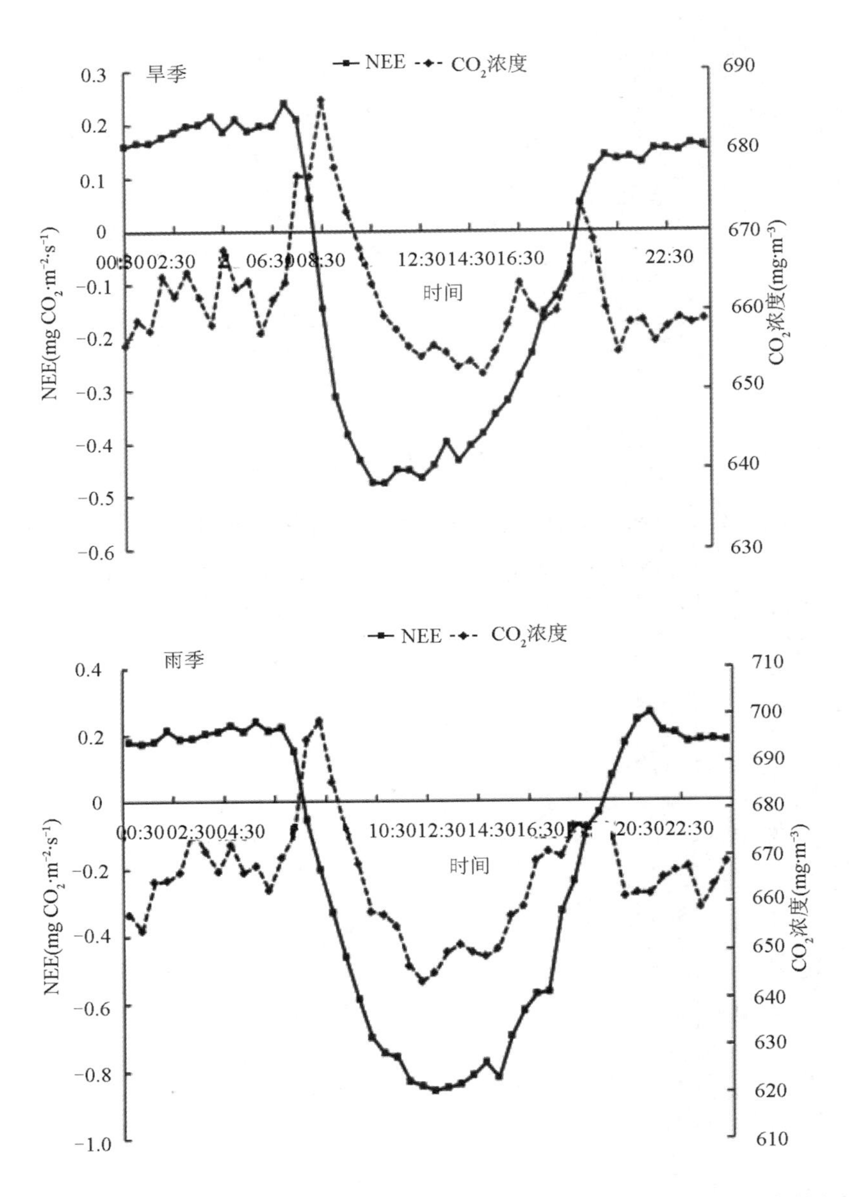

图7.17　2010年不同季节橡胶林生态系统大气CO_2浓度与NEE的日变化特征

陆地生态系统植被生长环境 CO_2 浓度也会影响生态系统 NEE。实际上空气 CO_2 浓度与橡胶林生态系统 NEE 影响过程比较复杂，它对橡胶林光合作用和呼吸作用均会产生重大影响。我们选取不同旱、雨季节半小时数据平均，得到 CO_2 浓度与 NEE 日动态关系（图 7.17）。无论旱季或雨季，NEE 白天均为负值，此时空气 CO_2 浓度也相对较低；NEE 夜间均为正值，此时空气 CO_2 浓度相对较高；在昼夜交替时段，空气 CO_2 浓度则是处于相对浓度较高值。这样的变化趋势比较容易解释橡胶林白天作为碳汇，固定较多的 CO_2 导致白天浓度降低；夜间呼吸释放 CO_2，导致 CO_2 浓度会略有升高；昼夜交替时段，因气温升高，植被和土壤呼吸均快速升高，但植被光合作用固定 CO_2 还较小，因此大气 CO_2 处于较高峰。从变化趋势来看，旱季和雨季没有差别，差别只存在于值的大小上。

从图可看出，白天 CO_2 浓度低于夜间 CO_2 浓度，与查同刚（2007）的研究结果，即杨树人工林白天环境 CO_2 浓度高于夜间 CO_2 浓度不同（不能完全解释 NEE 与 CO_2 浓度的变化关系），橡胶林生态系统 NEE 与空气 CO_2 浓度的关系较好地解释了生态系统本身的光合作用与呼吸作用固定与释放 CO_2。长期研究表明，空气 CO_2 浓度增高，对生态系统 NEE 有增产效应——β 因子法（常取 0.35）（Hajima *et al.*，2012；Sun *et al.*，2013）。

（5）橡胶林生态系统 NEE 影响因素综合分析

为综合分析各个环境因子对橡胶林生态系统 NEE 的影响，以 NEE 为因变量，以各个环境光合有效辐射 PAR、大气平均温度 T_a、饱和水汽压差 VPD、地表以下 5 cm 和 20 cm 土壤温湿度共 7 个因子为自变量，进行多因子逐步回归分析，可建立环境因子与 NEE 在不同水平上的回归方程。我们选取 99% 置信水平的方程，回归方程剩下 3 个因子，即 PAR，VPD 和（T_-5）。回归方程获得 NEE 与上述 3 个因子的模型如下：

$$NEE = -0.001PAR + 0.096VPD - 0.10(T\_-5) - 0.243 \tag{7.6}$$

式中：$R^2=0.357$，略低，但相关性极为显著。回归模型显示，橡胶林生态系统 NEE 与光合有效辐射 PAR 和地表以下 5 cm 土壤温度呈负相关，与饱和水汽压差 VPD 呈正相关，结果与本节分析基本一致。但是，前面分析提到的大气平均温度 T_a 因子，在回归方程中没有出现，分析其原因，主要是 T_a 与（T_-5）相关性很大（相关系数达 0.88）、与 PAR 相关性也较大（相关系数达 0.60），因此在逐步回归时，其效应被 PAR 和（T_-5）替代了，所以在回归方程中没有出现。

（6）人为因素对橡胶林生态系统 NEE 的影响

橡胶林生态系统作为人工林生态系统，在其整年的生长过程中，离不开外界的人为干扰，人类的活动会影响生态系统 NEE 格局或过程。对整个系统而言，人为活动包括施肥（化学肥料、压青肥）、割胶、除草和喷药等。

研究地区橡胶树施肥以复合肥为主，复合肥中含碳输入的主要是尿素，施肥量为 0.80 kg·株$^{-1}$·a^{-1}，折算输入碳量约为 79.2 kgC·hm^{-2}·a^{-1}，分 3，6，9 月 3 次施用，相比全年 *NEE* 总量 11.33 tC·hm^{-2}·a^{-1}，其量十分小，可忽略不计；而压青肥，则主要从林下植被割刈进行，未从外界输入，不考虑。

研究地区 2010—2012 年年平均干胶产量为 1.61 t·hm^{-2}·a^{-1}，干胶碳含量平均为 0.876，折算输出碳的总量为 1.41 tC·hm^{-2}·a^{-1}，每年割胶 65 刀，折算下来为 0.723 1 gC·m^{-2}·d^{-1}，相对于生长季节（4—10 月）平均值为 4.344 0 gC·m^{-2}·d^{-1}，会有部分影响。

人为清除橡胶林林下杂草，一般不会移走，不会对橡胶林生态系统 NEE 造成实际影响；人为喷药（主要每年 1～2 次喷施硫黄防治白粉病），其量也十分小，可忽略不计。

7.3 橡胶林生态系统呼吸研究

森林生态系统呼吸（Ecosystem Respiration，Re）是土壤呼吸（soil Respiration，Rs，包括矿质土壤呼吸、根系呼吸、土壤异养呼吸和凋落物呼吸等）与植被呼吸（包括植物秆、茎、叶等）的总和。温度的升高会加强生物的各项代谢活动，促使生态系统呼吸增加。

本节橡胶林生态系统呼吸 Re 数据获取步骤：

（1）基于涡度相关系统原理，夜间（PAR<15 $\mu mol \cdot m^{-2} \cdot s^{-1}$）生态系统 NEE 数据即为夜间生态系统呼吸 Re 数据，因为夜间没有光合作用进行。

利用夜间 *Re* 和温度（空气平均温度 T_a 或土壤温度 T_－5 cm）有效观测数据建立呼吸方程。土壤呼吸或者生态系统呼吸通常会随温度的升高而呈指数增长。目前著名的呼吸模型较多，著名的有 Van't Hoff 模型、Arrhenius 模型及 Lloyd 和 Taylor 模型（Hoff van't，1898；Lloyd *et al.*，1994；Wen *et al.*，2006；Ojanen *et al.*，2012），我们选用参数最少的 Van't Hoff 模型：

$$Re = aE^{bT} \tag{7.7}$$

式中：T 为空气温度或土壤温度（K）；a，b 为拟合参数，可通过回归获得。参数 b 还有一个意义，$b=\ln(Q_{10})/10$，Q_{10} 值的大小反映了生态系统呼吸对温度响应敏感性的强弱。当然，我们也可利用模拟指数方程求得 Q_{10}：

$$Q_{10} = \exp(10b) \tag{7.8}$$

涡度相关法因其本身技术原因，系统是安装在离地面较高的林冠层上方进行通量测定的。在夜间测定 NEE（亦即 Re）时，因夜间大气层结稳定性高，会受到许多限制，导致其测定结果具有不确定性（仪器太高，不能完全真实反映地气间 CO_2 的交换），有必要采用夜间临界摩擦风速 u_* 插补相应 NEE 数据（Aubinet *et al.*，2000，2001；Baldocchi，2003；于贵瑞等，2006a；Papale *et al.*，2006），本节采用中国通量网推荐的平均值检验法（于贵瑞 等，2006a，2006b）来确定摩擦风速的阈值为 $u_* < 0.12\ m \cdot s^{-1}$。对于夜间 u_* 低于临界阈值的 Re，采用高 u_* 条件下的 Re 观测值与最相关的温度和水分建立相关模型进行模拟 Re。

（2）白天（PAR>15 $\mu mol \cdot m^{-2} \cdot s^{-1}$）NEE 为生态系统光合作用（GEP）与呼吸作用（Re）的差值。研究者常假定生态系统白天呼吸和夜间呼吸遵循统一的规律，因此可根据白天的气象数据获取白天生态系统的呼吸通量。也就是利用夜间 Re 和温度 T 模拟出 Van't Hoff 模型相关参数，再利用白天温度来计算白天生态系统呼吸量 Re。

7.3.1 橡胶林生态系统呼吸动态变化

（1）橡胶林生态系统呼吸日变化特征

图 7.18 给出了 2010 年橡胶林生态系统不同季节 Re 变化特征，不同季节平均日动态为当季各月每天半小时观测值的平均值。整体来看，橡胶林所有季节 Re 日动态均为单峰型曲线；全年 Re 均为正值，即为碳排放；白天 Re 及其变动幅度均明显大于夜间。雨季（4—10 月）峰值出现在下午 12:30 左右，其值为 0.411 2 $mgCO_2 \cdot m^{-2} \cdot s^{-1}$；最低值出现在 01:00

左右，其值为 0.174 3 $mgCO_2 \cdot m^{-2} \cdot s^{-1}$。年初旱季(1—3月)峰值出现在10:30，其值为 0.259 9 $mgCO_2 \cdot m^{-2} \cdot s^{-1}$；最低值出现在21:30，其值为0.142 3 $mgCO_2 \cdot m^{-2} \cdot s^{-1}$。年末旱季(11—12月)峰值出现在11:00，其值为0.300 0 $mgCO_2 \cdot m^{-2} \cdot s^{-1}$；最低值出现在21:00，其值为0.097 3 $mgCO_2 \cdot m^{-2} \cdot s^{-1}$。雨季平均值为0.258 4 $mgCO_2 \cdot m^{-2} \cdot s^{-1}$，旱季平均值为0.194 7 $mgCO_2 \cdot m^{-2} \cdot s^{-1}$。

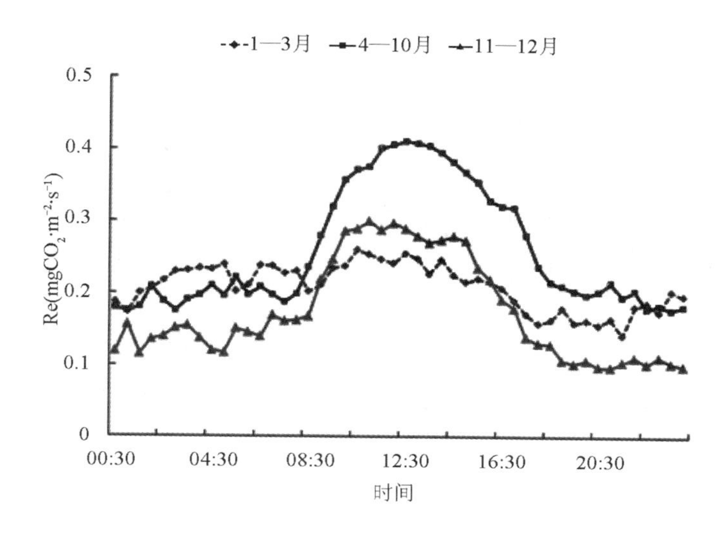

图7.18 2010年橡胶林生态系统不同季节Re日变化特征

类似NEE的雨季曲线，在下午因雨季多对流雨而形成Re的一个小缺口，只不过出现的时刻比NEE要晚一些，大概在16:00至16:30。因为降水缘故，土壤水分的增加与土壤温度的降低均会降低生态系统呼吸值，至傍晚恢复时(17:00)，气温又自然降低了，生态系统呼吸也就随之下降了。

对比年初旱季和年末旱季两条Re平均日动态曲线，明显年初旱季昼夜变幅要大于年末旱季变幅。旱季虽太阳均直射过南半球，但年末太阳直射点更南些，其温度相比就要更低些，这可从图7.2和图7.5b可知，年初旱季平均气温、地表以下5 cm气温均是年初旱季高于年末旱季。因此，年初旱季Re平均值(0.208 4 $mgCO_2 \cdot m^{-2} \cdot s^{-1}$)要大于年末旱季(0.174 6 $mgCO_2 \cdot m^{-2} \cdot s^{-1}$)。结合雨季，太阳直射到北半球，导致*Re*日动态曲线昼夜变幅更大，平均值也更大。

图7.19给出了海南岛橡胶林生态系统2010年全年Re逐日动态特征。从图中可看出，2010年全年Re日变化呈不规则曲线，全年日序中间部分时段(日序为120—300，雨季)，其值多在全年日均值5.508 1 $gC \cdot m^{-2} \cdot d^{-1}$以上(图中横虚线表示)，而年初或年末(日序为1—100和300—365，大致为旱季)其值多在年日均值以下(当然雨季和旱季均有少数日例外)。

2010年最大Re日总值为日序219(8月10日)，碳排放最大值为8.740 1 $gC \cdot m^{-2} \cdot d^{-1}$。2010年最小Re日总值为日序362(12月29日)，碳排放最大值为2.669 7 $gC \cdot m^{-2} \cdot d^{-1}$。

(2)橡胶林生态系统呼吸逐月动态特征

海南岛橡胶林生态系统2010年全年生态系统呼吸量各月总值如图7.20所示。雨季4—10月各月Re值均较大，分别为171.50，170.79，165.07，168.61，247.17，193.67和

198.53 gC·m^{-2}·mon^{-1}，这与气温较高、降水较多、土壤温湿度较高及橡胶林生长旺盛有关。旱季1—3月、11—12月，各月Re值相对较小，分别为153.88，142.51，147.82，131.98和118.978 gC·m^{-2}·mon^{-1}，这与当季气温降低、降水减少、土壤温湿度降低、橡胶林本身呼吸减弱等有关。但仔细研究会发现，橡胶林生态系统雨季与旱季的Re相差并不大，只是11月和12月略低而已。

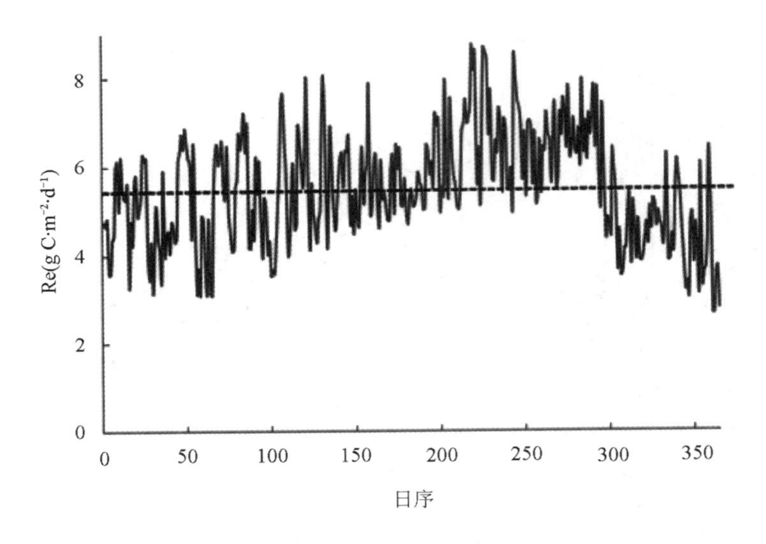

图7.19　2010年橡胶林生态系统Re逐日变化特征

2010年橡胶林生态系统呼吸最强月份为8月，达到247.17 gC·m^{-2}·mon^{-1}，呼吸最弱的月份为12月，为118.978 gC·m^{-2}·mon^{-1}，最强月份为最弱月份的两倍多(图7.20)。2013年橡胶林生态系统呼吸最强月份为8月，达262.51 gC·m^{-2}·mon^{-1}，呼吸最弱月份为2012年12月，为131.22 gC·m^{-2}·mon^{-1}。

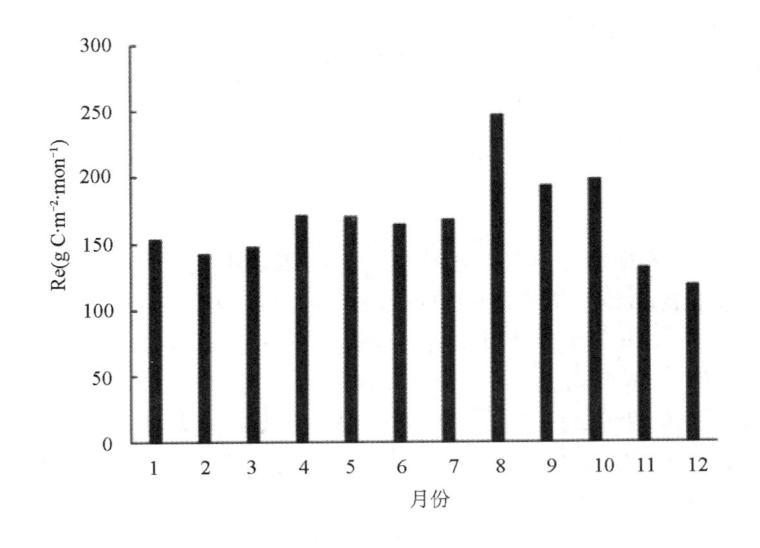

图7.20　2010年橡胶林生态系统Re逐月变化特征

(3)橡胶林生态系统呼吸逐年变化特征

把橡胶林生态系统全年各月总呼吸值加总,就可得到全年 Re 值。2010 年橡胶林生态系统年总生态系统呼吸为 2 010.48 gC・m^{-2}・a^{-1}(相当于 20.10 tC・hm^{-2}・a^{-1}),2012 年 9 月至 2013 年 8 月,年总生态系统呼吸为 2 185.51 gC・m^{-2}・a^{-1}(相当于 21.86 tC・hm^{-2}・a^{-1})。

相比已有的其他研究,很明显海南岛橡胶林生态系统呼吸总量十分巨大,橡胶林生态系统 Re 年总量高出许多已有的森林生态系统 Re(郑泽梅 等,2008;Tang *et al.*,2008;韩帅 等,2009;Li *et al.*,2012),与海南岛尖峰岭热带山地雨林群落的 4 年平均值(1 970±230) gC・m^{-2}・a^{-1}(陈德祥,2010)、西双版纳热带季节雨林的 2 247 gC・m^{-2}・a^{-1}接近(张雷明 等,2006)。究其原因,海南岛橡胶林生态系统终年气温较高,研究年份无明显干旱胁迫或其他限制因子对生态系统新陈代谢形成抑制作用,因此橡胶林生态系统呼吸全年均比较旺盛。

7.3.2　橡胶林生态系统呼吸影响因素

陆地生态系统 NEE 是生态系统光合碳吸收和呼吸碳排放两大生物学过程共同作用的结果(Valentini *et al.*,2000;Davidson *et al.*,2002;Flanagan *et al.*,2005;Davidson *et al.*,2006),陆地生态系统呼吸作用决定陆地生态系统碳源汇能力的年际变化(Valentini *et al.*,2000;Saleska *et al.*,2003; Griffis *et al.*,2004),故精确测定或模拟生态系统呼吸可预测陆地生态系统与大气间的碳交换。而陆地生态系统呼吸则是土壤呼吸和植物呼吸总和(Bracho *et al.*,2012)。已有研究显示,呼吸作用由温度(气温或土温)和水分或两者共同决定(Keith *et al.*,1997;崔晓勇 等,2001)。而温度通常被认为是一个主要的生态系统呼吸的控制因子(Raich *et al.*,1992;Lloyd *et al.*,1994; Moncrieff *et al.*,1999)。温度与生态系统呼吸作用的指数关系模型通常被用于生态系统呼吸的估算(Lloyd *et al.*,1994;Xu *et al.*,2001),一般认为生态系统呼吸随温度升高而增加,气温(刘绍辉 等,1997;Valentini *et al.*,2000;Zimmermann *et al.*,2010)、土温(Black,*et al.*,1996; Goulden *et al.*,1996;Jia *et al.*,2007)均有研究证实。土壤水分对陆地生态系统呼吸的影响在学界还有争议(Davidson *et al.*,2000;Law *et al.*,2002)。温度与水分的耦合作用对生态系统呼吸的影响一般考虑连乘模型(Fang *et al.*,1999)。

为准确分析环境因子对海南岛橡胶林生态系统呼吸(Re)的影响,利用 SAS 程序对橡胶林生态系统 Re 的半小时数据与各个环境因子进行相关分析(表 7.4)。各个环境因子对橡胶林生态系统呼吸的影响排序为:大气平均气温 T_a>地表以下 5 cm 土壤温度>饱和水汽压差(VPD)>地表以下 20 cm 土壤温度>*VWC*_−5 cm>*VWC*_−20 cm。

表 7.4　橡胶林生态系统呼吸(Re)与环境因子的相关性

因子	*R*	*P*
T_a	0.543 5	<0.01
*T*_−5 cm	0.505 6	<0.01
*T*_−20 cm	0.361 8	<0.01
VPD	0.363 2	<0.01
*VWC*_−5 cm	0.026 5	<0.01
*VWC*_−20 cm	0.026 4	<0.01

以上因子是针对半小时尺度的分析，同样还可分析降水量、橡胶林叶面积等在月尺度上对生态系统 Re 的影响。

(1)温度因子对橡胶林生态系统呼吸的影响

在一定温度范围内，气温的升高会使处理系统活跃，生态系统呼吸会增加。因为大气平均温度的升高，一方面会使地面受热增加，土壤温度随之升高，生态系统土壤呼吸增加；另一方面会使生态系统生物(尤其是植被)生化过程活跃，维持消耗增加即植被本身呼吸增加，因此导致生态系统呼吸总量得到较大提升。

图 7.21 给出了橡胶林 Re 对大气平均温度(T_a)的响应情况，Re 与大气平均温度 T_a 呈指数关系，决定系数 R^2 为 0.298 6。对于海南岛橡胶林生态系统而言，因地处热带，虽终年气温相对较高，但也存在不同季节的差异，橡胶林生态系统 Re 受温度 T_a 影响不明显。利用式(7.8)及拟合方程，可求得 Q_{10} 为 1.96，对比张雷明(2006)的研究，Q_{10} 值略大于鼎湖山亚热带针阔叶混交林的 Q_{10}，但小于西双版纳热带季节雨林的 Q_{10}。

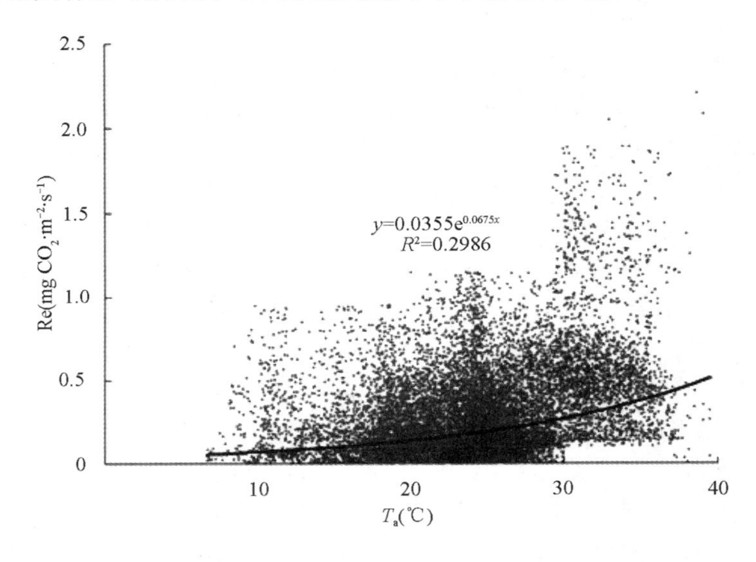

图 7.21　橡胶林生态系统呼吸 Re 对大气平均气温 T_a 的响应(半小时尺度)

图 7.22 给出了橡胶林 Re 对土壤温度(T_－5 cm 和 T_－20 cm)的响应情况，Re 与土壤温度呈指数关系，决定系数 R^2 分别为 0.255 7，0.130 9，相比 Re 对空气平均温度的响应要低(0.298 6)。对于海南岛橡胶林生态系统而言，因地处热带，虽终年气温相对较高，但也存在不同季节的差异，橡胶林生态系统 Re 受平均温度 T_a 影响比受土壤温度更明显。利用拟合方程，可计算得到橡胶林生态系统对土壤温度的 Q_{10} 分别为 2.07，1.86。

一般认为在水分不作为限制因子的季节或生态系统中，温度是影响生态系统呼吸的最主要因子(Noormets *et al.*，2008)。至于是以空气温度为主还是土壤温度为主，不同研究不尽相同。韩帅等(2009)对长江中游河流湿地杨树人工林生态系统的研究表明空气温度驱动生态系统 Re 的最主要因子，而王春林等(2007b)对鼎湖山亚热带针阔叶混交林生态系统的研究、郑泽梅等(2008)对长白山温带混交林的研究说明地表以下 5 cm 土壤温湿是影响生态系统呼吸的主要因子。这可能与所研究的生态系统所处地理位置、植被活跃程度有一定关系。橡胶林生态系统地处低纬度，终年气温和土壤温度均相对较高，但是大气温度变化幅度要大于土壤温度(图 7.2 和图 7.5)，再加上橡胶林生态系统正处于生长旺盛期，系统活跃，系统本身呼吸受大气温度比受土壤温度影响更大。

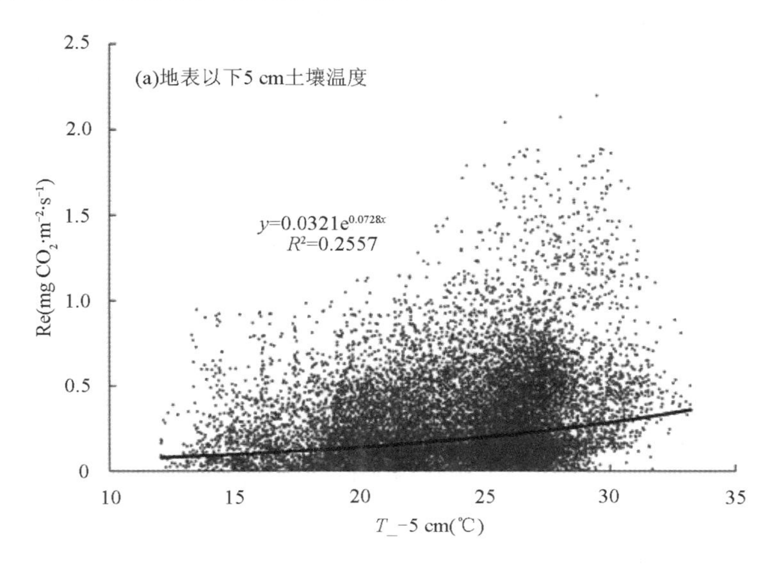

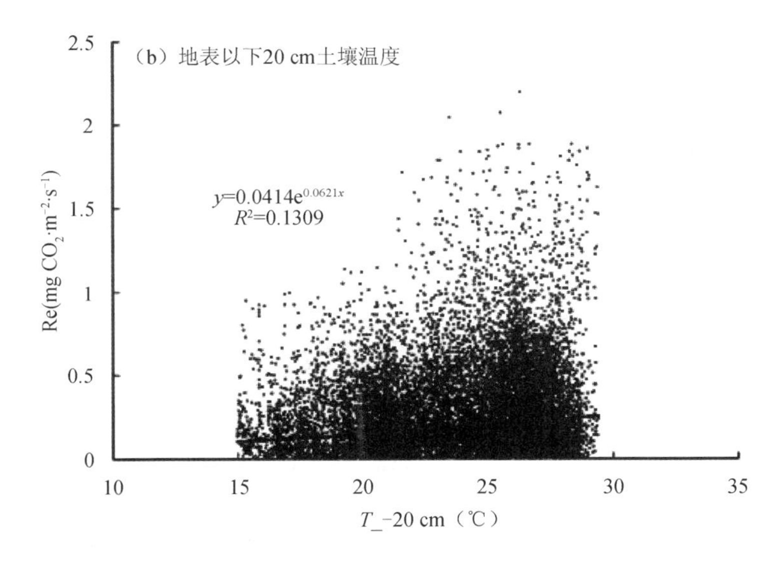

图 7.22　橡胶林生态系统 Re 对土壤温度的响应(半小时尺度)

(2)水分因子对橡胶林生态系统呼吸的影响

图 7.23 给出了橡胶林生态系统 Re 对土壤含水量(*VWC*_−5 cm，*VWC*_−20 cm)的响应情况。Re 与土壤含水量呈微弱的负相关，相关系数 R 为 0.370 4 左右，即土壤含水量越高，生态系统呼吸越弱，也就是土壤含水量过多会抑制生态系统呼吸的增加。最明显的体现就是橡胶林在雨季因正午过后的对流雨会导致午后的呼吸缺口(图 7.18)。对其他森林生态系统而言，经常是生长季节因水分亏缺、土壤含水量较低而制约其 Re 的提高。而对于海

南岛橡胶林生态系统而言，却经常是土壤含水量过高而抑制 Re 的提升，尤其是土壤呼吸的提高(水分过多抑制微生物活跃、降低土壤温度等)。

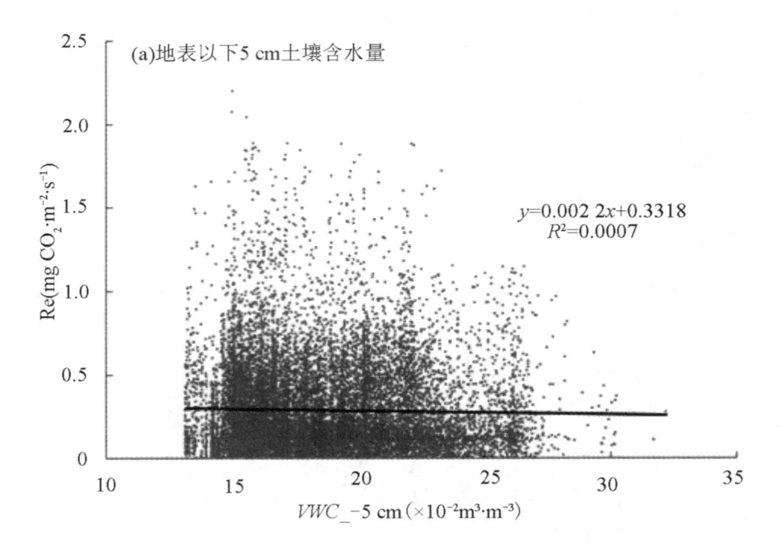

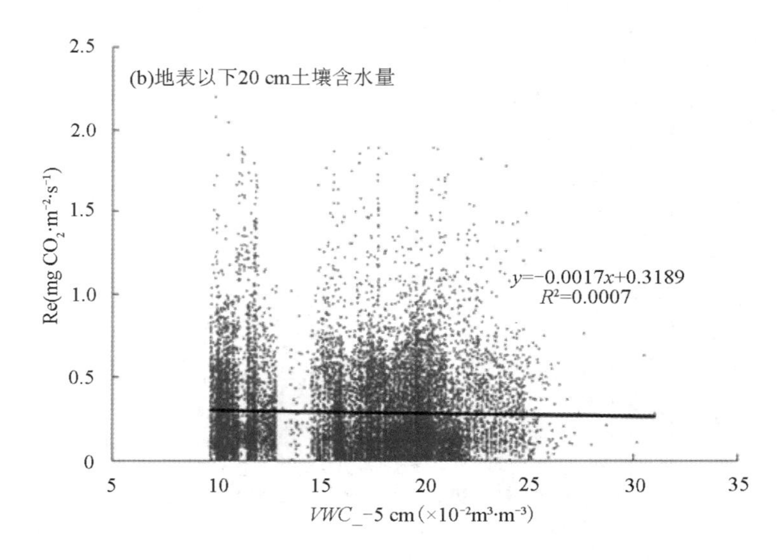

图 7.23　橡胶林生态系统 Re 对土壤含水量的响应(半小时尺度)

土壤含水量影响生态系统呼吸主要是通过影响土壤生物区系而影响土壤呼吸的。一般认为，土壤水分对土壤生物区系影响可分为 3 种情况(Raich *et al.*，1995)：土壤水分较低时，微生物活动及土壤酶活性均会随着土壤可利用水分的增加而迅速提高；到一定程度后，影响不大；当土壤水分较高时，改变了土壤中气体的扩散，导致其中氧气供应不足，抑制了土壤微生物的有氧呼吸，也就抑制了土壤呼吸。

但总的来说，橡胶林生态系统土壤含水量会因季节变化，对系统呼吸造成一定的抑制作用，但并不明显，土壤含水量没有成为 Re 的制约因子(至少在研究的两个年份如此)。如果在某个年份存在水分胁迫(海南岛为热带季风气候,历史上也有冬旱、春旱、夏旱出现),情况可能就会改变。

水分影响生态系统呼吸作用对温度有显著的敏感性(Dörr *et al.*,1987;Jia *et al.*,2007)。对于其他温带或寒带的陆地生态系统而言,如果存在水分胁迫,不同温度范围内(尤其是冬夏季节或昼夜温差较大更是如此)可能对生态系统呼吸会有不同程度的影响,这时就有必要分不同的温度区间来讨论水分或者分不同的水分区间来讨论温度(或称两者耦合效应)对生态系统呼吸的影响(周丽艳,2011;方显瑞 等,2012)。但对于橡胶林而言,不存在水分胁迫,并且年内温差和昼夜温差不大(况且最低温也经常在 10 ℃以上,对生态系统呼吸制约不大),因此本节就不再分温度区间来讨论水分因子或分水分区间讨论温度因子对生态系统呼吸的影响,也就不再运用连乘模型来进行模拟探讨。

图 7.24 给出了橡胶林生态系统呼吸对冠层饱和水汽压差(VPD)的响应情况,Re 与 VPD 呈较弱的正相关,相关系数 R 为 0.363 2,即在一定水分范围内,水分亏缺越多,生态系统呼吸越强。和前面分析土壤水分过多会制约橡胶林生态系统土壤呼吸不同,饱和水汽压差 VPD 则会提升系统植被的呼吸作用。但总的来说,橡胶林生态系统水汽亏缺还是不大,并没有成为其明显的促进因子(至少在研究的 2010 年和 2012—2013 年如此)。

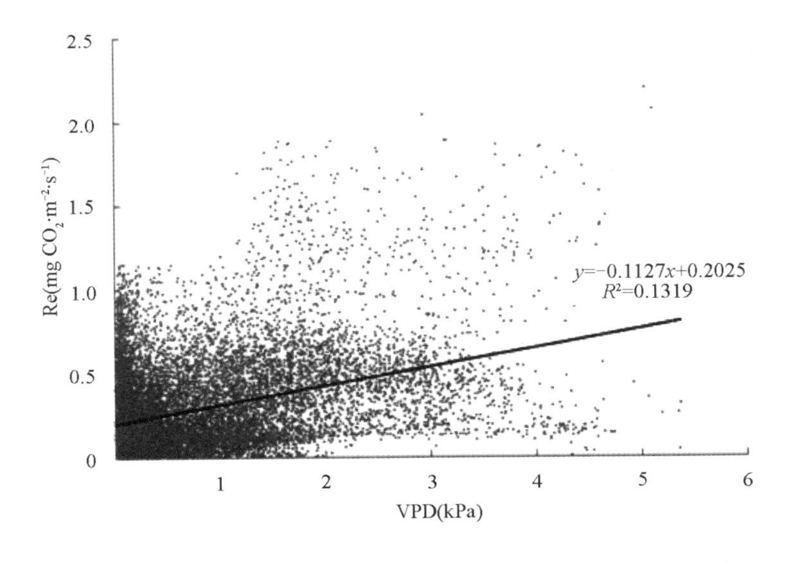

图 7.24 橡胶林生态系统 Re 对水汽压差 VPD 的响应(半小时尺度)

上述半小时尺度分析表明,水分过多会制约橡胶林生态系统呼吸,两者存在相关性,但并不显著。这可能与较小的时间尺度(瞬间尺度)有关。如果把时间间隔加大到月尺度(实际也就相当于把整年数据划分为 12 个数据子集),可能效果不同。

图 7.25 给出了橡胶林生态系统各月生态系统总呼吸对降水量的响应情况,Re 与降水量呈极显著的正相关,相关系数 R 为 0.773 0。对于海南岛橡胶林生态系统而言,全年降水在 1 700 mm 左右,雨季降水充沛,不仅促进植被光合作用等同化合成过程,同时也会促进植被本身的分解消耗(此时气温也高)以维持植被本身旺盛的生命活动,因此生态系统呼吸增加迅速。当然,这既可说是雨季降水的促进,实际也是气温、土温等其他因素的促进作用,

或者说是各个环境因子共同作用的结果。

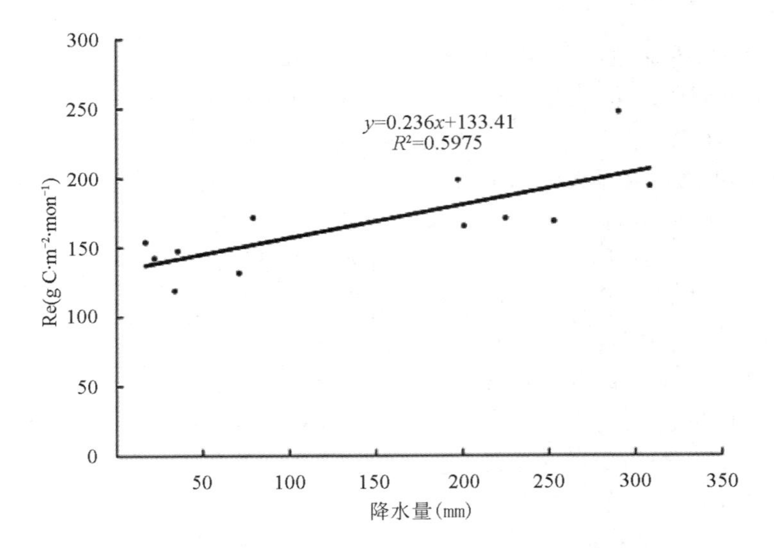

图 7.25　橡胶林生态系统 Re 对降水量的响应(月尺度)

综合以上橡胶林生态系统呼吸对大气平均温度 T_a，地表以下 5，20 cm 土壤温度和含水量的响应情况，两者间均没有明显的相关性，无论利用指数方程回归还是线性方程回归，方程的决定系数都低于 0.3。大气平均温度与橡胶林生态系统呼吸相关性相对高些，与国内外研究结果相近(Davidson *et al.*，2000；查同刚，2007)。因此，计算橡胶林生态系统 Re 时采用生态系统呼吸与大气平均温度的指数回归方程，利用白天实测温度计算大气平均温度，计算白天时段的 Re。

(3)叶面积指数对橡胶林生态系统呼吸的影响

生态系统呼吸包括两大部分：土壤呼吸、植被呼吸。叶面积指数主要是影响生态系统呼

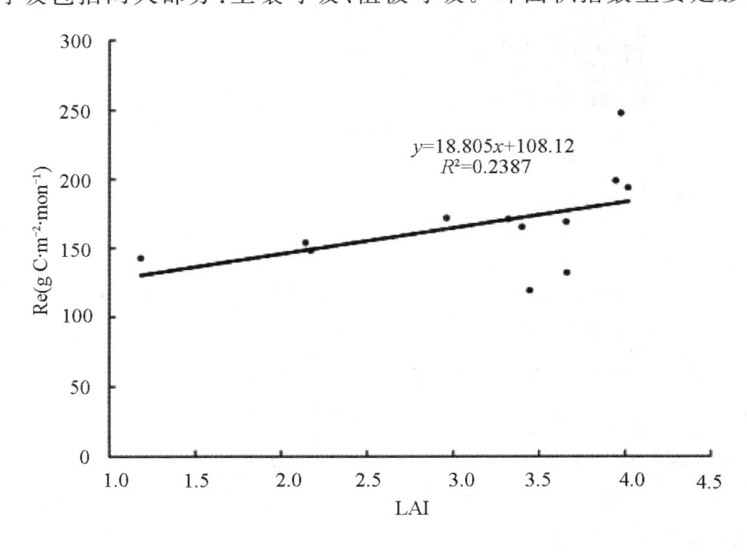

图 7.26　橡胶林生态系统 Re 对林分叶面积指数 LAI 的响应(月尺度)

吸中植被呼吸部分。图 7.26 回归分析了海南岛橡胶林生态系统 2010 年全年各月 Re 对林分 LAI 的响应情况。从月尺度看，橡胶林生态系统 Re 与 LAI 呈正相关关系，相关系数为 0.488 6。类似前述分析，橡胶林随着叶面积指数增加，会增加 NEE，同样生态系统会因叶片的量会增加，枝条更加繁茂，整个系统植被呼吸会相应增加，也就导致生态系统呼吸增加。

7.3.3　生态系统呼吸与土壤呼吸

正如前面所述，生态系统呼吸（Re）包括土壤呼吸（Rs）和植被呼吸两部分。森林土壤呼吸是生态系统呼吸的一部分，为森林生态系统中土壤圈-生物圈间的以 CO_2 交换。土壤呼吸的量及其在生态系统呼吸中所占的比重，可以反映一个生态系统的呼吸格局及其驱动因子。一般来说，不同森林生态系统中土壤呼吸所占比重有较大差异。

结合 2010 年橡胶林生态系统全年土壤呼吸测定数据，计算各月平均土壤呼吸速率，与全年生态系统呼吸速率对比，并计算其所占比率（Rs/Re），可反映出其占比的变化特征（图 7.27）。图中可反映出，橡胶林生态系统土壤呼吸 Rs 占生态系统总呼吸 Re 比率较低，全年为 28.3%～45.2%，平均值为 37.1%，说明全年生态系统植被呼吸占比率更高，达 62.9%。这和其他的生态系统研究结果有较大不同，对于北方温带森林系统（查同刚，2007；方显瑞，2011）而言，土壤呼吸占生态系统呼吸比重较大（50%～98%）。这可能与研究生态系统外界水热条件的变化，植物物候差异等因素相关。比如查同刚（2007）研究的北京杨树人工林，非生长季节生态系统呼吸几乎全部为土壤呼吸，夏季生长季节开始会随着水热条件的增加、杨树的发育，Rs/Re 比率有下降趋势。

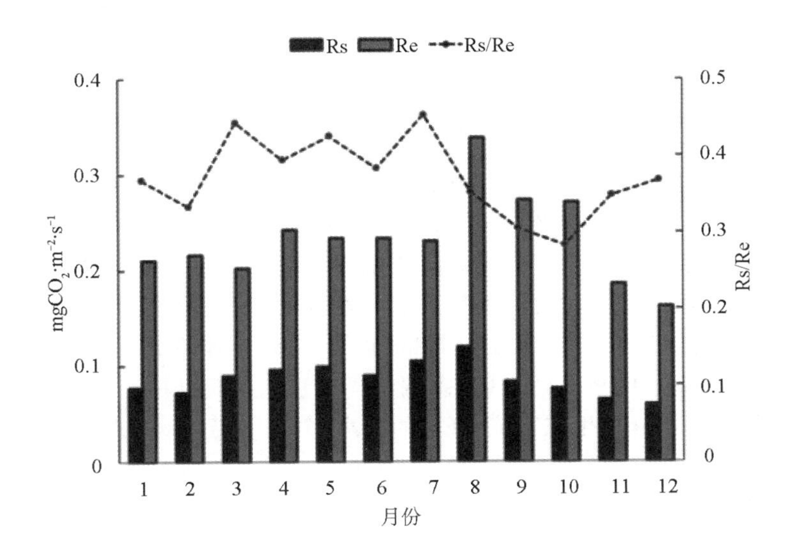

图7.27　橡胶林生态系统土壤呼吸、生态系统呼吸及其比率的年变化特征

对于橡胶林生态系统，比率 Rs/Re 全年变化规律是这样的：1，2 月虽气温较低，但土壤呼吸、植被呼吸仍维持在一定水平；至 3 月，随着气温的升高，土壤呼吸增加，而此时橡胶林才开始抽叶，植物呼吸增加不明显，其系统呼吸 Re 变化不大，因此比率增大，比率 Rs/Re 达到一次高峰；至 4 月，橡胶林叶片逐渐长齐、茂盛，土壤呼吸因气温等升高而增加，生态系统

呼吸 Re 达到一小高峰，Rs 和 Re 同向变化，但植被呼吸增加更快，比率反而略有降低；至 5，6，7 月，气温与降水配合良好，Rs，Re 维持较高水平，比率变化不大，7 月比率达到全年的峰值；7 月至 10 月，因降水迅速增加，植物生长十分繁盛，但因水分过多抑制土壤微生物活动，土壤呼吸不仅没有增加反而有降低的趋势，因此比率 Rs/Re 急剧下降，至 10 月达到全年最低谷；11，12 月，降水减少，气温降低，虽土壤呼吸在降低，但因橡胶树本身活跃程度也逐渐降低，植被呼吸下降更快，比率 Rs/Re 反而有所回升。

橡胶林生态系统比率 Rs/Re 较低，也就说明橡胶林生态系统植被呼吸占的比率较大，那么影响植被呼吸的因素对生态系统呼吸的影响就会超过影响土壤呼吸的因素的影响程度。这实际也从另一个方面说明，橡胶林生态系统影响的环境因素中大气平均温度 T_a 要强于土壤温度 T_－5 cm。因此可得出大气平均气温是橡胶林生态系统呼吸的驱动因子。

橡胶林生态系统在一年不同月份会因水热条件的变化、橡胶树本身物候的变化等影响生态系统呼吸（土壤呼吸和植被呼吸），而影响土壤呼吸和植被呼吸的各种因素在时间上又不同，因此影响生态系统呼吸的环境因素在不同季节会有差异。

7.4 橡胶林生态系统生产力研究

植被光合作用固定太阳能和大气中 CO_2 合成有机物是陆地生态系统的基础（Heimann *et al.*，2008；于贵瑞 等，2008）。植被光合作用固定太阳能和 CO_2 就是陆地生态系统生产力（GEP）或称为植被总初级生产力（GPP）（但实际上 GEP 和 GPP 使用上还是有细微差别的：一般地，指植被生产力能量部分，常用 GPP；指生态系统进行碳固定形成有机碳，常用 GEP，本节主要采用 GEP），固定的太阳能和 CO_2 转化为化学能和有机碳，这是碳循环过程的基础。

正如式（7.2）所述，陆地生态系统净碳交换（NEE）是生态系统生产力（GEP）和生态系统呼吸共同作用的结果。对陆地生态系统而言，NEE 的大小不仅取决于消耗量的大小，更取决于合成量的大小（GEP）。因此，作为陆地生态系统碳平衡过程中的重要部分，GEP 是表征陆地生态系统碳汇潜力的关键参数。GEP 是陆地生态系统的最基本过程，生态系统生产力决定了系统的功能和其他过程，生态系统的养分循环、能量流动以及碳循环过程均受 GEP 调控。研究陆地生态系统 GEP 的分布格局及其对外界环境因子的响应与反馈就成了研究陆地生态系统碳循环的重要内容（于贵瑞 等，2006b）。而对在全球碳循环中占重要地位的森林生态系统来说，森林生态系统 GEP 的大小、分布格局、影响因素及反馈等方面的研究亦是进行全球碳汇管理和减排增汇的重点，因此迫切需要深入研究与探讨森林生态系统 GEP 的强度、格局及其对全球变化的响应与反馈。

陆地生态系统生产力可有不同的获得方法，总结起来有三大类：生物量清查法、微气象法（涡度相关法）、模型模拟与遥感估测法。本书第 5 章研究的植被碳储量方法，实际就是生物量清查法，模型模拟与遥感估测法一般针对大尺度范围进行，本章进行探讨的数据就是来自微气象法的涡度相关法。前面两节已经通过不同的方法获得了 NEE 和 Re，把式（7.2）变形就得到

$$GEP = NEE - Re \tag{7.9}$$

式中：NEE 一般白天为负值，夜间为正值；Re 白天夜间均为正值；GEP 白天为负值，夜间为

0,但为研究方便,白天均乘以-1以取正值,与叶片净光合速率一致。GEP 单位和 NEE,Re 相同,可用 $mgCO_2 \cdot m^{-2} \cdot s^{-1}$,$gC \cdot m^{-2} \cdot d^{-1}$,$gC \cdot m^{-2} \cdot mon^{-1}$和 $tC \cdot hm^{-2} \cdot a^{-1}$。

橡胶林生态系统 GEP 主要取决于橡胶林本身特性(包括橡胶树光合作用的碳同化潜力、橡胶树的叶面积和群落结构)和外界环境因子(包括光合有效辐射 PAR、温度因子、水分因子和土壤养分状况等)两大因素。橡胶树本身特性与橡胶树栽培品系、林龄等相关。外界环境因子中土壤养分状况只有在长期、较大区域中才会有较大变化(安锋 等,2005;张希财 等,2006),短期、小区域变化不明显,故本节不做讨论。因此,本节主要分析 2010 年橡胶林生态系统 GEP 的日动态、月总量和年总量变化特征,探讨橡胶林 GEP 在不同时间尺度上的变化规律及其对环境因子的响应。

7.4.1 橡胶林生态系统生产力动态变化

(1)橡胶林生态系统生产力日动态特征

选取不同季节 GEP 各月每天半小时观测值取平均,可获得橡胶林生态系统不同季节 GEP 平均日动态(图 7.28)。整体来看,橡胶林所有季节 GEP 日动态均为单峰型曲线;无论旱季还是雨季,GEP 白天均为正值(实际是负值,为探讨方便,与叶片净光合速率一致),表示固定太阳能和 CO_2,夜间为 0,没有光合作用进行同化合成。

雨季(4—10 月),橡胶林从早上 07:30 开始进行光合作用,GEP 逐渐升高,至正午13:00 左右达到峰值($1.256\ 0\ mgCO_2 \cdot m^{-2} \cdot s^{-1}$),然后逐渐降低,至 17:30 以后降为 0。很明显,作为橡胶林生态系统而言,不存在像普通橡胶树叶片的光合午休现象(胡耀华 等,1983;姚庆群 等,2006;王纪坤 等,2010)。而对于旱季,橡胶林开始进行光合作用的时间一般推迟半小时左右,傍晚结束光合作用的时间提前半小时至 1 小时,其中午峰出现时间也提前。年初旱季提前半小时至 12:00,其峰值为 $0.680\ 7\ mgCO_2 \cdot m^{-2} \cdot s^{-1}$;年末旱季则提前 2 小时至 11:00,其峰值为 $0.859\ 3\ mgCO_2 \cdot m^{-2} \cdot s^{-1}$。

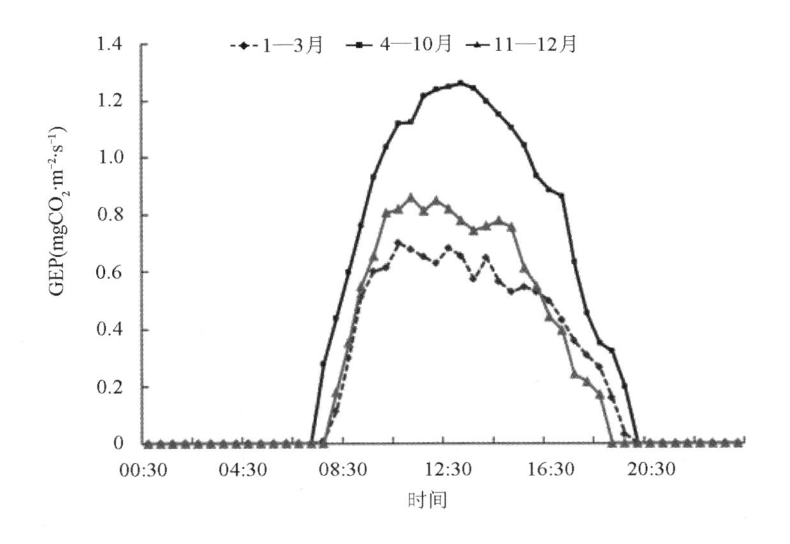

图 7.28 橡胶林生态系统不同季节 GEP 日变化特征

不仅如此,在雨季,GEP 曲线正午过后不会像 NEE 和 Re 曲线因存在对流雨而形成“缺口”(或者说下午的缺口极其不明显),其曲线表现相对平滑;反而是旱季的GEP曲线,在正午前后呈现不规则曲线。

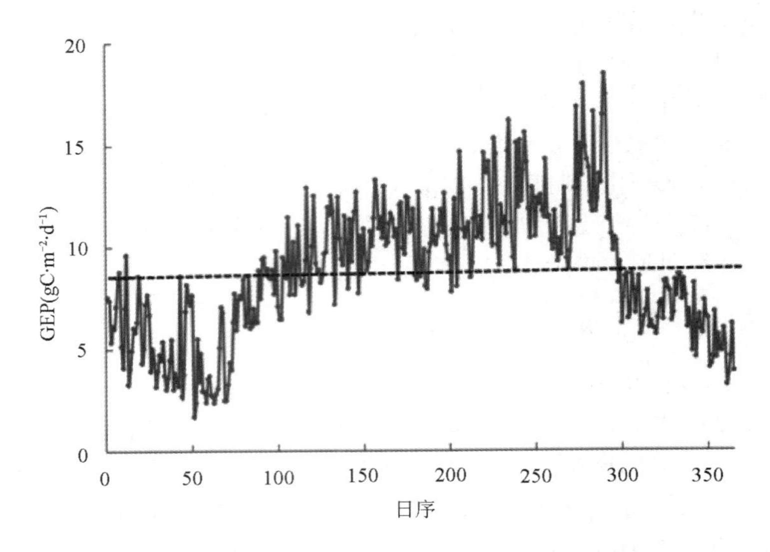

图7.29　2010年橡胶林生态系统GEP逐日变化特征

GEP日总值可定义为每日白天(PAR>15 μmol·m^{-2}·s^{-1})生态系统生产力的总和。图7.29给出了海南岛橡胶林生态系统2010年全年GEP逐日动态特征。从图中可看出,2010年全年GEP呈不规则单峰型曲线,全年日序中间部分时段(日序为120—300,雨季)其值多在平均值8.77 gC·m^{-2}·d^{-1}以上(图中横虚线表示),而年初或年末(日序为1—100和300—365,大致为旱季)其值多在平均值以下(当然雨季和旱季均有少数日例外)。

2010年最大GEP日总值为日序290(10月18日),GEP最大值为18.41 gC·m^{-2}·d^{-1}。2010年最小GEP日总值为日序51(2月20日),为1.69 gC·m^{-2}·d^{-1}。利用2010年橡胶林生态系统GEP逐日数据,可简单估算出旱季、雨季和全年GEP日平均值分别为5.78,10.88和8.77 gC·m^{-2}·d^{-1}。

(2)橡胶林生态系统生产力月动态特征

海南岛橡胶林生态系统2010年全年生态系统生产力各月总值如图7.30所示。雨季4—10月各月GEP总值均较大,分别为263.24,315.73,324.69,318.52,370.66,342.65和274.57 gC·m^{-2}·mon^{-1},因为雨季光合有效辐射较强、气温较高、降水较多,橡胶林生长旺盛。旱季各月(1—3月、11—12月)GEP总值均较小,分别为188.91,128.66,188.39,214.478和178.567 gC·m^{-2}·mon^{-1},因为当季光合有效辐射较弱、气温降低、降水减少,尤其是橡胶林有落叶现象,叶面积减小,生长减弱,光合作用较弱。GEP每年的季节变化,实际与外界环境和橡胶林本身的年度变化(何康 等,1987)是一致的。海南岛橡胶林一般从每年3月开始抽叶,气温逐渐升高,降水逐渐增加;4月开始,随着水热条件改善,叶面积指数增加,光合作用加强;5—8月,水热增加,叶面积增加并逐渐稳定,系统光合作用继续增大,至8月达到当年光合作用最强月份,9,10月逐渐降低,到旱季11,12月,因气温下降和降水减少,橡胶树活跃程度降低,光合作用下降,GEP迅速降低,至次年2月,落叶,GEP达到最低。

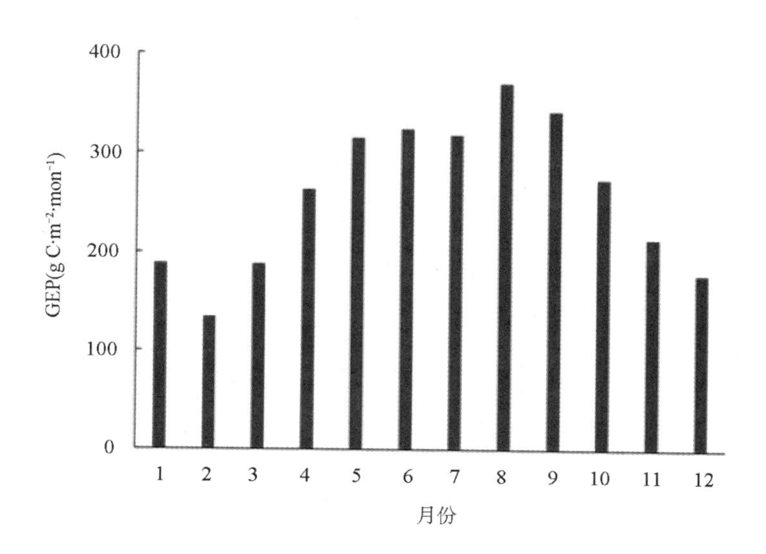

图7.30　2010年橡胶林生态系统GEP变化特征

2010年橡胶林生态系统GEP最强月份为8月，达到370.66 gC・m^{-2}・mon^{-1}，GEP最弱的月份为2月，为134.06 gC・m^{-2}・mon^{-1}。2012—2013年橡胶林生态系统GEP最强月份为2013年8月，达到385.24 gC・m^{-2}・mon^{-1}，GEP最弱月份为2012年2月，为138.71 gC・m^{-2}・mon^{-1}。

（3）橡胶林生态系统生产力年动态

把全年各月GEP月总值之和，就可得到全年GEP年总值，即全年生态系统生产力。2010年海南岛橡胶林生态系统年总GEP为3 143.93 gC・m^{-2}・a^{-1}（相当于31.44 tC・hm^{-2}・a^{-1}），2012年9月至2013年8月，GEP为3 273.09 gC・m^{-2}・a^{-1}（相当于32.73 tC・hm^{-2}・a^{-1}）。橡胶林为热带典型人工林，研究地点林龄为11年，刚开始产胶，此时是其生长是最为旺盛时候，光合作用固定吸收CO_2能力较强。

2010年海南岛橡胶林生态系统GEP年总量为3 143.93 gC・m^{-2}・a^{-1}，高于中国通量网长白山针阔叶混交林平均值1 453 gC・m^{-2}・a^{-1}（张雷明，2006）、千烟洲亚热带常绿阔叶林平均值1 712 gC・m^{-2}・a^{-1}（张雷明，2006；刘允芬 等，2006）、鼎湖山亚热带常绿阔叶林平均值1 480 gC・m^{-2}・a^{-1}（张雷明，2006）、西双版纳热带季节雨林1 927 gC・m^{-2}・a^{-1}（张雷明 等，2006），说明橡胶林生态系统光合能力很强，能固定较多的CO_2。于贵瑞等（2006a）对中国通量网的研究表明，随着纬度的降低，森林生态系统GEP有升高趋势。海南岛橡胶林所处纬度较低，尤其是橡胶林正处生长旺盛期，光合能力十分强大。

7.4.2　橡胶林生态系统生产力影响因素

正如前述于贵瑞等（2006a）的研究，森林生态系统GEP会随纬度的降低而增加，这实际上是光照、温度与水分共同作用的结果（Valentini *et al.*，2000；Law *et al.*，2002；Malhi，2012）。

通过比较各国学者(Valentini *et al.*,2000;Law *et al.*,2002;Malhi,2012)对欧洲、美洲森林、草地和农田生态系统的研究,并结合中国通量网各站点的研究(于贵瑞 等,2006a)发现,站点的平均气温和水分状况是决定生态系统生产力的主要因素,尤其是温度影响更大。综合考虑,GEP 是生态系统光合作用对气候(光照、气温、水分)、养分和干扰等因素的综合反应。

为准确分析各个环境因子对海南岛橡胶林生态系统生产力的影响,利用 SAS 程序对橡胶林生态系统 GEP 的半小时数据与各个环境因子进行相关分析(表 7.5)。影响橡胶林生态系统 GEP 各个环境因子排序为:光合有效辐射 *PAR*(相关系数 *R* 为 0.628 3,下同)>大气平均温度 T_a(0.358 9)>饱和水汽压差 *VPD*(0.353 6)>地表以下 5 cm 土壤温度 *T*_−5 cm(0.206 4)>地表以下 20 cm 土壤体积含水量 *VWC*_−20 cm(0.136 1)>*T*_−20 cm(0.121 2)>*VWC*_−5 cm(0.112 3)。注意其中没有把 1.5 m 高度大气温度放在比较序列中,因为研究中均采用大气平均气温 T_a 代替大气温度 *T*_1.5 m。实际上,海南岛橡胶林生态系统 *PAR*,T_a,*VPD* 这 3 个因子变化是一致的,在雨季(4—10 月)它们会同时处于较高水平。

表 7.5 橡胶林生态系统生产力(GEP)与环境因子的相关性(R)

因子	*R*	*P*
PAR	0.628 3	<0.01
T_a	0.358 9	<0.01
*T*_1.5 m	0.349 1	<0.01
*T*_−5 cm	0.206 4	<0.01
*T*_−20 cm	0.121 2	<0.01
VPD	0.353 6	<0.01
*VWC*_−5 cm	0.112 3	<0.01
*VWC*_−20 cm	0.136 1	<0.01

以上都是针对半小时尺度的分析,同样还可分析降水量、橡胶林叶面积等在月尺度上对生态系统 GEP 的影响。

(1)光合有效辐射对橡胶林生态系统生产力的影响

光合有效辐射是植物光合作用的前提条件,是影响森林生态系统 GEP 的重要因子。目前,对橡胶林生态系统的光合特性的研究,主要集中于叶片尺度(姚庆群 等,2006;王纪坤 等,2010),还很少从群体或生态系统水平进行研究(胡耀华 等,1983)。橡胶林生态系统光合作用研究,可从两方面进行:一是橡胶林生态系统 GEP 对 PAR 的响应,反映橡胶林光合作用受 PAR 影响状况;一是橡胶林生态系统光能利用效率(LUE,Light Use Efficiency)研究,反映生态系统水平利用光能的强度特征(赵育民 等,2007;王军邦 等,2010;李泽晖 等,2012)。在生态系统水平的研究中,光能利用效率(LUE)通常由生态系统 GEP 与光合有效辐射(PAR)的比值表示(Gilmanov *et al.*,2007; Gspaltl *et al.*,2013):

$$LUE = \frac{GEP}{PAR} \tag{7.10}$$

海南岛橡胶林生态系统半小时尺度上 GEP 对 PAR 的响应情况如图 7.31 所示。GEP 与 PAR 呈正相关,相关系数达 0.628 3。在半小时尺度上,GEP 的最主要影响因子是

PAR,这与叶片光合作用相一致,短时间尺度 PAR 影响生态系统光合作用,实际上类似于众多叶片的加和。

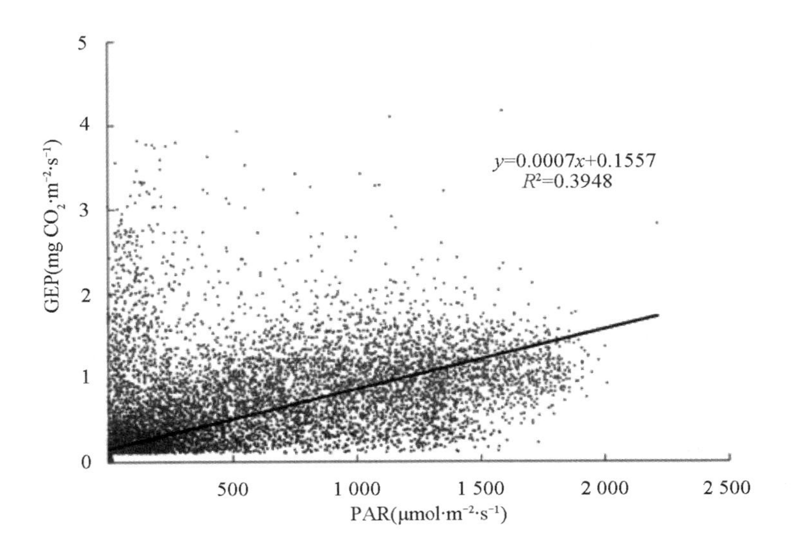

图 7.31　橡胶林生态系统 GEP 对光合有效辐射的响应(半小时尺度)

图 7.32 给出了海南岛橡胶林生态系统 2010 年各月 LUE 与 PAR 平均日动态。从各月比较来看,橡胶林生态系统各月 LUE 均呈"U"形(如果没有乘以－1,则 LUE 均为负值,可说是单峰型曲线),也就是说,光能利用效率与光合有效辐射变化情况相反。早晚时段 PAR

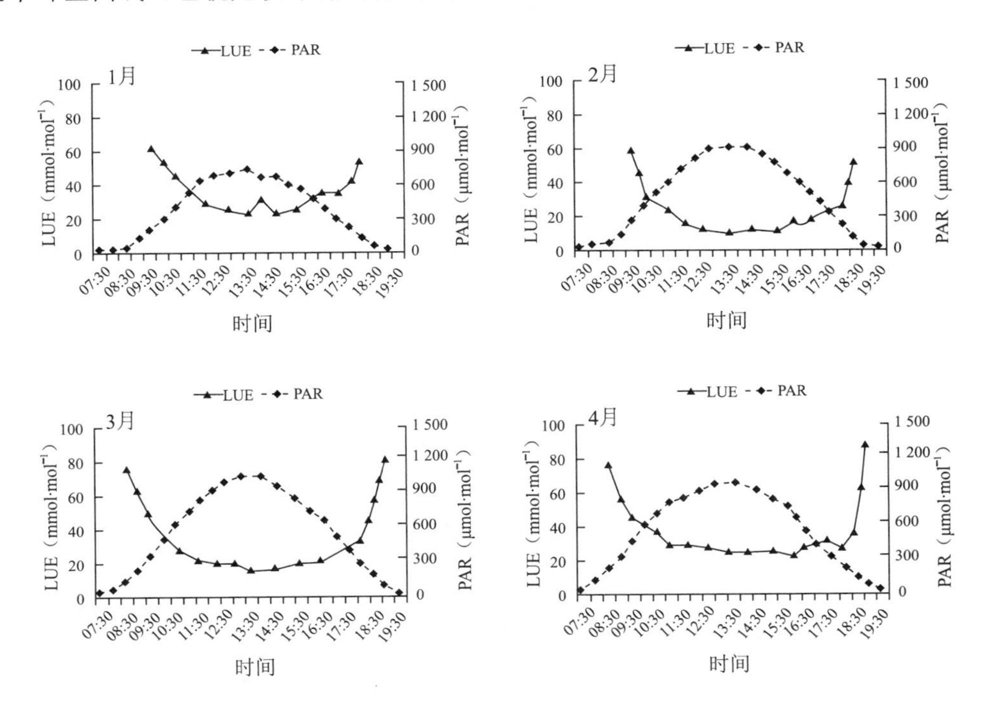

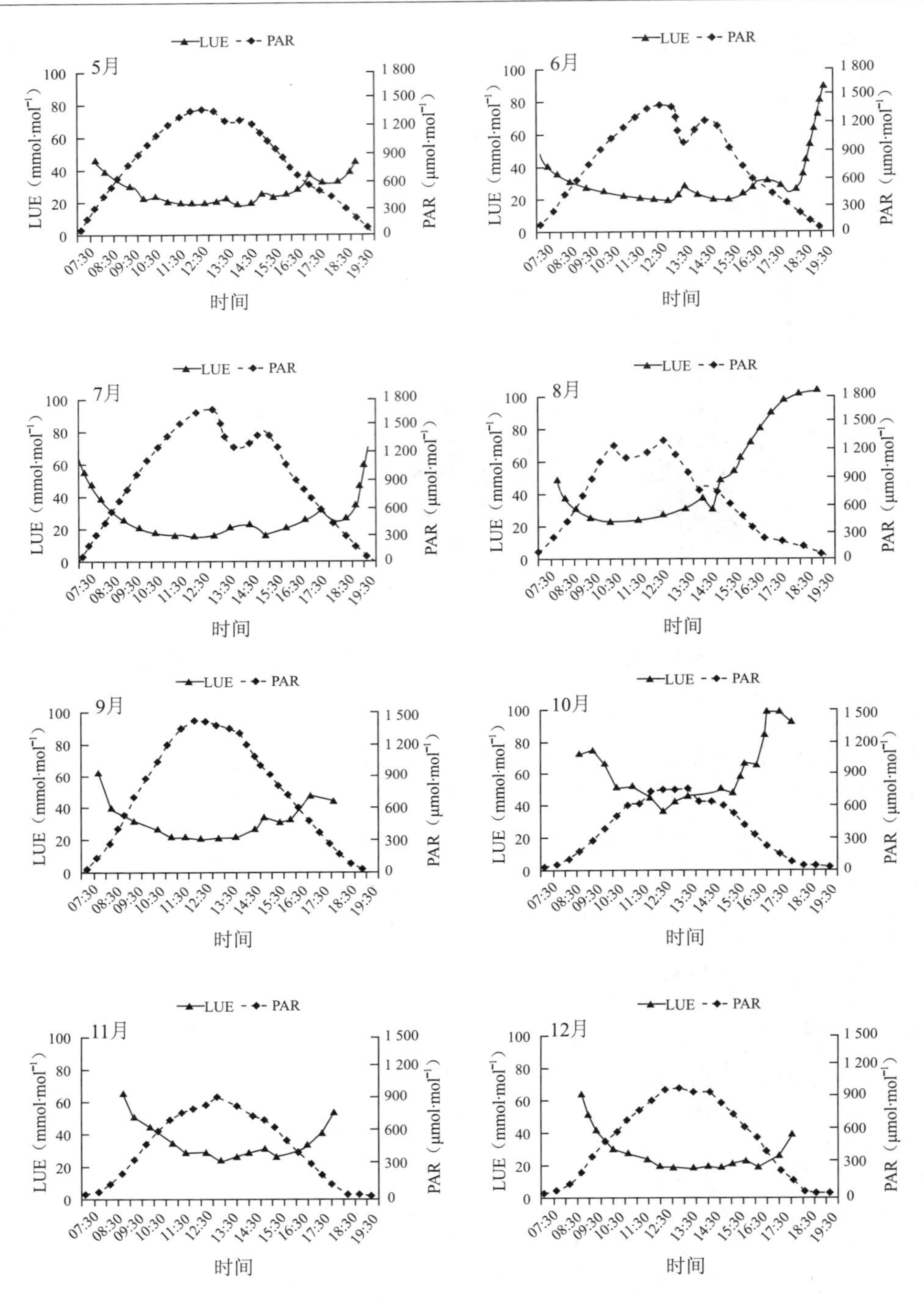

图 7.32 2010 年各月橡胶林生态系统 LUE 与 PAR 日变化特征

较低时，LUE 最大；而白天（尤其是正午时）PAR 较高，有部分 PAR 没有被利用，LUE 较低。类似的研究结果在其他森林生态系统也存在，国内长白山阔叶红松林（张弥 等，2009）表现出太阳辐射越强，LUE 越低；国外温带针叶林（ Goulden *et al.*，1997）均是阴天净 NEE 强过晴天、欧洲北方杨林和赤松林（Law *et al.*，2002）多云天吸收 CO_2 比晴天多。

不仅如此，雨季 LUE 曲线大多在正午时段并不是平滑曲线，这反映了雨季橡胶林生态系统正午前后时段因多对流雨，出现 PAR 波动，导致 GEP 的波动；在旱季，LUE 曲线相对平滑。

（2）温度因子对橡胶林生态系统生产力的影响

2010 年海南岛橡胶林生态系统 GEP 对各种温度因子的响应情况如图 7.33 所示。橡胶林 GEP 与各种温度因子均呈线性正相关，其相关系数从大到小排列顺序为：大气平均温度 T_a＞1.5 m 高大气温度＞地表以下 5 cm 土壤温度＞地表以下 20 cm 土壤温度。除 PAR 外，影响橡胶林 GEP 的另一个重要因子就是大气温度（本节采用大气平均气温值）。在一定的范围内，温度的升高会促进生态系统 GEP 增大；如果超过范围，温度因子就会成为其抑制因子。明显地，橡胶林生态系统气温升高经常是伴随着 PAR 增强的，此时生态系统光合作用必会加强（当然隐含条件是水分条件没有作为限制因子，在我们所研究的年份是如此）。

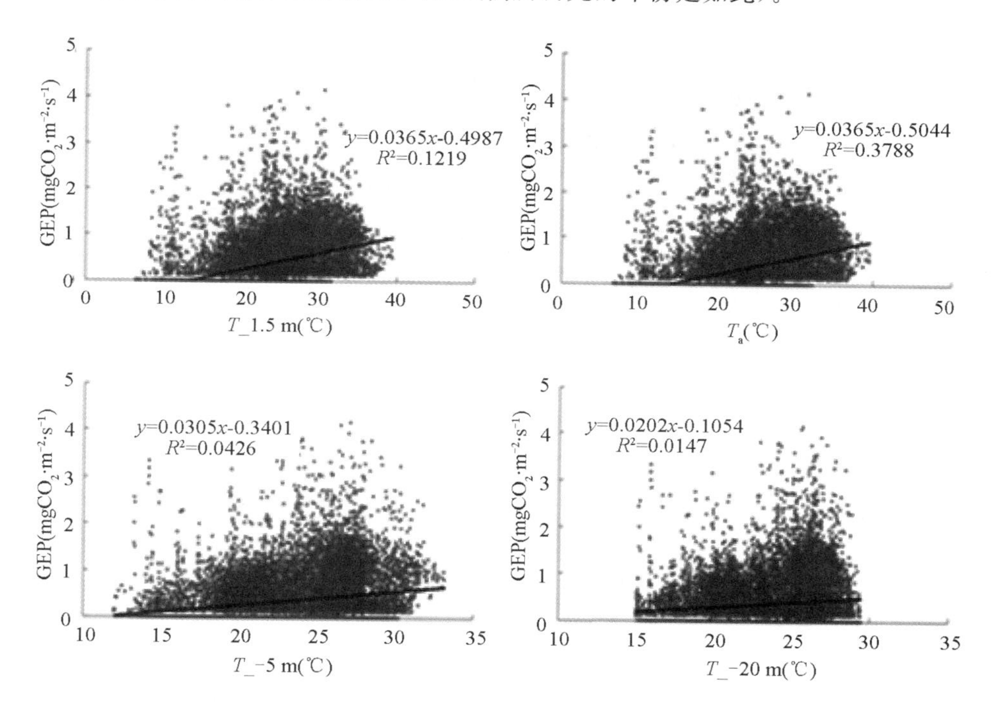

图 7.33 橡胶林生态系统 GEP 对 4 种温度因子的响应（半小时尺度）

对于北方森林，温度经常是 GEP 的制约因子（周丽艳，2011），温度因子与 GEP 呈指数关系；对于海南岛橡胶林生态系统，因气温终年较高，温度因子的影响因素不至于成为限制因子，均表现为线性相关。海南岛土壤温度终年变化幅度较小，因此对 GEP 的影响十分微弱。

（3）水分因子对橡胶林生态系统生产力的影响

水汽压差是水分因子和温度因子的综合指标，它是控制叶片气孔导度和系统冠层导度的重要因子（Leuning，1995）。橡胶林生态系统半小时尺度 GEP 对冠层饱和水汽压差（VPD）的响应情况如图 7.34 给出，GEP 与 VPD 呈较弱的正相关（相关系数 R 为 0.353 6），即在一定水分范围内，水分的少量亏缺会促进生态系统光合作用。在雨季，因过多的降水会使天空多云，降低光合有效辐射，抑制系统光合作用的升高。在一定的范围内，水分的减少会导致橡胶林生态系统 GEP 的增加。但总的来说，橡胶林生态系统水分亏缺影响作用不是很大，并未成为其明显的促进因子。

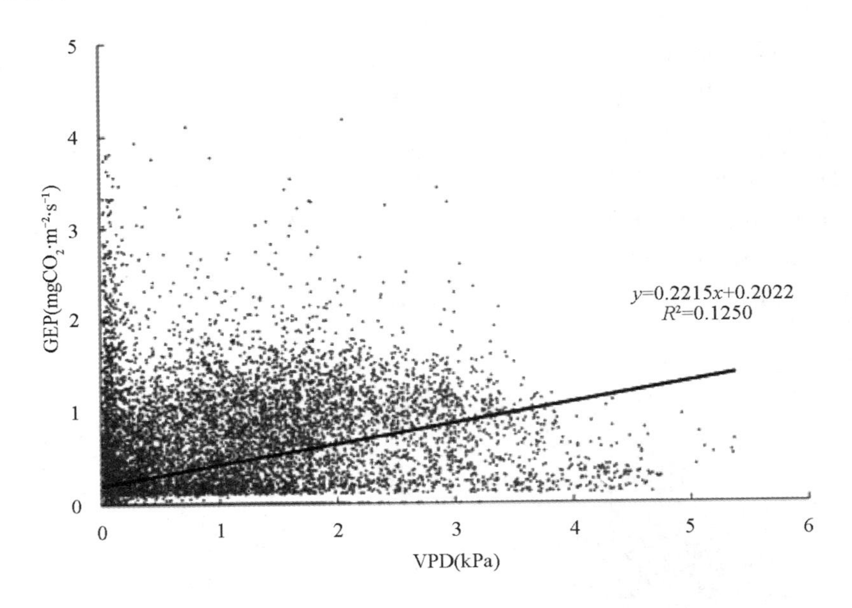

图 7.34　橡胶林生态系统 GEP 对水汽压差 VPD 的响应（半小时尺度）

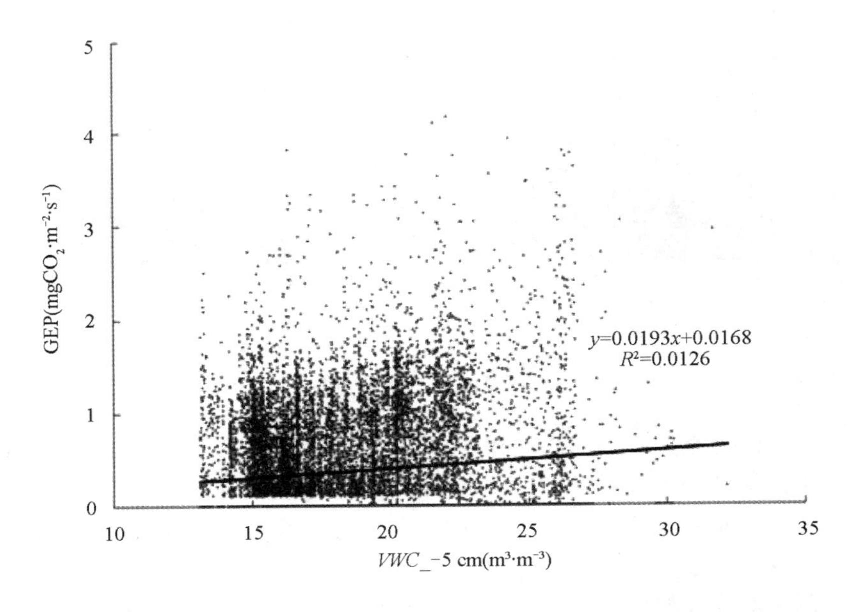

图 7.35　橡胶林生态系统 GEP 对地表以下 5 cm 土壤含水量 *VWC*_−5 cm 的响应（半小时尺度）

土壤水分因子也会促进森林生态系统的光合作用，植物毕竟生长在土壤中，土壤水分的增加可能会促进系统的 GEP。橡胶林生态系统 GEP 对地表以下 5 cm 土壤体积含水量响应情况如图 7.35 所示。土壤含水量 VWC _ −5 cm 与 GEP 呈极弱的线性关系（R 为 0.112 3）。因为橡胶林降水较多，土壤水分并不成为其光合作用的限制因子，水分能满足橡胶林生长即可（因为在研究年份不存在水分胁迫，干旱年份情况则要另行研究）。

在月尺度上，我们可探讨月降水量与 GEP 的关系（图 7.36），明显橡胶林月 GEP 与月降水量呈极显著的正相关，相关系数 R 达 0.929 3。在短时间尺度（半小时尺度），GEP 与水汽亏缺（因子 VPD）成正相关，但在较长时间尺度（月尺度），GEP 与降水量呈正相关，这并不矛盾。短尺度的波动经常会掩盖长期的振荡，尤其针对短尺度微弱的波动更是如此。海南岛橡胶林生态系统全年降水充沛，尤其在雨季时，降水丰富、PAR 强烈、气温也较高，光合作用旺盛，因此 GEP 与降水呈正相关。

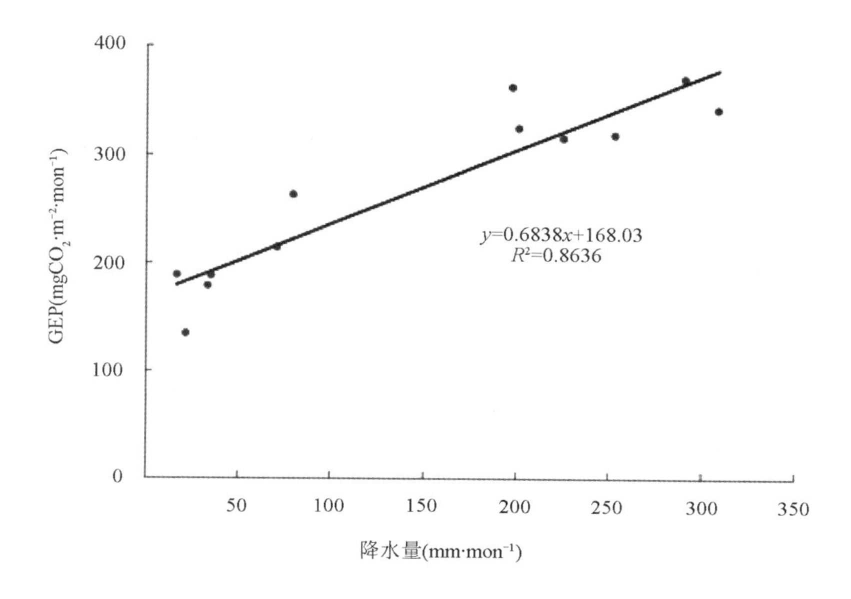

图 7.36 橡胶林生态系统 GEP 对降水量的响应（月尺度）

（4）叶面积指数对橡胶林生态系统生产力的影响

叶面积指数 LAI 反映了生态系统植物生理生态学特性。橡胶林生态系统光合作用与林分 LAI 关系比较密切。图 7.37 给出了 2010 年海南岛橡胶林 GEP 月总量与月均 LAI 的变化情况。从变化趋势看，GEP 与 LAI 基本一致：2 月，LAI 因橡胶林落叶而最低，此时光合作用最弱，GEP 也最低；从 3 月开始，橡胶林开始抽叶，LAI 升高，光合作用加强，GEP 开始提升；然后，LAI 逐渐稳定，至 8，9 月，达到全年最大值，此时光合作用也最旺盛，GEP 达到全年最大值（但 2010 年 8 月降水较多，故 GEP 是 8 月最大）；11，12 月，LAI 逐渐下降，但因 PAR 和气温等降低，橡胶林光合作用下降迅速，GEP 迅速下降到一个较低水平；此趋势一直延伸到次年 1，2 月。

上述分析表明，LAI 因影响橡胶林生态系统光合作用而使 GEP 随着 LAI 的变化而变化。橡胶林 GEP 对 LAI 的响应情况如图 7.38 所示，明显橡胶林 GEP 与 LAI 呈显著的正相关关系（相关系数 R 为 0.799 1）。

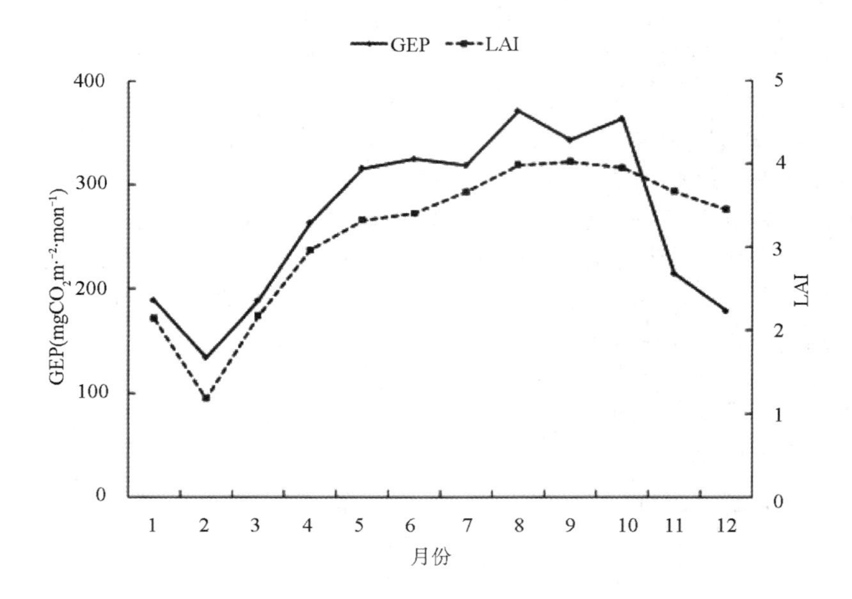

图 7.37　2010 年橡胶林林分叶面积指数 LAI 与 GEP 的年变化特征

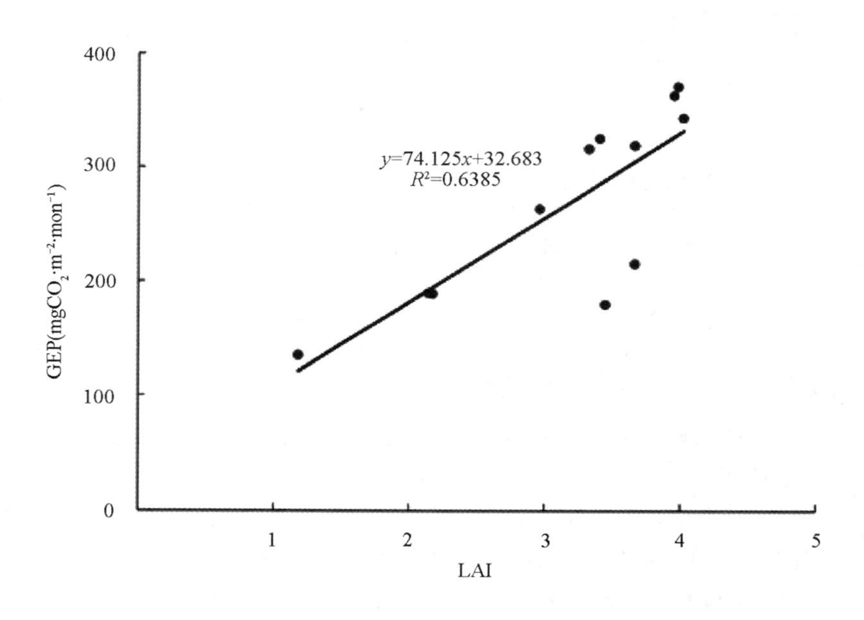

图 7.38　橡胶林生态系统 GEP 对林分叶面积指数 LAI 的响应(月尺度)

(5)其他因素对橡胶林生态系统生产力的影响

影响橡胶林生态系统 GEP 的因素除本节前面叙述外,还有一些因素也会影响 GEP,以下简述,并不展开探讨。

外界环境的 CO_2 浓度会影响系统光合作用,也就影响 GEP,此种情况类似 CO_2 浓度对 NEE 的影响。

橡胶林 GEP 可能会受特殊气象条件影响，如较长时间的干旱、冬季低温等，但因研究年份没有此类时段，无法探讨。至于短期气象灾害如台风，除强降水和风害会影响橡胶林本身外，可能会因影响外界 CO_2 浓度、光合有效辐射等而影响 GEP，因为此过程十分复杂，不在本书讨论范围(后续研究)。

其他人为干扰，如割胶、施肥、喷药、除草等影响类似对 NEE 的干扰，此不赘述。

类似 NEE，将橡胶林 GEP 与各个环境因子进行逐步回归分析，得到 GEP 与因子间最合适的回归模型(置信水平达 99%)：

$$GEP = 0.001\ PAR - 0.196\ VPD + 0.020\ (T\_ - 5) - 0.236 \tag{7.11}$$

方程决定系数 $R^2=0.432\,4$，略低，但相关性极为显著。同样理由，因大气平均温度 T_a 与 PAR 和地表以下 5 cm 土壤温度相关性较强，方程中并没有把大气平均温度 T_a 引入。(要注意的是，此处 GEP 全部乘以了 −1，为正值，因此与各因子间正负相关和实际情况相反。)

7.5　橡胶林生态系统碳平衡及其环境响应机理

7.5.1　橡胶林生态系统碳平衡

我们把海南岛橡胶林生态系统 2010 年全年碳平衡各分量 NEE，Re 和 GEP 逐日动态放在一起比较(图 7.39)，就会发现一些规律。

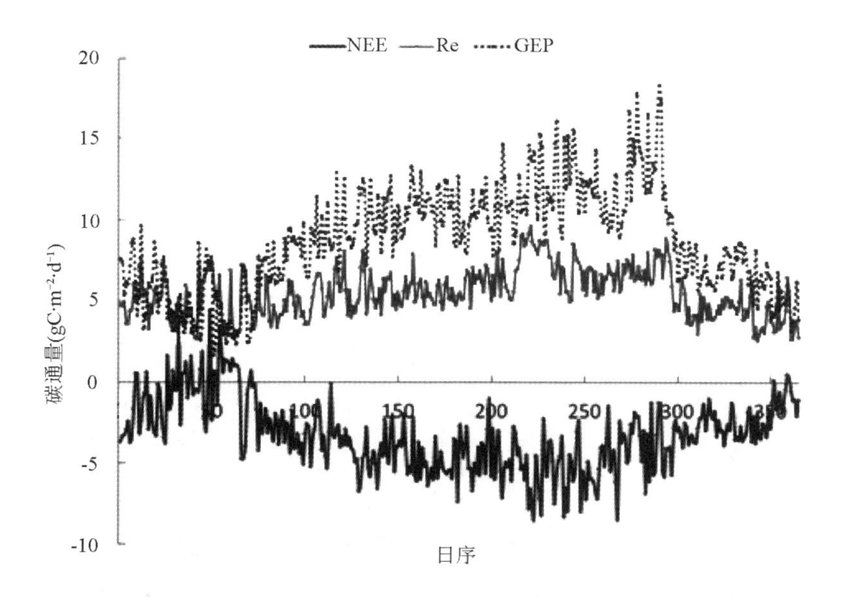

图 7.39　2010 年橡胶林生态系统碳平衡各分项逐日变化特征

作为年轻(林龄为 11 年)的橡胶林生态系统，它是一个巨大的碳汇。除了每年 2 月为微弱的碳源外(向大气释放 13.85 gC・m^{-2})，其他月份均吸收固定 CO_2，是强大的碳汇，11 个月合计固定 1 147.3 gC・m^{-2}，因此整个系统每年净吸收 1 133.45 gC・m^{-2}。这和同纬度的西双版纳热带季节雨林最新研究数据(Tan *et al.*，2011)相比，海南岛橡胶林生态系统每年固定碳比西双版纳约多 9 $tC \cdot hm^{-2} \cdot a^{-1}$（即 900 $gC \cdot m^{-2} \cdot a^{-1}$）。西双版纳热带季节雨林旱季存在明显的水分胁迫，并且森林已经比较古老（300 年），生命活跃程度较弱；不像海南岛橡胶林，终年水热充沛，并且林龄年轻，生命力旺盛，生命活跃程度强。

即使作为碳源的 2 月，生态系统本身也进行光合作用固定 CO_2（128.66 $gC \cdot m^{-2} \cdot mon^{-1}$），只不过本身呼吸释放 CO_2（142.51 $gC \cdot m^{-2} \cdot mon^{-1}$）要多而已。这和北方杨树人工林研究（查同刚，2007）有较大差异，杨树因其水热配合问题，其 GEP 年变化存在 3 个不同阶段：纯呼吸阶段、呼吸大于光合阶段、光合大于呼吸阶段；而橡胶林生态系统如按此划分，GEP 年变化则主要属于光合大于呼吸阶段，只有 2 月属于呼吸大于光合阶段，根本没有纯呼吸阶段（因橡胶林生态系统终年高温，植被终年均在进行光合作用）。

7.5.2 橡胶林生态系统 Z 指数

我们经常利用 Falge 等（2001）定义的指数 Z（式 7.12）来评估生态系统碳代谢的平衡状态：

$$Z = \left|\frac{NEE}{Re}\right| + 1 = \left|\frac{GEP}{Re}\right| \tag{7.12}$$

一般来说，$Z>1$ 表示生态系统固定碳（碳汇），$Z<1$ 表示生态系统释放碳（碳源），$Z=1$ 表示生态系统碳代谢处于平衡。图 7.40 给出了 2010 年海南岛橡胶林生态系统 Z 值的逐日变化情况。全年除极少数日子 $Z<1$ 外，大多数日期均是 $Z>1$，表示海南岛橡胶林生态系统是强大的碳汇。2010 年全年 Z 值平均为 1.60，2012 年全年 Z 值平均为 1.46。与 Harvard 森林、长白山阔叶红松林、杨树人工林的 Z 值比较接近（Falge *et al.*，2001；张军辉 等，2006；查同刚，2007），表明整个生态系统是碳汇。年均 Z 值为 1.53 左右，计算表明，Re 占 GEP 的比重为 65.4%左右（1/1.53），NEE 占总 GEP 的 34.6%左右（0.53/1.53）。

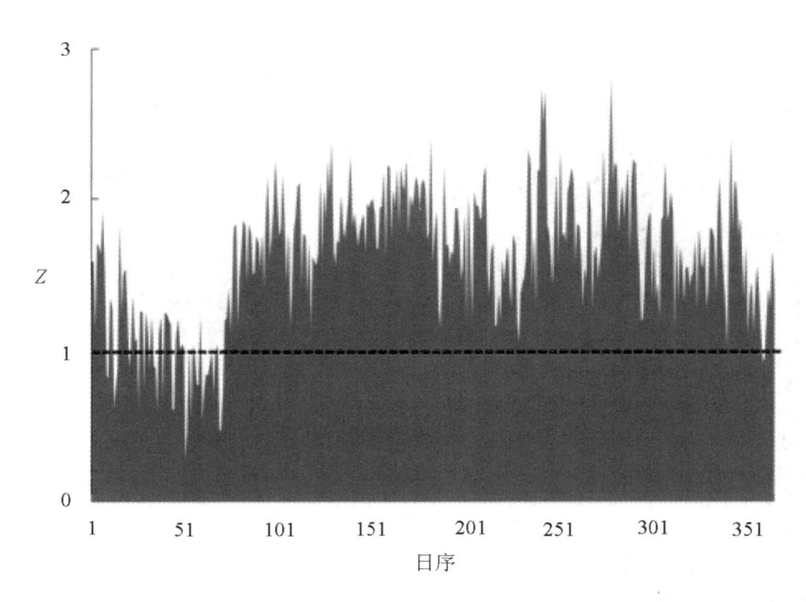

图 7.40 2010 年橡胶林生态系统参数 Z 逐日变化特征

生态系统呼吸与光合作用影响因素有许多交叉处，两者关系十分密切(Janssens *et al.*，2001；Reichstein *et al.*，2005)；并且有研究表明生态系统生产力和生态系统呼吸的关系也十分密切(Bowling *et al.*，2002；Xu *et al.*，2004；Koffi *et al.*，2012)。

利用橡胶林生态系统 2010 年全年数据，在日尺度上估算 GEP 和 Re 的关系(图 7.41)，两者表现出高度相关性，其相关性(相关系数为 0.738 7)甚至高于前面研究的大气平均温度 T_a 对 Re 的相关性(相关系数为 0.546 4)。但如果仔细研究图 7.39 的 GEP 曲线和 Re 曲线，就会发现：雨季，GEP 和 Re 基本同步变化；但在旱季，情况不同。年末旱季(11—12 月)，GEP 和 Re 均下降，但 GEP 下降更快；而年初旱季(1—3 月)，GEP 和 Re 均表现为上升趋势，但 Re 上升得更快。这说明，橡胶林生态系统光合和呼吸两者间存在一个时滞，导致 NEE 旱季存在变化差异。

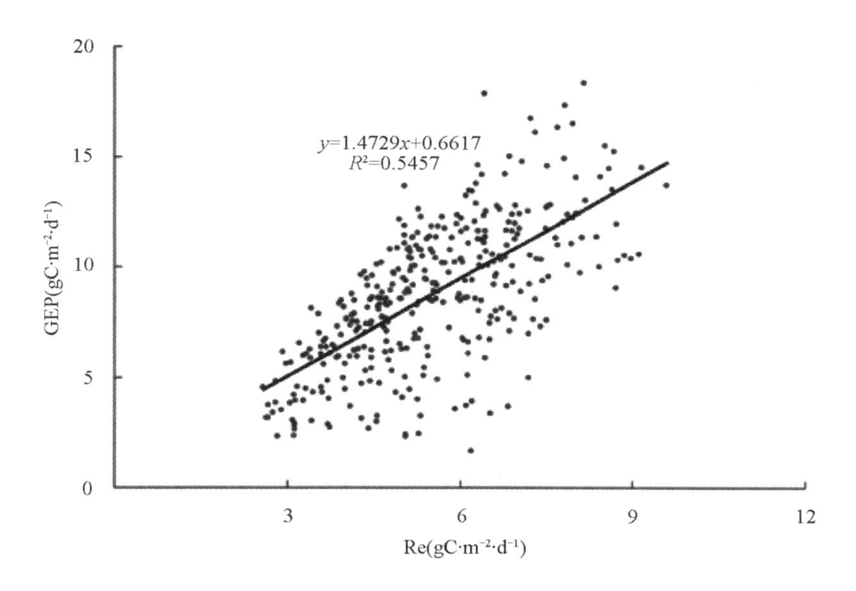

图 7.41　橡胶林生态系统总生产力 GEP 与总呼吸 Re 的关系

7.5.3　橡胶林生态系统 CUE 指数

生态系统碳利用效率(CUE，Carbon Use Efficiency)指数为净生态系统碳交换量(NEE)与生态系统总生产力(GEP)的比值，描述的是森林生态系统中森林把大气中的碳转换成生物量的潜力(Ryan *et al.*，1997；Delucia *et al.*，2007；Cabral *et al.*，2011)。

$$CUE = \left|\frac{NEE}{GEP}\right| = 1 - \left|\frac{Re}{GEP}\right| \tag{7.13}$$

对于 CUE 的值，许多学者一直在争论，认为其是常数(Gifford，1994，1995，2003；Dewar *et al.*，1998)，并且 Waring 等(1998)建议所有森林的普适值为 0.47 ± 0.04，主要受气象条件等的影响而产生变化。

我们利用前面数据进行计算，2010 年海南岛橡胶林生态系统 CUE 为 0.37，2012 年度则为 0.33，平均值为 0.35。此值虽低于 Waring 等(1998)提出的普适值，但在世界各地研究的 CUE 范围内(0.22～0.63)。也就是说，橡胶林相对其他大多数森林而言，NEE 在 GEP 中占的比重较小，主要是因为生态系统呼吸相对旺盛。根据 Reichstein 等(2007)研究表明，气象/气候因子会抑制 NEE 的变化，但不一定会同时平行抑制 Re 变化而导致 GEP 向相同方向同比例变化。对于橡胶林生态系统而言，可能在雨季，气温与 PAR 等均升高，对系统光合作用的提升没有对呼吸作用大；而在旱季，PAR、气温和降水等的减少，对系统光合作用的抑制又大于呼吸作用，因此橡胶林生态系统的 CUE 相对较小。

总结本节，橡胶林全年生态系统总生产力大于总呼吸，系统是碳汇，其 Z 值年均为 1.53；并且其生态系统总生产力很大，生态系统总呼吸也较大，CUE 值在森林生态系统中处于较小程度。

7.6 本章小结

本章主要进行了海南岛橡胶林生态系统碳通量研究工作，得出相关结论如下：

7.6.1 简述了橡胶林生态系统环境因子的年变化情况

2010 年最冷月（1 月）均温为 17.3 ℃，最热月（7 月）均温为 27.8 ℃，年平均气温为 23.6 ℃。全年降水总量为 1 724 mm，集中在 5—10 月，占全年的 85.7%。大气平均温度全年雨季（4—10 月）各个时刻均高于旱季（1—3 月和 11—12 月）。不同季节日气温动态均呈单峰型，峰值均出现在午后，但不同季节有差异，4—10 月出现在午后 13:00—14:00，而旱季出现在午后 15:00—15:30；气温最低值均出现在 07:00 左右，而不是和地面（1.5 m 高度）相似的出现在 03:00—04:00。

光合有效辐射 PAR 在旱、雨季节均呈单峰型，在白天相同时刻雨季均高于旱季，越到正午高出越多。雨季 PAR 峰值出现在 12:30 左右，达到 1 251 $\mu mol \cdot m^{-2} \cdot s^{-1}$；旱季 PAR 峰值出现在 13:00—13:30 之间，其值为 941 $\mu mol \cdot m^{-2} \cdot s^{-1}$。雨季白天（07:30—17:30）长 10 小时，旱季白天（08:00—19:00）长 11 小时。雨季各月 PAR 累积量较大，旱季各月 PAR 累积量较小。雨季尤其以太阳直射月份（5—7 月）PAR 累积量较大。全年累积量最大月份是 7 月，最小月份为 1 月。

饱和水汽压差 VPD 不同季节全天变化为单峰型曲线，白天变幅大于夜间；VPD 值雨季高于旱季，白天高于夜间。雨季峰值出现在正午过后的 13:00—14:00，谷值出现在 04:00—05:00；旱季峰值出现在下午 15:00—15:30，谷值出现在 06:30—07:30。不同月份的 VPD 均值比较，全年最大值出现在 7 月，最小值出现在 1 月；全年只有 3,5,6,7 月（共 4 个月）VPD 值高于 1 kPa。全年水汽亏缺不明显。

橡胶林全年土温为单峰型变化，其值为 18.79～27.62 ℃。雨季月平均土温较高，最高 5—7 月；旱季气温较低，最低的 12 月和 1 月。全天最高温雨季出现在下午 14:30—15:00 之间，旱季出现在 16:30—07:00 之间；全天最低温出现在 08:00—09:00 之间。土壤体积含水量全年呈不规则折线变化；雨季土壤含水量除 4 月以外，月平均值均较高，旱季除 11 月外均较低。全天各个时刻雨季均高于旱季。4—10 月雨季降水多，土壤含水量高；11—12 月次之；1—3 月土壤含水量最低。

7.6.2　探讨了橡胶林生态系统碳通量 3 个分量的动态特征及其对外界环境因子的响应情况

橡胶林所有季节 NEE 日动态均为单峰型曲线；NEE 旱、雨季白天均为碳吸收（即 NEE 为负值），夜间均为碳排放（即 NEE 为正值）。橡胶林生态系统全年 NEE 日变化近似呈“U”形曲线，即每年中间时段 NEE 负值较大，年初和年末 NEE 负值较小（甚至部分为正值）。橡胶林生态系统碳吸收最强月份为 6 月或 7 月，碳排放最强（吸收最弱）的月份为 2 月。海南岛橡胶林生态系统年总 NEE 较大，生态系统固碳能力很强，2010 年为－1 133.45 gC・m^{-2}・a^{-1}（相当于－11.33 tC・hm^{-2}・a^{-1}），2012 年 9 月至 2013 年 8 月，NEE 为－1 087.58 gC・m^{-2}・a^{-1}（相当于－10.88 tC・hm^{-2}・a^{-1}），平均为 1 110.52 gC・m^{-2} a^{-1}（相当于－11.10 tC・hm^{-2}・a^{-1}），无论是和其他人工林相比，还是和其他热带森林相比，均表现出较强的固碳能力。

2010 年全年在半小时尺度上橡胶林白天 NEE 与 PAR 呈负相关（R 为 0.656 4）。利用 Michaelis-Menten 模型拟合的不同月份橡胶林生态系统白天 NEE 与 PAR 关系，可获得相应的初始光能利用率 α、最大光合作用速率 P_{max}、生态系统呼吸速率 R_d，一方面可插补部分缺失数据，另一方面可比较说明热带橡胶林生态系统比温带针阔混交林生态系统、寒温带针叶林生态系统活跃。半小时尺度上橡胶林白天 NEE 与大气平均温度呈负相关（R 为 0.470 9），与土壤温度呈负相关（R 为 0.355 4）。半小时尺度上白天 NEE 与 VPD 呈负相关（R 为 0.418 9）。白天 NEE 对地表以下 5 cm 土壤含水量呈负相关（R 为 0.370 4），说明水分并不是海南岛橡胶林生态系统 NEE 的限制因子。但在月尺度上橡胶林生态系统 NEE 与降水量呈极显著的负相关（R 为 0.882 4）。橡胶林生态系统各月 LAI 均值与各月 NEE 总量呈相反方向的变化趋势，NEE 与 LAI 呈显著的负相关关系（R 为 0.796 2）。外界环境 CO_2 浓度也会影响橡胶林生态系统 NEE，无论旱、雨季，NEE 白天均为负值，此时空气 CO_2 浓度也相对较低；NEE 夜间均为正值，此时空气 CO_2 浓度相对较高；在昼夜交替时段，空气 CO_2 浓度则是处于相对浓度较高值。除此以外，还有其他外界人为干扰也会对橡胶林生态系统 NEE 有影响。利用多元逐步回归分析，可得 NEE 与各因子间的回归方程为：$NEE=-0.001PAR+0.096VPD-0.10(T\_-5)-0.243$。

橡胶林所有季节 Re 日动态均为单峰型曲线；全年 Re 均为正值，即为碳排放；白天 Re 及其变动幅度均明显大于夜间。雨季（4—10 月）峰值出现在下午 12:30 左右，最低值出现在 01:00 左右；年初旱季（1—3 月）峰值出现在 10:30，最低值出现在 21:30；年末旱季（11—12 月）峰值出现在 11:00，最低值出现在 21:00。雨季平均值为 0.258 4 mgCO_2・m^{-2}・s^{-1}，旱季平均值为 0.194 7 mgCO_2・m^{-2}・s^{-1}。全年 Re 日变化呈不规则曲线，全年日序中间部分时段值多在全年日均值 5.508 1 gC・m^{-2}・d^{-1}以上，而年初或年末值多在年日均值以下。全年雨季各月 Re 值均较大，旱季各月 Re 值相对较小。橡胶林生态系统呼吸最强的月份为 8 月，呼吸最弱的月份为 12 月。海南岛橡胶林生态系统年呼吸总量巨大，2010 年年总量为 2 010.48 gC・m^{-2}・a^{-1}（相当于 20.10 tC・hm^{-2}・a^{-1}），2012 年 9 月至 2013 年 8 月，总量为 2 185.51 gC・$m^{-2}a^{-1}$（相当于 21.86 tC・hm^{-2}・a^{-1}）。

半小时尺度橡胶林 Re 与大气平均温度 T_a 呈指数关系（R^2 为 0.298 6），对拟合方程计

算得 Q_{10} 为 1.96，略大于鼎湖山亚热带针阔叶混交林，但小于西双版纳热带季节雨林；橡胶林 Re 与土壤温度呈指数关系，但比 T_a 更弱，对拟合方程计算得到 Q_{10} 分别为 2.07，1.86。橡胶林生态系统 Re 与土壤含水量呈微弱的负相关（R 为 0.370 4），即土壤含水量过多会抑制生态系统呼吸；Re 与 VPD 呈较弱的正相关（R 为 0.363 2），饱和水汽压差 VPD 的提高会提升系统植被的呼吸作用，但并没有成为其明显的促进因子。在月尺度上，橡胶林生态系统各月 Re 与月降水量呈显著的正相关（R 为 0.773 0），与 LAI 呈较弱的正相关（R 为 0.488 6）。橡胶林生态系统土壤呼吸占生态系统总呼吸比率较低，全年约为 37.1%，全年生态系统植被呼吸占比率高达 62.9%，也就导致影响植被呼吸的因素对生态系统呼吸的影响强度超过影响土壤呼吸的因素的影响程度。

橡胶林所有季节 GEP 日动态均为单峰型曲线；无论旱季还是雨季，GEP 白天均为正值，表示固定太阳能和 CO_2，夜间为 0，没有光合作用进行同化合成。雨季 GEP 正午 13:00 左右达到峰值，无明显光合午休现象，旱季橡胶林开始光合作用的时间一般推迟半小时左右，傍晚结束光合作用的时间提前半小时至 1 小时，其中午峰出现时间也提前 1 至 2 小时。全年 GEP 日变化呈不规则单峰型曲线，全年日序中间部分时段值多在全年日均值（8.77 $gC \cdot m^{-2} \cdot d^{-1}$）以上，而年初或年末值多在年日均值以下。雨季各月 GEP 总值均较大，旱季各月 GEP 总值均较小。橡胶林生态系统年 GEP 最强的月份为 8 月，最弱的月份为 2 月。海南岛橡胶林生态系统总生产力巨大，2010 年年总 GEP 为 3 143.93 $gC \cdot m^{-2} \cdot a^{-1}$（相当于 31.44 $tC \cdot hm^{-2} \cdot a^{-1}$），2012 年 9 月至 2013 年 8 月，GEP 为 3 273.09 $gC \cdot m^{-2} \cdot a^{-1}$（相当于 32.73 $tC \cdot hm^{-2} \cdot a^{-1}$），比中国通量网的森林生态系统 GEP 均高。

半小时尺度上海南岛橡胶林生态系统 GEP 与 PAR 呈正相关（R 达 0.628 3）。橡胶林生态系统各月光能利用效率 LUE 均呈"U"形，LUE 与 PAR 变化情况相反。早晚时段 PAR 较低时，LUE 最大；而白天（尤其是正午时）PAR 较高，LUE 较低。半小时尺度上橡胶林 GEP 与各种温度因子均呈线性正相关，但相关性不显著。GEP 与 VPD 呈较弱的正相关（R 为 0.353 6），水分的亏缺可能会加强生态系统光合作用。研究还表明，土壤水分因子几乎不影响 GEP。月尺度上，橡胶林 GEP 与 LAI 呈显著的正相关（R 为 0.799 1），与降水量呈显著的正相关（R 为 0.929 3）。

7.6.3 综合分析了橡胶林生态系统碳平衡及其环境响应机理

海南岛橡胶林生态系统作为年轻（林龄为 11 年）的陆地森林生态系统是一个巨大的碳汇，年净吸收为 11.10 $tC \cdot m^{-2} \cdot a^{-1}$。橡胶林生态系统 GEP 年变化绝大部分时段属于光合大于呼吸阶段，只有 2 月份属于呼吸大于光合阶段，没有纯呼吸阶段。

利用 Falge 等（2001）定义的指数 Z 来评估橡胶林生态系统碳代谢的平衡状态，全年的除极少数日子 $Z<1$ 外，大多数日期均是 $Z>1$，表示橡胶林生态系统是强大的碳汇。全年 Z 的平均值为 1.53。计算表明，Re 占 GEP 的比重为 65.4%左右，NEE 占总 GEP 的 34.6%左右。另外，因为 PAR 和降水等因素对 GEP 和 Re 影响的不同步性，橡胶林生态系统在日尺度上 GEP 和 Re 虽表现出高度相关性（R 为 0.738 7），雨季 GEP 和 Re 变化同步，但旱季不同，因为橡胶林生态系统光合和呼吸间存在一个时滞。

橡胶林生态系统碳利用效率 CUE 值为 0.33～0.37，表明橡胶林生态系统 GEP 中 Re 所占比重较大，而 NEE 比重较小。

第 8 章 讨论与结论

8.1 讨论

8.1.1 橡胶林生态系统碳平衡研究不同方法的比较分析

生物量清查法和涡度相关法是生态学上两种独立研究生态系统碳平衡的方法，作为生态系统碳平衡研究的通用方法生物量清查法历史悠久，而作为原位无损测定的涡度相关法则是从 20 世纪 90 年代才开始广泛应用的。

生物量清查法可清查整个系统样地生物量的变化情况，可以用来估计生态系统年净初级生产力。根据本书进行的相关调查可知，生物量清查法依赖于样方或者在较小尺度水平上胸径的变化与生产力异速生长的关系，而对于林下植被或者凋落物的估算均是以取样进行，对于林下植被、地下部分等均会因橡胶林不同品系、林龄的差异等，估算误差是显而易见的。而涡度相关技术虽是从生态系统角度无损原位进行连续观测获得系统 *NEE* 的方法，但因基于微气象学理论，有其制约条件：要求观测仪器安装在通量不随高度发生变化的常通量层，要求下垫面平坦、冠层粗糙度较低，并且要求湍流发展充分，另外还要求观测风浪区足够长，等等。如果上述条件不满足，系统误差也在所难免。尤其是把数据从半小时尺度汇总到日数据、年数据时，其影响会更大，故对其争论也较大。因此，十分有必要利用传统生物量清查法进行对比研究，对涡度相关技术观测数据进行细致评估。本书分别用这两种方法对橡胶林生态系统进行碳源/汇的研究，结论更加可信。

对橡胶林生态系统采用样地生物量清查法进行估算，实际上主要估算了橡树林植被生物量、林下植被生物量、凋落物生物量和移走干胶生物量等的碳储量，实际存在漏估或误差，比如土壤碳库的增加量或减少量就没有考虑，凋落物当年分解、人为干扰等没有计算进来等，因此会高估或低估。而对橡胶林生态系统采用涡度相关法进行估算 *NEE*，尽管本书采用了许多方法进行通量校正，但仍会存在类似于夜间通量低估、夜间平流和泄流、橡胶林冠层粗糙度、林内 CO_2 存储效应、不同季节观测贡献区不同等，均会导致对 *NEE* 的低估或高估。

本书利用生物量清查法获得的橡胶林生态系统年总碳吸收量为 9.99 $tC \cdot hm^{-2} \cdot a^{-1}$，而涡度相关法获得的橡胶林生态系统年总碳固定量为 11.10 $tC \cdot hm^{-2} \cdot a^{-1}$，两者存在偏差。究其原因，涡度相关法获得的信息与其源区有很大关系，根据第 5 章的研究发现，其源区主要位于铁塔南面(盛行风方向)范围橡胶林，其林龄均在 10 年左右(实际上整个研究地区橡胶树林龄大多处于盛产期，极少新植林段），为生长旺盛期（光合强烈）；而在生物量清查法研究中，计算橡胶林生态系统年碳增量是利用几种林龄的算术平均，尤其包括5年林段，实际上拉低了估算数据；生物量清查法中未把因自然灾害（如台风）损害的生物量部分计算在内，也会导致数据偏低；另外生物量清查法采用周再知等(1995)、唐建维等(2009)、贾开心等(2006)3篇文献中的模型主要出自于广东和云南，因橡胶树品系、林龄和地区等不同也会产生差异。当然可能还有其他原因导致两者的差异。

尽管如此，在海南岛橡胶林生态系统同时开展利用生物量清查法和涡度相关法进行碳平衡研究仍然具有重要意义。因为涡度相关法可较好地揭示生态系统生理生态学过程，量化生态系统碳平衡控制机理和驱动因子，使整个生态系统 CO_2 交换速率可与其他森林类型进行比较，可用来评价生产经营过程或外界干扰。而生物量清查法花费成本较低，可提供较大的空间尺度数据，可揭示整个生态系统净碳交换能力的时空分布格局与动态，为尺度扩展奠定基础。

8.1.2 橡胶林碳源或汇评估

和热带雨林生态系统（海南岛尖峰岭热带山地雨林约为 $2.4\ tC\cdot hm^{-2}\cdot a^{-1}$）相比，橡胶林生态系统是个巨大的碳汇，利用研究地海南岛儋州西部地区橡胶林生态系统净碳交换量数据为 $9.99\sim11.10\ tC\cdot hm^{-2}\cdot a^{-1}$，如全岛橡胶林面积按 $5\times10^5\ hm^2$ 计，每年碳汇量达到 $(5.00\sim5.55)\times10^6$ t。海南岛橡胶林生态系统碳汇效益十分明显，近年来增加的橡胶林主要是在原有荒山、荒坡开垦进行种植，可明显增加碳汇功能。如今在海南岛进行国际旅游岛建设，荒山、荒坡开垦种植橡胶林，增加森林覆盖率，增加其生态效益（当然也增加了农民收入），也实为山区农民理想的致富路。

从碳平衡方面研究，橡胶林生态系统固定的碳都去了哪儿。正如前面生物量清查法研究，橡胶树固定了 $4.61\ tC\cdot hm^{-2}$，绝大部分存留在橡胶树木材和大枝中，小部分存留在叶片中，每年落叶，最终凋落沉入土壤；林下植被固定碳 $1.11\ tC\cdot hm^{-2}$，林下植被多为一年生，当年死亡最后沉入土壤；干胶带走碳 $1.41\ tC\cdot hm^{-2}$，离开橡胶林生态系统，变成各种橡胶制品；凋落物蓄积碳 $2.86\ tC\cdot hm^{-2}$，每年均沉入土壤。

存留在橡胶树木材和大枝中的碳大概经过30年的蓄积，最后在橡胶林更新时会被制成木材制品或变成胶农薪柴（或现场直接烧毁），木材制品经过一段时间（几年或几十年）的存续，最终也会变成薪柴或腐烂，最后分解成 CO_2 进入大气。林下植被、枝叶凋落物等蓄积碳沉入土壤，绝大部分存续时间为几个月到两年，均会分解成 CO_2 进入大气，但也会有极少部分变成矿质碳或无机碳真正固定下来。各种橡胶制品，在人类生产和生活中常有几十年的存续时间，最后也会被分解成 CO_2 进入大气。从橡胶林生态系统碳固定来看，不如年龄达几百年的热带原始雨林，热带雨林虽每年单位面积固定的碳很少，只相当于橡胶林的1/5～1/4，但因其年代久远，存续几百年而没有遭到破坏，其固定的碳可想而知。橡胶林生态系统作为人为生产系统，在为人类提供大量的经济效益的同时仍拥有巨大生态功能，因此合理科学地发展天然橡胶产业是值得提倡的。

8.1.3 抚管措施对橡胶林碳汇的影响

橡胶林生态系统碳汇效应主要来自其固碳功能。其固碳包括橡胶树本身植被、林下植被、干胶产量、凋落物等各个部分。人类对橡胶林的抚管可增大或降低橡胶林的固碳效应。

首先是栽培品系的筛选、种植格局的选择和林下植物的配置等。不同橡胶树栽培品系，其异速生长、生长时间格局有差异；不同栽培品系，其同化产物在橡胶树枝、叶、干及干胶分配上有很大不同；不同栽培品系，对不同气象灾害抵抗能力不同(分别有抗风品系、抗寒品系和抗旱品系)，受气象灾害影响差异较大。种植格局的选择会影响橡胶树本身的生长，橡胶树的透光量或林隙等会影响林下植被的生物量和固定的碳量。林下植物的选择种植或配置，会影响林下植被固碳情况。

其次是橡胶树抚管措施，包括对胶园土壤的管理、施肥(包括压青)、喷药等。胶园多施有机肥，会使土壤疏松、土壤孔隙度增加，微生物活跃，土壤有机质增加，橡胶树本身生长旺盛，这一方面会增加土壤有机碳蓄积，植被固定碳增加；另一方面也会加速土壤呼吸、植被呼吸，生态系统释放 CO_2 量也会增加。最终结果一般均认为，加强橡胶树抚管，加强胶园土壤管理，会增加橡胶林生态系统的固碳功能。

最后是橡胶树的割胶制度、更新频率等。割胶制度的选择、橡胶树刺激药品的选择和浓度安排等，均会影响橡胶树干胶产量(胶乳产量与干胶含量)、年耗树皮量，以至于影响更新频率，这也就影响橡胶林生态系统的固碳能力。

8.2 研究结论

8.2.1 橡胶林生态系统碳储量研究

橡胶林生态系统总碳库为 133.21 $t \cdot hm^{-2}$，其中植被平均总碳库为 35.39 $tC \cdot hm^{-2}$，凋落物碳库年均值为 2.86 $tC \cdot hm^{-2} \cdot a^{-1}$，土壤碳库平均值为 94.96 $t \cdot hm^{-2}$。橡胶林生态系统年均净生态系统生产力 NEP 为 9.99 $tC \cdot hm^{-2} \cdot a^{-1}$。

(1)利用生物量清查法和模型模拟法计算了 2009—2012 年 4 个年份 5 个林段的橡胶树生物量，平均值为 70.44 $t \cdot hm^{-2}$左右，4 年平均生物量增量为 10.60 $t \cdot hm^{-2} \cdot a^{-1}$。4 年平均碳储量为 30.73 $t \cdot hm^{-2} \cdot a^{-1}$，4 年平均植被碳增量为 4.61 $tC \cdot hm^{-2} \cdot a^{-1}$。利用生物量清查法获得的橡胶林林下植被单位面积生物量干重为 3.80 $t \cdot hm^{-2} \cdot a^{-1}$，单位面积年均碳储量为 1.11 $tC \cdot hm^{-2} \cdot a^{-1}$。单位面积橡胶林干胶年均产量为 1.61 $t \cdot hm^{-2} \cdot a^{-1}$，带走碳总量为 1.41 $tC \cdot hm^{-2} \cdot a^{-1}$。

研究地橡胶林生态系统 2010—2012 年 3 年 5 个林段平均植被总碳库为 35.39 $tC \cdot hm^{-2}$，其中橡胶树碳库最大，其均值为 32.86 $tC \cdot hm^{-2}$，占比重为 92.87%，林下植被碳库和干胶碳库年均值分别为 1.11 和 1.41 $tC \cdot hm^{-2}$，占比重分别为 3.15%和 3.98%。

橡胶树林下植被碳库 3 年平均年增量为 7.13 $tC \cdot hm^{-2} \cdot a^{-1}$，其中橡胶林植被碳年均增量为 4.61 $tC \cdot hm^{-2} \cdot a^{-1}$，占年总增量的 64.66%，林下植被和干胶年均碳增量分别为 1.11 和 1.41 $tC \cdot hm^{-2} \cdot a^{-1}$，占年总增量的 15.57%和 19.77%。

橡胶林植被碳库的大小、年均增量与橡胶树栽培品系、橡胶树林龄大小以及当年极端气候事件等有较大关系。

(2)利用生物量清查法研究了不同林龄橡胶林土壤有机碳蓄积情况，结果表明，研究的 4 种不同林龄橡胶林土壤有机碳碳含量(加权平均含量)为 5.285～7.897 $g \cdot kg^{-1}$，SOC 平均含量表现为 33 年＞19 年＞5 年＞10 年。土壤有机碳库为 82.80～115.73 t·hm^{-2}，平均值为 94.96 t·hm^{-2}，有机碳蓄积表现为 33 年＞5 年＞19 年＞10 年。基本上是土壤有机碳蓄积量随着林龄的增加而增加。因受当地土壤母质、气候特征、林分类型、胶树生理状况（光合强度、生理活性等）、凋落物蓄积、凋落物氧化分解、土壤有机质矿化分解作用以及胶林人为经营管理（压青、施肥对土壤扰动）等的影响，橡胶林土壤碳储量明显低于我国森林土壤平均碳储量和世界土壤平均碳储量。

(3)研究中 4 种林龄的橡胶林年凋落物输入土壤碳总量为 2.08～3.58 t·hm^{-2}，其平均值为 2.86 t·hm^{-2}。凋落组分叶和枝分别占凋落物碳的年归还量比重最大。因受橡胶林种植模式、橡胶树生长状况、品种生物学特性和气候条件等的影响，橡胶林凋落物碳的年归还量随林龄级水平增加而增大，不同林龄归还量高低表现为：33 年＞19 年＞10 年＞5 年。

(4)橡胶林生态系统土壤呼吸不同季节的日变化基本表现为单峰曲线，而年变化则整体表现为双峰型，每年 4—6 月和 7—8 月达到峰值，8 月呼吸速率为全年最大值。分离量化土壤呼吸各个组分，各组分碳排放量大小基本表现为：土壤异养呼吸＞根系呼吸＞凋落物呼吸＞矿质土壤呼吸。5，10，19 和 33 年土壤总呼吸年排放碳量为 10.03～11.96 t·hm^{-2}·a^{-1}，表现为 19 年＞33 年＞10 年＞5 年。

通过对土壤呼吸速率与 0～5 cm 土壤温度和 5 cm 土壤湿度关系进行研究，结果表明，土壤温度是重要影响因子，而土壤湿度则不明显。温度是控制橡胶林土壤总呼吸通量的关键因子。根据土壤呼吸速率与土壤温度回归指数方程，计算橡胶林土壤呼吸 Q_{10} 值为 1.14～2.37。橡胶林土壤湿度与土壤总呼吸、排除根系呼吸和根系呼吸之间没有明显的相关关系，水分不是限制土壤呼吸的关键因子，水分对土壤呼吸的影响往往被温度的影响所遮盖。水分对土壤呼吸速率的影响经常受多种综合因素作用。

(5)橡胶林生态系统的 4 个碳库：植被生物量碳库、凋落物碳库、土壤碳库和土壤动物碳库，我们研究前面的 3 个碳库。橡胶林生态系统植被平均总碳库为 35.39 tC·hm^{-2}，橡胶林生态系统凋落物碳库年均值为 2.86 tC·hm^{-2}·a^{-1}，橡胶林土壤碳库平均值为 94.69 t·hm^{-2}，3 个碳库合计总量为 133.21 t·hm^{-2}；而忽略了土壤动物碳库。

橡胶林生态系统植被碳库年均增长量为 4.61 tC·hm^{-2}·a^{-1}，林下植被年均增长碳储量为 1.11 tC·hm^{-2}·a^{-1}，割胶带走干胶含有的碳总量年均为 1.41 tC·hm^{-2}·a^{-1}。三者合计，年均橡胶林植被可固定碳达到 7.13 tC·hm^{-2}·a^{-1}。每年橡胶林生态系统输入土壤的凋落物碳总量平均值为 2.86 tC·hm^{-2}·a^{-1}。橡胶林生态系统年均 NEP 为 9.99 tC·hm^{-2}·a^{-1}，这相当于研究样地所在的橡胶林生态系统整年总碳吸收量，即生态系统的净碳交换量 *NEE*。

橡胶林的林龄大小、经营管理水平、土壤质地、凋落物量累积与分解以及割胶等因素可能是影响橡胶林碳蓄积的主导因子。生产管理中压青和施用有机肥等活动在一定程度上提高了橡胶林生态系统碳蓄积量和碳固存量。

8.2.2　基于涡度相关的橡胶林生态系统通量研究

本书从湍流数据质量评价、能量平衡闭合分析和通量足迹与源区分析等 3 个方面进行研究，表明橡胶林生态系统进行通量观测可行，获取的数据可靠。

(1)利用国际通用的湍流稳态测试及垂直风速湍流整体性检验相结合的湍流数据质量评价方法，对橡胶林生态系统通量观测的感热通量、潜热通量和 CO_2 通量 3 类数据进行质量评价，结果显示：橡胶林生态系统湍流通量数据质量相对较高，对全年数据进行综合评价，3 类通量数据中高质量数据占比为 52%～63%，仅有 10%～16%的数据质量较差；橡胶林 3 类通量数据中，感热通量数据最优，CO_2 通量数据次之，潜热通量数据最差；3 类数据中，除潜热通量数据是雨季略好于旱季外，另两类数据均是旱季好于雨季；湍流数据质量白天优于夜间，这与夜间大气层结稳定有关。

(2)橡胶林生态系统全年无论旱季或雨季，其冠层净辐射、感热通量和潜热通量日变化均表现规则的单峰型。海南岛净辐射能量的绝大部分用于潜热蒸散，尤其是雨季，占到净辐射的 3/4；旱季也占到 1/2 左右。其次用于感热输送，旱季占到净辐射能量的 37%，而雨季只占 11%；橡胶林全年获得的净辐射能量中，87%左右用于潜热蒸散和感热输送，尤其雨季潜热蒸散消耗能量最大，达 75.9%，而旱季占到 50.1%；土壤表层热通量与冠层热存储占比很小；分析不同时间尺度的能量平衡状况，橡胶林生态系统能量平衡比率在 87%左右，仍有 13%的能量不知去向。并着重分析了能量平衡不闭合的原因，主要包括仪器的系统误差、通量观测时的采样误差、其他能量吸收项的忽略、高低频损失、平流影响等。橡胶林生态系统能量闭合度相对较高，数据可以达到研究用途要求。

(3)应用 FSAM 通量源区模型，分析不同大气状态下海南岛橡胶林生态系统 50 m 高通量观测塔通量足迹及源区分布。在大气处于不稳定状态时，各通量传感器观测到的通量信息主要来源于迎风风向相对较近的区域范围，源区面积较小；在大气处于稳定状态下，观测到的通量信息来源于相对于观测塔较远的区域范围，源区面积较大。在盛行风方向 110°～250°上，在大气处于稳定状态时，相同通量贡献率水平生长季节的信息源区都比非生长季节的大；而在大气处于不稳定状态时，相同通量贡献率水平非生长季节的信息源区都比生长季节的大。在非盛行风方向上，在大气处于稳定状态时，通量贡献区要远大于大气处于非稳定状态的范围；而在大气处于稳定状态时，非盛行风方向上的通量源区范围明显要高，但在非稳定大气状态时，两者相差不大。在生长季节不稳定大气条件下，橡胶林 80%信息源区位于迎风方向范围为 0～758 m，垂直于迎风方向范围为－251～251 m；在生长季节稳定条件下，橡胶林 80%信息源区位于迎风方向范围为 0～1 858 m，垂直于迎风方向范围为－534～534 m。从利用 FSAM 模型运行的结果来看，橡胶林通量站点的风浪区长度完全可满足数据质量对通量贡献区的要求，橡胶林通量塔各传感器所测定的通量值比较真实地反映了该站点橡胶林所提供的通量信息。

总之，经过本章对橡胶林生态系统通量观测的大气湍流通量数据质量评价、能量平衡闭合分析和能量足迹与源区分析，结果均表明，橡胶林生态系统通量观测可行，数据质量可靠，适用于研究要求。

8.2.3　橡胶林生态系统碳通量及其环境响应

海南岛橡胶林生态系统年总 NEE 较大，年均为－11.10 tC・hm^{-2}・a^{-1}，年均生态系统呼吸总量为 20.98 tC・hm^{-2}・a^{-1}，生态系统总生产力年均为 32.09 tC・hm^{-2}・a^{-1}。NEE 主要驱动因子是光合有效辐射 PAR、饱和水汽压差 VPD 和地表以下 5 cm 土壤温度，Re 主要受大气平均温度影响，GEP 主要受 PAR 影响。

(1)根据观测结果，分析了橡胶林生态系统环境因子的年变化状况。

2010 年最冷月(1 月)均温为 17.3 ℃，最热月(7 月)均温为 27.8 ℃，年平均气温为 23.6 ℃。全年降水总量为 1 724 mm，集中在 5—10 月，占全年的 85.7%。大气平均温度全年雨季(4—10 月)各个时刻均高于旱季(1—3 月和 11—12 月)。不同季节日气温动态均呈单峰型。光合有效辐射 PAR 在旱、雨季节均呈单峰型，在白天相同时刻雨季均高于旱季，越到正午高出越多。雨季各月 PAR 累积量较大，旱季各月 PAR 累积量较小。雨季尤其以太阳直射月份(5—7 月)PAR 累积量较大。饱和水汽压差 VPD 不同季节全天变化为单峰型曲线，白天变幅大于夜间；VPD 值雨季高于旱季，白天要于夜间。不同月份的 VPD 均值比较，全年最大值出现在 7 月，最小值出现在 1 月；全年水汽亏缺不明显。橡胶林全年土温为单峰型变化，其值为 18.79～27.62 ℃。雨季月平均土温较高，旱季气温较低。土壤体积含水量全年呈不规则折线变化；雨季土壤含水量除 4 月以外月平均值均较高，旱季除 11 月外均较低。

(2)探讨了橡胶林生态系统碳通量 3 个分量的动态特征及其对外界环境因子的响应情况。

橡胶林所有季节 NEE 日动态均为单峰型曲线；NEE 旱、雨季白天均为碳吸收(即 NEE 为负值)，夜间均为碳排放(即 NEE 为正值)。橡胶林生态系统全年 NEE 日变化近似呈“U”形曲线。海南岛橡胶林生态系统年总 NEE 较大，生态系统固碳能力很强，2010 年为 $-1\ 133.45\ \mathrm{gC \cdot m^{-2} \cdot a^{-1}}$(相当于 $-11.33\ \mathrm{tC \cdot hm^{-2} \cdot a^{-1}}$)，2012 年 9 月至 2013 年 8 月，NEE 为 $-1\ 087.58\ \mathrm{gC \cdot m^{-2} a^{-1}}$(相当于 $-10.88\ \mathrm{tC \cdot hm^{-2} \cdot a^{-1}}$)，平均为 $1\ 110.52\ \mathrm{gC \cdot m^{-2} a^{-1}}$(相当于 $-11.10\ \mathrm{tC \cdot hm^{-2} \cdot a^{-1}}$)，无论是和其他人工林相比，还是和其他热带森林相比，均表现出较强的固碳能力。

在半小时尺度上全年橡胶林白天 NEE 与 PAR 呈负相关(R 为 0.656 4)，与大气平均温度呈负相关(R 为 0.470 9)，与土壤温度呈负相关(R 为 0.355 4)，与 VPD 呈负相关(R 为 0.418 9)，与地表以下 5 cm 土壤含水量呈负相关(R 为 0.370 4)。利用多元逐步回归分析，可得 NEE 与各因子间的回归方程为：$NEE=-0.001PAR+0.096VPD-0.10(T\_-5)-0.243$。影响海南岛橡胶林生态系统 NEE 的主要驱动因子是光合有效辐射 PAR、饱和水汽压差 VPD 和地表以下 5 cm 土壤温度。但在月尺度上，橡胶林生态系统各月 NEE 与当月降水量呈极显的著负相关(R 为 0.882 4)。橡胶林生态系统各月 LAI 均值与各月 NEE 总量呈相反方向的变化趋势，NEE 与 LAI 呈显著的负相关(R 为 0.796 2)。另外，外界环境 CO_2 浓度和人类活动等也会影响橡胶林生态系统 NEE 的变化。

橡胶林所有季节 Re 日动态均为单峰型曲线；全年 Re 均为正值，即为碳排放；白天 Re 量及变动幅度均明显大于夜间。全年 Re 日变化呈不规则曲线，全年日序中间部分时段值多在全年日均值 $5.508\ 1\ \mathrm{gC \cdot m^{-2} \cdot d^{-1}}$ 以上，而年初或年末值多在年日均值以下。全年雨季各月 Re 值均较大，旱季各月 Re 值相对较小。橡胶林生态系统呼吸最强的月份为 8 月，呼吸最弱的月份为 12 月。海南岛橡胶林生态系统年呼吸总量巨大，2010 年年总量为 $2\ 010.48\ \mathrm{gC \cdot m^{-2} \cdot a^{-1}}$(相当于 $20.10\ \mathrm{tC \cdot hm^{-2} \cdot a^{-1}}$)，2012 年 9 月至 2013 年 8 月，总量为 $2\ 185.51\ \mathrm{gC \cdot m^{-2} \cdot a^{-1}}$(相当于 $21.86\ \mathrm{tC \cdot hm^{-2} \cdot a^{-1}}$)，平均值为 $2\ 098.00\ \mathrm{gC \cdot m^{-2} \cdot a^{-1}}$(相当于 $20.98\ \mathrm{tC \cdot hm^{-2} \cdot a^{-1}}$)。

半小时尺度橡胶林 Re 与大气平均温度 T_a 呈指数关系(R^2 为 0.298 6)，对拟合方程计

算得 Q_{10} 为 1.96；橡胶林 Re 与土壤温度呈指数关系，但比 T_a 更弱，对拟合方程计算得 Q_{10} 分别为 2.07，1.86。橡胶林生态系统 Re 与土壤含水量呈微弱的负相关（R 为 0.370 4），与 VPD 呈较弱的正相关（R 为 0.363 2）。在月尺度上，橡胶林生态系统各月 Re 与月降水量呈显著正相关（R 为 0.773 0），与 LAI 呈较弱的正相关（R 为 0.488 6）。橡胶林生态系统土壤呼吸占生态系统总呼吸比率较低，全年约为 37.1%，全年生态系统植被呼吸占比率为 62.9%，影响植被呼吸的因素对生态系统呼吸的影响强度超过影响土壤呼吸的因素的影响程度。

橡胶林所有季节 GEP 日动态均为单峰型曲线；无论旱季还是雨季，GEP 白天均为正值，表示固定太阳能和 CO_2，夜间为 0，没有光合作用进行同化合成。雨季 GEP 正午 13:00 左右达到峰值，无明显光合午休现象。全年 GEP 日变化呈不规则单峰型曲线，全年日序中间部分时段值多在全年日均值 8.77 gC・m^{-2}・d^{-1} 以上，而年初或年末值多在年日均值以下。雨季各月 GEP 总值均较大，旱季各月 GEP 总值均较小。橡胶林生态系统年 GEP 最强月份为 8 月，最弱的月份为 2 月。海南岛橡胶林生态系统总生产力巨大，2010 年年总 GEP 为 3 143.93 gC・m^{-2}・a^{-1}（相当于 31.44 tC・hm^{-2}・a^{-1}），2012 年 9 月至 2013 年 8 月，GEP 为 3 273.09 gC・m^{-2}・a^{-1}（相当于 32.73 tC・hm^{-2}・a^{-1}），平均为 3 208.51 gC・m^{-2}・a^{-1}（相当于 32.09 tC・hm^{-2}・a^{-1}）。

半小时尺度上海南岛橡胶林生态系统 GEP 与 PAR 呈正相关（R 为 0.628 3）。橡胶林生态系统各月光能利用效率 LUE 均呈“U”形，LUE 与 PAR 变化情况相反。半小时尺度上橡胶林 GEP 与各种温度因子和 VPD 均呈线性正相关，研究还表明土壤水分因子几乎不影响 GEP。月尺度上，橡胶林 GEP 与 LAI 呈显著的正相关（R 为 0.799 1），与降水量呈显著的正相关（R 为 0.799 1）。

8.2.4 橡胶林生态系统碳平衡及其机理

海南岛橡胶林生态系统碳平衡包括碳储量和碳通量两大部分，碳储量利用生物量清查法进行研究，碳通量利用涡度相关法进行研究。生物量清查法确定海南岛橡胶林生态系统碳汇为−9.99 tC・hm^{-2}・a^{-1}，涡度相关法确定海南岛橡胶林生态系统碳汇为−11.10 tC・hm^{-2}・a^{-1}，两者略有差异。

橡胶林生态系统是个巨大的碳汇，其年均碳吸收量达 9.99～11.10 t・hm^{-2}，其碳汇能力高于亚热带的杨树人工林和亚热带、热带的纸浆林（桉树林），也高于位置比较接近的海南岛尖峰岭热带山地雨林和西双版纳的热带季节雨林。

橡胶林生态系统碳平衡主要受橡胶林本身生长特性及外界环境驱动因子的影响。橡胶树本身林龄年轻，生命活动旺盛，光合呼吸速率较高。外界环境因子主要包括光合有效辐射、温度、水分等。对橡胶林生态系统 NEE 影响最显著的驱动因子主要是光合有效辐射 PAR、饱和水汽压差 VPD 以及地表以下 5 cm 土壤温度。相比较其他森林，橡胶林生态系统光合能力很强，其 GEP 巨大；同时其系统总呼吸 Re 也很强；净生态系统交换量 NEE 也较大。整个橡胶林生态系统 Z 值年均为 1.53 左右。通过计算碳利用效率 CUE，平均值为 0.35，表明橡胶林生态系统 GEP 中呼吸占大部分，净交换量占小部分。

GEP 的 65.4%用于生态系统呼吸 Re，34.6%用于生态系统净碳交换 NEE（即碳固定）。而在 65.4%的生态系统呼吸中，其中 37.1%用于土壤呼吸，62.9%用于橡胶林生态系统植被呼吸。

8.3 特色与创新

8.3.1 利用通量观测技术进行橡胶林生态系统碳交换研究

涡度相关法作为森林生态系统碳净交换能力研究的最新方法,已得到普遍运用,但目前在橡胶林生态系统研究中却鲜见报道。国际上现有3个国家利用涡度相关法研究橡胶林生态系统碳通量研究,而泰、科两国研究因一些原因不见报道。我们是首次系统全面地利用涡度相关法报道橡胶林生态系统碳净交换能力。这是本书研究的一大特色与创新。尤其在以下3个方面具有创新意义:本研究首先从橡胶林生态系统碳通量观测的可行性入手,从涡度相关系统的数据质量评价、能量平衡闭合分析和通量足迹与源区分析等3个方面探讨了涡动相关方法在橡胶林的应用;其次系统而全面地介绍了橡胶林生态系统碳通量数据处理过程与方法,并开发相应数据处理软件;最终获得橡胶林生态系统年总净碳交换量 NEE、系统呼吸 Re 和总生产力 GEP 及其环境驱动因子。

8.3.2 两种方法结合使用进行橡胶林碳平衡分析

在热带森林碳平衡研究领域,虽已有案例利用生物量清查法和涡度相关法相结合进行碳平衡研究,但因两者估算结果无法较好匹配而得不到预期结果。应用通量塔观测数据,其日常维护与后期数据处理是决定涡度相关系统能否计算生态系统 *NEE*、评价生态系统碳源/汇的关键步骤,当然这也是许多涡度相关法无法获得合理结果的主要原因。本研究采用传统的生物量清查法进行调查估算,并和涡度相关法观测进行比较,获得海南岛橡胶林生态系统碳交换特征,并分析其环境驱动机制,这也是本书的一大特色。本研究一方面可为橡胶林生态系统碳交换研究提供基础数据,另一方面也可为其他热带人工林碳平衡研究提供范例。

研究表明,橡胶林生态系统年碳净交换量达到9.99～11.10 tC·hm^{-2},是热带地区巨大的碳汇,不仅高于热带雨林,也高于其他人工林。橡胶林碳净交换量环境驱动因子主要是光合有效辐射 PAR,其次是饱和水汽压差 VPD 和地表以下5 cm 土壤温度 T_-5 cm。

8.3.3 回答了几个科学问题

本书研究了橡胶林生态系统的碳平衡,首次回答了几个科学问题。

(1)橡胶林生态系统碳库有多大

橡胶林生态系统植被平均总碳库为35.39 tC·hm^{-2},橡胶林生态系统凋落物碳库年均值为2.86 tC·hm^{-2}·a^{-1},橡胶林土壤碳库平均值为94.69 t·hm^{-2},3个碳库合计总量为133.21 t·hm^{-2};本研究忽略了土壤动物碳库。

(2)橡胶林碳通量监测如何进行的

橡胶林生态系统碳通量监测可行,按本研究要求进行,数据可靠。

(3)橡胶林生态系统是碳源还是碳汇

橡胶林生态系统是个巨大的碳汇,其年均碳吸收量达9.99～11.10 tC·hm^{-2}·a^{-1},高于其他许多热带森林和人工林。

(4)不同时间尺度上生态系统碳净交换量影响因子是哪些

在半小时尺度上，影响海南岛橡胶林生态系统 NEE 的主要驱动因子是光合有效辐射 PAR、饱和水汽压差 VPD 和地表以下 5 cm 土壤温度；在月尺度上，橡胶林生态系统 NEE 则与降水量、LAI 均值、外界环境 CO_2 浓度和人类活动等相关。

8.4　展望

8.4.1　尺度(时间与空间尺度)扩展问题

本书研究了橡胶林生态系统的碳平衡问题，研究地位于儋州西部地区，研究时段主要为 2009—2012 年(涡度相关数据还只有两年完整数据)，时间和空间尺度还太小，条件许可进行尺度扩展是十分必要的。

8.4.2　碳、水、氮通量的耦合机理

本研究主要分析了橡胶林生态系统的碳平衡，而对水、氮等通量研究未有涉及。对生态系统而言，碳、水、氮通量是相互耦合制约着系统本身的发育，将来必须进行此方面的工作，以透彻理解橡胶林生态系统的过程与机理。

8.4.3　多站(不同生态系统、不同地域橡胶林)比较问题

要真正了解热带地区碳源/汇效应，必须进行多个站点的比较研究。针对热区不同生态系统、不同地域橡胶林系统，进行对比研究，对某些问题的理解可能会更加全面与完善。

8.4.4　人为干扰问题、台风等极端气候因子影响问题

橡胶林作为人工林，对其碳平衡研究，实际上离不开人为干扰问题，人为因素会影响其碳平衡状态；对于海南岛地区，台风等极端气候因子会影响橡胶林的生长和发育，研究其影响也势在必行。

参考文献

安锋,谢贵水,蒋菊生,等. 2005. 刺激割制下橡胶园养分状况及其与产量的关系[J]. 热带作物学报,**26**(3):1-6.

鲍士旦. 2000. 土壤农化分析[M]. 北京:中国农业出版社:30-34.

蔡旭晖. 2008. 湍流微气象观测的印痕分析方法及其应用拓展[J]. 大气科学,**32**(1):123-132.

曹建华,蒋菊生,林位夫,等. 2009. 巴西橡胶树 PR107 生物量研究初探[J]. 热带农业科学,**29**(10):1-8.

陈德祥. 2010. 尖峰岭热带山地雨林碳交换的动态特征和影响因素研究[D]. 北京:中国林业科学研究院.

陈泮勤. 2004. 地球系统碳循环[M]. 北京:科学出版社:204-222.

池富旺,张培松,罗微,等. 2009. 中大尺度下橡胶园土壤全氮和有机质含量的空间分布特征[J]. 热带作物学报,**31**(1):150-154.

崔晓勇,陈佐忠,陈四清. 2001. 草地土壤呼吸研究进展[J]. 生态学报,**21**(2):315-326.

邓万刚,吴蔚东,罗微,等. 2007. 垦殖橡胶对海南热带土壤有机碳的影响[J]. 中国农学通报,**23**(8):482-484.

方精云,陈安平. 2001. 中国森林植被碳库的动态变化及其意义[J]. 植物学报,**43**(9):967-973.

方精云,朴世龙,赵淑清. 2001. CO_2 失汇与北半球中高纬度陆地生态系统的碳汇[J]. 植物生态学报,**25**(5):594-602.

方精云,位梦华. 1998. 北极陆地生态系统的碳循环与全球温暖化[J]. 环境科学学报,**18**(2):3-11.

方晰,田大伦,项文化. 2002. 速生阶段杉木人工林碳素养密度、贮量和分布[J]. 林业科学,**38**(3):14-19.

方显瑞,张志强,查同刚,等. 2012. 永定河沿河沙地杨树人工林生态系统呼吸特征[J]. 生态学报,**32**(8):2 400-2 409.

方显瑞. 2011. 杨树人工林生态系统碳交换及其环境响应[D]. 北京:北京林业大学.

房秋兰,沙丽清. 2006. 西双版纳热带季节雨林与橡胶林土壤呼吸[J]. 植物生态学报,**30**(1):97-103.

符淙斌,马柱国. 2008. 全球变化与区域干旱化[J]. 大气科学,**32**(4):752-760.

高西宁,陶向新,关德新. 2002. 长白山阔叶红松林热量平衡和蒸散的研究[J]. 沈阳农业大学学报,**33**(5):331-334.

高翔,郝卫平,顾峰雪,等. 2012. 降雨对旱作春玉米农田土壤呼吸动态的影响[J]. 生态学报,**32**(24):7 883-7 893.

宫超,汪思龙,曾掌权,等. 2011. 中亚热带常绿阔叶林不同演替阶段碳储量与格局特征[J]. 生态学杂志,**30**(9):1 935-1 941.

顾永剑,高宇,郭海强,等. 2008. 崇明东滩湿地生态系统碳通量贡献区分析[J]. 复旦学报:自然科学版,**47**(3):374-379,386.

关德新,吴家兵,金昌杰,等. 2006. 长白山红松针阔混交林 CO_2 通量的日变化与季节变化[J]. 林业科学,**42**(10):123-128.

韩帅,张旭东,黄玲玲,等. 2009. 长江安庆段河流湿地生态系统呼吸及其影响因子[J]. 生态学报,**29**(7):3 621-3 628.

何康,黄宗道. 1987. 热带北缘橡胶树栽培[M]. 广州:广东科技出版社.

贺有为,王秋兵,温学发,等. 2011. 季节性干旱对中亚热带人工林显热和潜热通量日变化的影响[J]. 生态学报,**31**(11):3 069-3 081.

胡耀华,何万桂,林享义,等. 1983. 橡胶树群体光合作用研究Ⅲ. RRI m600、GT1 无性系光合量的估算[J]. 热带作物学报,**4**(2):83-89.

胡耀华，王钊，舒宜通，等．1982．橡胶树生物量分配及胶园生产率的研究[J]．热带作物学报，**3**(1)：15-26．
贾开心，郑征，张一平．2006．西双版纳橡胶林生物量随海拔梯度的变化[J]．生态学杂志，**25**(09)：1 028-1 032．
贾庆宇，王宇，李丽光．2011．城市生态系统一大气间的碳通量研究进展[J]．生态环境学报，**20**(10)：1 569-157 4．
姜明，郭建侠，景元书．2012．稳态与湍流特征测试对通量数据质量的评价[J]．气象，**38**(11)：1 436-1 442．
蒋菊生，王如松．2002．橡胶林固定 CO_2 和释放 O_2 的服务功能及其价值估计[J]．生态学报，**22**(9)：1 545-1 551．
康峰峰，马钦彦，牛德奎，等．2003．山西太岳山地区辽东栎林夏季热量平衡的研究[J]．江西农业大学学报，**25**(2)：209-214．
雷丕锋，项文化，田大伦，等．2004．樟树人工林生态系统碳素贮量与分布研究．生态学杂志，**23**(4)：25-30．
李宏宇，张强，赵建华，等．2010．陇中黄土高原地表能量不平衡特征及其影响机制研究[J]．高原气象，**29**(5)：1 153-1 162．
李宏宇，张强，赵建华．2012．论地表能量不平衡的原因及其解决办法[J]．干旱区研究，**29**(2)：222-232．
李麟辉，张一平，游广永，等．2011．哀牢山亚热带常绿阔叶林光合有效辐射的时空分布[J]．生态学杂志，**30**(11)：2 394-2 399．
李茂善，杨耀先，马耀明，等．2012．纳木错(湖)地区湍流数据质量控制和湍流通量变化特征[J]．高原气象，**31**(4)：875-884．
李怒云．2007．中国林业碳汇[M]．北京：中国林业出版社：1-50．
李树战，田大伦，王光军．2011．湖南 4 种主要人工林群落的细根生物量及时空动态[J]．中南林业科技大学学报，**5**(31)：46-68．
李艳丽．2004．全球气候变化研究初探[J]．灾害学，**19**(2)：87-91．
李泽晖，王云龙，魏远，等．2012．湖南岳阳杨树人工林光能利用率动态特征分析[J]．资源科学，**34**(10)：1 832-1 838．
李正才，杨校生，周本智．2010．北亚热带 6 种森林凋落物碳素归还特征[J]．南京林业大学学报（自然科学版），**34**(6)：43-46．
李正泉，于贵瑞，温学发，等．2004．中国通量观测网络(ChinaFLUX)能量平衡闭合状况的评价[J]．中国科学 D 辑，**34**(S2)：46-56．
联合国粮农组织(FAO)．2011．2011 年世界森林状况：中文版[J/OL] http://www.fao.org/docrep/013/i2000c/i 2000Coo.htm．
刘斌，田晓瑞．2011．大兴安岭呼中森林大火碳释放估算[J]．林业资源管理，(3)：47-51．
刘国华，傅伯杰，方精云．2000．中国森林碳动态及其对全球碳平衡的贡献[J]．生态学报，**20**(5)：733-740．
刘金婷．2008．全球变化背景下的几个科技名词[J]．中国科技术语，(6)：46-48．
刘瑾，孙毓鑫，王法明，等．2010．华南典型人工林土壤有机碳库及其稳定性特征研究[J]．热带亚热带植物学报，**18**(6)：607-612．
刘其霞，常杰，江波，等．2005．浙江省常绿阔叶生态公益林生物量[J]．生态学报，**25**(9)：2 139-2 144．
刘绍辉，方精云．1997．土壤呼吸的影响因素及全球尺度下温度的影响[J]．生态学报，**17**(5)：469-476．
刘双娜，周涛，魏林艳，等．2012．中国森林植被的碳汇/源空间分布格局[J]．科学通报，**57**(11)：943-950．
刘瑜，赵尔旭，黄玮，等．2010．云南近 46 年降水与气温变化趋势的特征分析[J]．灾害学，**25**(1)：39-44．
刘允芬，于贵瑞，温学发，等．2006．千烟洲中亚热带人工林生态系统 CO_2 通量的季节变异特征[J]．中国科学 D 辑，**36**(A1)：91-102．
卢华正，沙丽清，王君，等．2009．西双版纳热带季节雨林与橡胶林土壤呼吸的季节变化[J]．应用生态学报,**20**(10):2 315-2 322.

鲁如坤.2000. 土壤农业化学分析方法[M]. 北京:中国农业科技出版社.

马虹,陈亚宁,李卫红.2012. 陆地生态系统 CO_2 与水热通量的研究进展[J]. 新疆环境保护,**34**(2):1-8

孟春,罗京,庞凤艳.2013. 落叶松人工林生长季节土壤呼吸通量各组分的变化[J]. 应用生态学报,**24**(8):2 135-2 140.

欧阳丽,戴慎志,包存宽,等.2010. 气候变化背景下城市综合防灾规划自适应研究[J]. 灾害学,**25**(S0):58-62.

潘辉,黄石德,洪 伟,等.2010. 3 种相思人工林凋落物量及其碳归还动态[J]. 福建林学院学报,**30**(2):104-108.

彭谷亮,刘绍民,蔡旭晖,等. 2008. 非均匀下垫面湍流通量观测的印痕分析[J]. 大气科学,**32**(5):1 064-1 070.

沙丽清.2008. 西双版纳热带季节雨林、橡胶林及水稻田生态系统碳储量和土壤碳排放研究[D]. 中国科学院研究生院(西双版纳热带植物园).

宋清海,张一平,于贵瑞,等.2008. 热带季节雨林优势树种叶片和冠层尺度二氧化碳交换特征[J]. 应用生态学报,(4):723-728.

宋涛.2007. 三江平原生态系统 CO_2 通量的长期观测研究[D]. 南京:南京信息工程大学.

唐建维,庞家平,陈明勇,等. 2009. 西双版纳橡胶林的生物量及其模型[J]. 生态学杂志,**28**(10):1 942-1 948.

唐罗中,生原喜久雄,黄宝龙,等.2004. 江苏省里下河地区杨树人工林碳储量及其动态[J]. 南京林业大学学报,**28**(2):1-6.

王春林,周国逸,王旭,等.2007a. 鼎湖山针阔叶混交林冠层下方 CO_2 通量及其环境响应[J]. 生态学报,**27**(3):846-854.

王春林,周国逸,唐旭利,等.2007b. 鼎湖山针阔叶混交林生态系统呼吸及其影响因子[J]. 生态学报,**27**(7):2 659-2 668.

王春林,周国逸,王旭,等.2007c. 鼎湖山针阔叶混交林生态系统能量平衡分析[J]. 热带气象学报,**23**(6):643-651.

王春燕,陈秋波,彭懿,等.2011a. 更新期橡胶林生态系统碳贮量及分布[J]. 林业科学研究,**24**(5):579-584.

王春燕,陈秋波,彭懿,等. 2011b. 老龄橡胶树不同器官含碳率分析[J]. 热带作物学报,**32**(4):587-591.

王洪岩,王文杰,邱岭,等.2012. 兴安落叶松林生物量、地表枯落物量及土壤有机碳储量随林分生长的变化差异[J]. 生态学报,**32**(3):833-843.

王纪坤,谢贵水,陈邦乾.2010. 不同橡胶树品系的光合特性[J]. 西南农业学报,**23**(6):1 882-1 886.

王介民,王维真,刘绍民,等.2009. 近地层能量平衡闭合问题——综述及个例分析[J]. 地球科学进展,**24**(7):705-713.

王军邦,张秀娟,韩海荣,等.2010. 亚热带常绿人工针叶林冠层内光能利用率[J]. 生态学杂志,**29**(4):611-616.

王顺兵,郑景云.2005. 全球气候变化情景下的河北省区域减灾建设[J]. 灾害学,**20**(4):97-100.

王卫霞,史作民,罗达,等. 2013. 我国南亚热带几种人工林生态系统碳氮储量[J]. 生态学报,**33**(3):925-933.

王效科,冯宗炜,欧阳志云.2001. 中国森林生态系统的植物碳储量和碳密度研究[J]. 应用生态学报,**12**(1):13-16.

王旭,尹光彩,周国逸,等.2005. 鼎湖山针阔混交林旱季能量平衡研究[J]. 热带亚热带植物学报,**13**(3):205-210.

王旭，尹光彩，周国逸，等．2007．鼎湖山针阔混交林光合有效辐射的时空格局[J]．北京林业大学学报，**29**(2)：18-23.

王妍，张旭东，彭镇华，等．2006．森林生态系统碳通量研究进展[J]．世界林业研究，(3)：12-17.

尉海东．2005．中亚热带三种人工林生态系统碳贮量及土壤呼吸研究[D]．福州：福建农林大学硕士学位论文．

魏远，张旭东，江泽平，等．2010．湖南岳阳地区杨树人工林生态系统净碳交换季节动态研究[J]．林业科学研究，**23**(5)：656-665.

温学发．2005．中亚热带红壤丘陵人工林生态系统能量观测及其季节动态特征[D]．北京：中国科学院地理科学与资源研究所.

吴家兵，关德新，孙晓敏，等．2007．长白山阔叶红松林二氧化碳湍流交换特征[J]．应用生态学报，**18**(5)：953-958.

吴家兵，张玉书，关德新．2003．森林生态系统 CO_2 通量研究方法与进展[J]．东北林业大学学报，**31**(6)：49-51.

吴志祥，杜莲英，兰国玉，等．2012．海南岛橡胶林辐射通量特征[J]．热带地理，**32**(6)：575-581.

吴志祥，杜莲英，谢贵水，等．2013．海南岛橡胶林光合有效辐射的时空分布[J]．西北林学院学报，**28**(3)：13-21.

吴志祥，谢贵水，陶忠良．2009．中国天然橡胶可持续发展思路探讨[J]．世界农业，(2)：47-49.

吴志祥，谢贵水，陶忠良，等．2010．不同树龄橡胶树林地土壤有机碳含量与储量特征[J]．热带作物学报，**35**(2)：135-141.

吴志祥，谢贵水，杨川，等．2010．橡胶林生态系统干季微气候特征和通量的初步观测[J]．热带作物学报，**31**(12)：2 081-2 090.

吴志祥，周兆德，谢贵水，等．2011-01-19．一种橡胶林土壤呼吸测定方法：中国，101949919A[P].

向仰州．2012．海南桉树人工林生态系统生物量和碳储量时空格局[D]．北京：中国林业科学研究院．

肖文发．1992．油松林的能量平衡[J]．生态学报，**12**(1)：16-24.

肖霞．2011．黄土高原半干旱区荒草地湍流和湍流能量传输特征及能量平衡状况[D]．兰州：兰州大学．

徐万荣，马友鑫，李红梅，等．2011．西双版纳地区橡胶林生物量的遥感估算[J]．云南大学学报(自然科学版)，**33**(S1)：317-323.

徐自为，刘绍民，宫丽娟，等．2008．涡动相关仪观测数据的处理与质量评价研究[J]．地球科学进展，**23**(4)：357-370.

徐自为，刘绍民，徐同仁，等．2009．涡动相关仪观测蒸散量的插补方法比较[J]．地球科学进展，**24**(4)：372-382.

杨丽韫，罗天祥，吴松涛．2005．长白山原始阔叶红松林不同演替阶段地下生物量与碳、氮贮量的比较[J]．应用生态学报，**16**(7)：1 195-1 199.

姚庆群，张振文，谢贵水．2006．橡胶净光合速率及其影响因子日变化研究[J]．热带农业科学，**26**(5)：1-4.

叶功富，肖胜生，郭瑞红，等．2008．不同生长发育阶段木麻黄人工林土壤碳贮量[J]．海峡科学，**10**：25-27.

于贵瑞，伏玉玲，孙晓敏，等．2006a．中国陆地生态系统通量观测研究网络（ChinaFLUX）的研究进展及其发展思路[J]．中国科学 D 辑，**36**(A1)：1-21.

于贵瑞，孙晓敏，等．2006b．陆地生态系统通量观测的原理与方法．北京：高等教育出版社．

于贵瑞，孙晓敏．2008．中国陆地生态系统碳通量观测技术及时空变化特征．北京：科学出版社．

于贵瑞，温学发，李庆康，等．2004．中国亚热带和温带典型森林生态系统呼吸的季节模式及环境响应特征[J]．中国科学 D 辑，**34**(S2)：84-94.

袁凤辉，关德新，吴家兵，等．2008．长白山红松针阔叶混交林林下光合有效辐射的基本特征[J]．应用生态学报，**19**(2)：231-237.

原作强,李步杭,白雪娇,等. 2010. 长白山阔叶红松林凋落物组成及其季节动态[J]. 应用生态学报,**21**(9):2 171-2 178.

查同刚. 2007. 北京大兴杨树人工林生态系统碳平衡的研究[D]. 北京:北京林业大学.

张德全,桑卫国,李曰峰,等. 2002. 山东省森林有机碳储量及其动态的研究[J]. 植物生态学报,**26**(S1):93-97.

张丁辰,蔡典雄,代快,等. 2013. 旱作农田不同耕作土壤呼吸及其对水热因子的响应[J]. 生态学报,**33**(6):1 916-1 925.

张军辉,于贵瑞,韩士杰,等. 2006. 长白山阔叶红松林 CO_2 通量季节和年际变化特征及控制机制[J]. 中国科学 D 辑,**36**(A1):60-69.

张俊兴,苏宏新,刘海丰,等. 2011. 3 种温带森林土壤呼吸季节动态及其驱动机制[J]. 内蒙古农业大学学报(自然科学版),**32**(4):160-167.

张雷明,于贵瑞,孙晓敏,等. 2006. 中国东部森林样带典型生态系统碳收支的季节变化[J]. 中国科学 D 辑,**36**(增刊 I):45-59.

张雷明. 2006. 中国东部南北森林样带典型生态系统碳收支特征及其生理生态学机制[D]. 北京:中国科学院地理科学与资源研究所.

张弥,于贵瑞,张雷明,等. 2009. 太阳辐射对长白山阔叶红松林净生态系统碳交换的影响[J]. 植物生态学报,**33**(2):270-282.

张敏,邹晓明. 2009. 热带季节雨林与人工橡胶林土壤碳氮比较. 应用生态学报,**20**(5):1 013-1 019.

张希财,蒋菊生,陶忠良,等. 2006. 刺激割胶制度对广东植胶区胶园土壤养分的影响[J]. 热带作物学报,**27**(4):1-4.

张小全,武曙红,何英,等. 2005. 森林、林业活动与温室气体的减排增汇[J]. 林业科学,**41**(6):150-156.

张新建,袁凤辉,陈妮娜,等. 2011. 长白山阔叶红松林能量平衡和蒸散[J]. 应用生态学报,**22**(3):607-613.

张燕. 2010. 北京地区杨树人工林能量平衡和水量平衡[D]. 北京:北京林业大学.

张一平,窦军霞,孙晓敏,等. 2005. 热带季节雨林林冠碳通量不同校正方法的比较分析[J]. 应用生态学报,(12):2 253-2 258.

赵敏,周广胜. 2004. 中国森林生态系统的植物碳贮量及其影响因子分析[J]. 地理科学,**24**(1):50-54.

赵晓松,关德新,吴家兵,等. 2005. 长白山阔叶红松林通量观测的 footprint 及源区分布[J]. 北京林业大学学报,**27**(3):17-23.

赵晓松,关德新,吴家兵,等. 2006. 长白山阔叶林红松林 CO_2 通量与温度的关系[J]. 生态学报,**26**(4):1 088-1 095.

赵育民,牛树奎,王军邦,等. 2007. 植被光能利用率研究进展[J]. 生态学杂志,**26**(9):1 471-1 477.

赵仲辉,张利平,康文星,等. 2011. 湖南会同杉木人工林生态系统 CO_2 通量特征[J]. 林业科学,**47**(11):6-12.

郑泽梅,于贵瑞,孙晓敏,等. 2008. 涡度相关法和静态箱/气相色谱法在生态系统呼吸观测中的比较[J]. 应用生态学报,**9**(2):290-298.

周存宇,周国逸,张德强,等. 2004. 鼎湖山森林地表 CO_2 通量及其影响因子的研究[J]. 中国科学 D 辑,**34**(S2):175-182.

周丽艳,贾丙瑞,曾伟,等. 2010a. 原始兴安落叶松林生长季净生态系统 CO_2 交换及其光响应特征[J]. 生态学报,**30**(24):6 919-6 926.

周丽艳,贾丙瑞,周广胜,等. 2010b. 中国北方针叶林生长季碳交换及其调控机制[J]. 应用生态学报,**21**(10):2 449-2 456.

周丽艳. 2011. 中国北方针叶林生态系统碳通量及其影响机制研究[D]. 北京:北京林业大学.

周玉荣,于振良,赵士洞．2000. 我国主要森林生态系统碳贮量和碳平衡[J]. 植物生态学报,**24**(5):518-522.

周再知,郑海水,尹光天,等．1995. 橡胶树生物量估测的数学模型．林业科学研究,**8**(6):624-629.

朱凡,王光军,田大伦,等．2010. 杉木人工林去除根系土壤呼吸的季节变化及影响因子[J]. 生态学报,**30**(9):2 499-2 506.

朱治林,孙晓敏,温学发,等．2006. 中国通量网(ChinaFLUX)夜间 CO_2 涡度相关通量数据处理方法研究[J]. 中国科学 D 辑,**36**(S1):34-44.

左洪超,肖霞,杨启东,等．2012. 论近地层大气运动特征与观测和计算能量不平衡的成因[J]. 中国科学:地球科学,**42**(9):1 370-1 384.

Adiku S G K, Reichstein M, Lohila A, *et al*. 2006 PIX GRO: A model for simulating the ecosystem CO_2 exchange and growth of spring barley [J]. *Ecological Modelling*, **190**: 260-276.

Alavi N, Warland J S, Berg A A. 2006. Filling gaps in evapotranspiration measuments for water budget studies: Evaluation of a Kalman filtering approach[J]. *Agricultural and Forest Meteorology*, **141**(1): 57-66.

Anderson J M. 1973. Carbon dioxide evolution from two temperate deciduous woodland soils [J]. *Journal Applied Ecology*, **10**(2): 361-378.

Andrs V, Scott B, Hemin Z, *et al*. 2008. Evaluating MODIS data for mapping wildlife habitat distribution [J]. *Remote Sensing of Environment*, **112**(5): 2160-2169.

Anthoni P M, Unsworthm H, Law B E, *et al*. 2002. Seasonal differences in carbon and water vapor exchange in young and old-growth ponderosa pine ecosystems[J]. *Agricultural and Forest Meteorology*, **111**(3): 203-222.

Arrouays D, Pelissier P. 1994. Modeling carbon storage profiles in temperate forest humid loamy soils of France [J]. *Soil Science*, **157**: 185-192.

Arya S P. 2001. Introduction to Micrometeorology [M](2nd Edition). London, UK: Academic Press.

Ashton M S, Tyrrell M L, Spalding D, *et al*. 2012. Managing Forest Carbon in a Changing Climate [M]. New York: Springer: 7-109.

Asner G P. 2009. Tropical forest carbon assessment: Integrating satellite and airborne mapping approaches [J]. *Environmental Research Letters*, **4**(3): 34 009.

Aubinet M, Chermanne B, Vandenhaute M, *et al*. 2001. Longterm carbon dioxide exchange above a mixed forest in the Belgian Ardennes [J]. *Agricultural and Forest Meteorology*, **108**(4): 293-315.

Aubinet M, Grelle A, Ibrom A, *et al*. 2000. Estimates of the annual net carbon and water exchange of forests: The EUROFLUX methodology [J]. *Advances in Ecological Research*, **30**: 113-175.

Bahn M, Buchmann N, Knohl A, *et al*. 2012. Stable isotopes and biogeochemical cycles in terrestrial ecosystems[J]. *Biogeosciences*, **9**: 3 979-3 981.

Baldocchi D D, Falge E, Gu L H, *et al*. 2001. FLUXNET: A new tool to study the temporal and spatial variability of ecosystem-scale carbon dioxide, water vapor, and energy flux densities[J]. *Bulletin of the American Meteorological Society*, **82**: 2 415-2 434.

Baldocchi D D, Finnigan J, Wilson K, *et al*. 2000 On measuring net ecosystem carbon exchange over tall vegetation on complex terrain[J]. *Boundary-Layer Meteorology*, **96**(1-2): 257-291.

Baldocchi D D, Hicks B B, Meyers T P. 1998. Measuring biosphere-atmosphere exchanges of biological related gases with micrometeorological methods [J]. *Ecology*, **69**: 1331-1340.

Baldocchi D D, Valentini V, Running S, *et al*. 1998. Strategies for measuring and modeling carbon dioxide and water vapour fluxes over terrestrial ecosystems[J]. *Global Change Biology*, **2**(3): 159-168.

Baldocchi D D. 2003. Assessing the eddy covariance technique for evaluating carbon dioxide exchange rates of ecosystems: Past, present and future [J]. *Global Change Biology*, **9**(4): 479-492.

Baldocchi D D. 1997. Flux footprints within and over forest canopies [J]. *Boundary-Layer Meteorology*, **85**: 273-292.

Berbigier P, Bonnefond J, Mellmann P. 2001. CO_2 and water vapour fluxes for 2 years above Euroflux forest site[J]. *Agricultural and Forest Meteorology*, **108**(3): 183-197.

Black T A, Hartogg D, Neumann H H, *et al*. 1996. Annual cycles of water vapour and carbon dioxide fluxes in and above a boreal aspen forest [J]. *Global Change Biology*, **2**(3): 219-229.

Blanken P D. 1998. Turbulent flux measurements above and below the overstory of a boreal aspen forest [J]. *Boundary-Layer Meteorology*, **89**(1): 109-140.

Bowling D R, mcDowell N G, Bond B J, *et al*. 2002. ^{13}C content of ecosystem respiration is linked to precipitation and vapor pressure deficit [J]. *Oecologia*, **131**(1): 113-124.

Bracho R, Starr G, Gholz H L, *et al*. 2012. Controls on carbon dynamics by ecosystem structure and Climate for southeastern US slash pine plantations [J]. *Ecological Monographs*, **82**(1): 101-128.

Braswell B H, Schimel D S, Linder E, *et al*, 1997. The response of global terrestrial ecosystems to inter-annual temperature[J]. *Science*, **278**: 870-872.

Burba G, Anderson D. 2010. A Brief Practical Guide To Eddy Covariance Flux Measurements: Principles and Workflow Examples For Scientific and Industrial Applications [M]. Lincoln, NE, USA: LI-COR® Biosciences.

Burba G. 2013. Eddy Covariance Method for Scientific, Industrial, Agricultural, and Regulatory Applications: A Field Book on Measuring Ecosystem Gas Exchange and Areal Emission Rates [M]. Lincoln, NE, USA: LI-COR® Biosciences.

Butler S M, Melillo J m, Johnson J E, *et al*. 2012. Soil warming alters nitrogen cycling in a New England forest: Implications for ecosystem function and structure [J]. *Oecologia*, **168**(2): 1-10.

Cabral O M, Gash J H, Rocha H R, *et al*. 2011. Fluxes of CO_2 above a plantation of Eucalyptus in southeast Brazil [J]. *Agricultural and Forest Meteorology*, **151**(1): 49-59.

Cai X, Chen J, Desjardins R. 2010. Flux footprints in the convective boundary layer: Large-eddy simulation and Lagrangian stochastic modelling [J]. *Boundary-Layer Meteorology*, **137**(1): 31-47.

Carrara A, Kowalski A S, Neirynck J, *et al*. 2003. Net ecosystem CO_2 exchange of mixed forest in Belgium over 5 years[J]. *Agricultural and Forest Meteorology*, **119**(3): 209-227.

Cavelier J, Penuela M C. 1990. Soil respiration in the clud forest and dry deciduous forest of Serrania de Macuira, Colombia [J]. *Biotropica*, **22**(4): 346-352.

Cheng C, Wand R, Jiang J. 2007. Variation of soil fertility and carbon sequestration by planting Hevea brasiliensis in Hainan Island, China [J]. *Journal of Environmental Sciences*, **19**(3): 348-352.

Ciais P, Cramer W, Jarvis P, *et al*. 2000. Summary for policymakers: Land use, land-use change and forestry [A]. // Watson R T, Noble I R, Bolin B, *et al*. Land use, land-use change, and forestry: A special report of the IPCC [M]. Cambridge, University Press: 23-51.

Ciais P, Reichstein M, Viovy N, *et al*. 2005. Europe-wide reduction in primary productivity caused by the heat and drought in 2003[J]. *Nature*, **437**(7058): 529-533.

Crutzen P J, Heidt L E, Krasnec J P, *et al*. 1979. Biomass burning as a source of the atmospheric gases CO, H_2, N_2O, NO, CH_3Cl, and COS [J]. *Nature*, **282**: 253-256.

Curtis P S, Hanson P J, Bolstad P, *et al*. 2002. Biometric and eddy covariance based estimates of annual carbon storage in five eastern North American deciduous forests [J]. *Agricultural and Forest*

Meteorology, **113**(1-4): 3-19.

Davidson E A, Janssens I A, Luo Y Q. 2006. On the variability of respiration in terrestrial ecosystems: Moving beyond Q_{10} [J]. *Global Change Biology*, **12**: 154-164.

Davidson E A, Savage K, Verchot L V, *et al*. 2002. Minimizing artifacts and biases in chamber-based measurements of soil respiration [J]. *Agricultural and Forest Meteorology*, **113**: 21-37.

Davidson E A, Verchot L V, Cattanio J H, *et al*. 2000. Effects of soil water content on soil respiration in forests and cattle pastures of eastern Amazonia [J]. *Biogeochemistry*, **48**(1): 53-69.

de Blécourt M, Brumme R, Xu J, *et al*. 2013. Soil carbon stocks decrease following conversion of secondary forests to rubber (hevea brasiliensis) plantations [J]. PloS one, **8**(7): e69357.

DeLUCIA E, Drake J E, Thomas R B, *et al*. 2007. Forest carbon use efficiency: Is respiration a constant fraction of gross primary production [J]. *Global Change Biology*, **13**(6): 1 157-1 167.

Deng F, Chen J M, Ishizawa M, *et al*. 2007. Global monthly CO_2 flux inversion with a focus over North America [J]. *Tellus Series B-Chemical and Physical Meteorology*, **59**: 179-190.

Denning A S, Collatz G J, Zhang C G, *et al*. 1996. Simulations of terrestrial carbon metabolism and atmospheric CO_2 in a general circulation model 1. Surface carbon fluxes [J]. *Tellus Series B-Chemical and Physical Meteorology*, **48**: 521-542.

Dennis D B, Kell B W. 2001. Modeling CO_2 and water vapor exchange of a temperate broadleaved forest across hourly to decadal time scales [J]. *Ecological Modelling*, **142**: 155-184.

Dewar RC. Medlyn BE, McMurtrie RE. 1998. A mechanistic analysis of light and carbon use efficiencies[J]. *Plant, Cell and Environment*, **21**: 573-588.

Dixon R K, Brown S, Houghton R A, *et al*. 1994. Carbon pools and flux of global forest ecosystems [J]. *Science*, **263**: 185-190.

Dolman A J, Moors E J, Elbers J A. 2002. The carbon uptake of a mid latitude pine forest growing on sandy soil [J]. *Agricultural and Forest Meteorology*, **111**(3): 157-170.

Dörr H, Münnich K O. 1987. Annual variation in soil respiration in selected areas of the temperate zone [J]. *Tellus B*, **39**(1-2): 114-121.

Falge E, Baldocchi D D, Olson R, *et al*. 2001. Gap filling strategies for long term energy flux data sets, a short communication [J]. *Agricultural and Forest Meteorology*, **107**: 71-77.

Fan S, Gloor M, Mahlman J, *et al*. 1998. A large terrestrial carbon sink in North America implied by atmospheric and oceanic carbon dioxide data and models [J]. *Science*, **282**: 442-446.

Fan S, Wofsy S C, Bakwin P S, *et al*. 1990. Atmosphere-biosphere exchange of CO_2 and O_3 in the central Amazon forest [J]. *Journal of Geophysical Research*, **95**(D10): 16 816-16 851.

Fang C, Moncrieff J B, Gholz H L, *et al*. 1998. CO_2 efflux and its spatial variation in a Florida slash pine plantation [J]. *Plant and Soil*, **205**(2): 135-146.

Fang C, Moncrieff J B. 1999. A model for soil CO_2 production and transport 1: Model development [J]. *Agricultural and Forest Meteorology*, **95**(4): 225-236.

Fang J, Chen A, Peng C, *et al*. 2001. Change in forest biomass carbon storage in China between 1994 and 1998[J]. *Science*, **292**: 2 320-2 322.

Finnigan J J, Clement R, Malhi Y, *et al*. 2003. A re-evaluation of long-term flux measurement techniques. Part I. Averaging and coordinate systms [J]. *Bound-Layer Meteorology*, **107**: 1-48.

Flanagan L B, Johnson B G. 2005. Interacting effects of temperature, soil moisture and plant biomass production on ecosystem respiration in a northern temperate grassland [J]. *Agricultural and Forest Meteorology*, **130**: 237-253.

Flesch T K. 1996. The footprint for flux measurements, from backward Lagrangian stochastic models [J]. *Boundary-Layer Meteorology*, **78**: 399-404.

Foken T, Göockede M, Mauder M, *et al*. 2004. Post-field data quality control [M]//Handbook of Micrometeorology. Springer Netherlands: 181-208.

Foken T, Mangold A, Hierteis M, *et al*. 1999. Characterization of the heterogeneity of the terrain by normalized turbulence characteristics [C]//13th Symposium on Boundary Layer and Turbulence, American Meteorology Society. Dallas, TX. 10-15.

Foken T, Wichura B. 1996. Tools for quality assessment of surface-based flux measurements [J]. *Agricultural and Forest Meteorology*, **78**(1-2): 83-105.

Gashj H C. 1986. A note on estimating the effect of a limited fetch on micrometeorological evaporation measurements [J]. *Boundary-Layer Meteorology*, **35**: 409-414.

Gifford R M. 2003. Plant respiration in productivity models: Conceptualisation, representation and issues for global terrestrial carbon-cycle research [J]. *Functional Plant Biology*, **30**(2): 171-186.

Gifford R M. 1994. The global carbon cycle: a viewpoint on the missing sink [J]. *Functional Plant Biology*, **21**(1): 1-15.

Gifford R M. 1995. Whole plant respiration and photosynthesis of wheat under increased CO_2 concentration and temperature: long-term vs. short-term distinctions for modelling [J]. *Global Change Biology*, **1**(6): 385-396.

Gilmanov T G, Soussana J F, Aires L, *et al*. 2007. Partitioning European grassland net ecosystem CO_2 exchange into gross primary productivity and ecosystem respiration using light response function analysis [J]. *Agriculture, Ecosystems & Environment*, **121**(1): 93-120.

Goulden M L, Daube B C, Fan S, *et al*. 1997. Physiological responses of a black spruce forest to weather [J]. *Journal of Geophysical Research*, **102**(D24): 28928-28987.

Goulden M L, Munger J W, Fan S W, *et al*. 1996. Exchange of carbon dioxide by a deciduous forest: Response to interannual climate variability [J]. *Science*, **271**: 1576-1578.

Goulden M L, Wofsy S C, Harden J W, *et al*. 1998. Sensitivity of boreal forest carbon balance to soil thaw. *Science*, **279**: 214-217.

Grace J, Lloyd J, Mcintyre J, *et al*. 1995. Fluxes of carbon dioxide and water vapour over an undisturbed tropical forest in southwest Amazonia [J]. *Global Change Biology*, **1**(1): 1-12.

Griffis T J, Black T A, Gaumont-Guy D, *et al*. 2004. Seasonal variation and pretitioning of ecosystem respiration in a southern boreal aspen forest [J]. *Agricultural and Forest Meteorology*, **125**: 207-223.

Gspaltl M, Bauerle W, Binkley D, *et al*. 2013. Leaf area and light use efficiency patterns of Norway spruce under different thinning regimes and age classes [J]. *Forest Ecology and Management*, **288**: 49-59.

Gu J, Smith E A, Merritt J D. 1994. Testing energy balance closure with GOES-retrieved net radiation and in situmeasured eddy correlation fluxes in BOREAS [J]. *Journal of Geophysical Research*, **104**(D22): 27 881-27 893.

Guan D, Wu J, Zhao X, *et al*. 2006. CO_2 fluxes over an old, temperate mixed forest in northeastern China [J]. *Agricultural and Forest Meteorology*, **137**: 138-149.

Guardiola M, Troch P A, Ziegler A D, *et al*. 2010. Hydrologic effects of the expansion of rubber (Hevea brasiliensis) in a tropical catchment [J]. *Ecohydrology*, **3**(3): 306-314.

Guo Z, Fang J, Pan Y, *et al*. 2010. Inventory-based estimates of forest biomass carbon stocks in China: A comparison of three methods [J]. *Forest Ecology and Management*, **259**(7): 1 225-1 231.

Gurney K R, Law R M, Denning A S, *et al*. 2002. Towards robust regional estimates of CO_2 sources and sinks using at mospheric transport models [J]. *Nature*, **415**: 626-630.

Haenel H D, Grbnhage L. 1999. Footprint analysis: A closed analytical solution based on height dependent profiles of wind speed and eddy viscosity [J]. *Boundary-Layer Meteorology*, **93**: 395-409.

Hajima T, Ise T, tachiiri K, *et al*. 2012. Climate change, allowable emission, and earth system response to representative concentration pathway scenarios [J]. *Journal of the Meteorological Society of Japan*, **90**(3): 417-434.

Halldin S. 2004. Radiation measurements in integrated terrestrial experiments [M]// Vegetation, Water, Humans and the Climate. Springer: 167-171.

Hammerle A, Haslwanter A, Schmitt M, *et al*. 2007. Eddy covariance measurements of carbon dioxide, latent and sensible energy fluxes above a meadow on a mountain slope [J]. *Boundary-Layer Meteorology*, **122** (2): 397-416.

Heath L S, Smith J E, Skog K E, *et al*. 2011. Managed forest carbon estimates for the US greenhouse gas inventory, 1990—2008 [J]. *Journal of Forestry*, **109**(3): 167-173.

Heimann M, Reichstein M. 2008. Terrestrial ecosystem carbon dynamics and climate feedbacks[J]. *Nature*, **451**(7176): 289-292.

Helm D. 2010. Government failure, rent-seeking, and capture: The design of climate change policy [J]. *Oxford Review of Economic Policy*, **26**(2): 182-196.

Hennigar, C, Maclean, D Amos-Binks L. 2008. A novel approach to optimize management strate gies for carbon stored in both forests and wood products [J]. *Forest Ecology and Management*, **256**: 786-797.

Hoff van't J H. 1898. Lectures on theoretical and physical chemistry. Prat 1. Chemical dynamics. Edward Arnold, London: 224-229.

Horst T W, Weil J C. 1994. How far is far enough—the fetch requirement for micrometeorological measurement of surface fluxes [J]. *Journal of Atmospheric and Oceanic Technology*, **11**: 1 018-1 025.

Horst T W. 1999. The footprint for estimation of atmosphere surface exchange fluxes by profile techniques [J]. *Boundary-Layer Meteorology*, **90**: 171-188.

Houghton R A. 2005. Aboveground forest biomass and the global carbon balance [J]. *Global Change Biology*, **11**(6): 945-958.

Hunt E R J, Running S W. 1992. Simulated dry matter yields for aspen and spruce stand in the North American boreal forest [J]. *Canadian Journal of Remote Sensing*, **18**: 126-133.

IPCC. 2007. The Physical Science Basis—Summary for Policymakers of the Working Group I Report [R]. Cambridge: Cambridge University Press: 5-25.

Janssens I A, Freibauer A, Ciais P, *et al*. 2003. Europe's terrestrial biosphere absorbs 7 to 12% of European anthropogenic CO_2 emissions [J]. *Science*, **300**: 1 538-1 542.

Janssens I A, Lankreijer H, Matteucci G, *et al*. 2001. Productivity overshadows temperature in determining soil and ecosystem respiration across European forests [J]. *Global Change Biology*, **7**(3): 269-278.

Jia Z J, Song C C, WangY S, *et al*. 2007. Studies on evapotranspiration over Mire in the Sanjiang plain [J]. *Climatic and Enviromental Researeh*, **12**(4): 496-503.

Kaimal J C, Finnigan J J. 1994. Atmospheric Boundary Layer Flows: Their Structure and Measurement [M] . Oxford: Oxford University Press: 236-240.

Keith H, Jacobsen K L, Raison R J. 1997. Effects of soil phosphorus availability, temperature and moisture on soil respiration in Eucalyptus pauciflora forest [J]. *Plant and Soil*, **190**(1): 127-141.

Kimball J S, Thornton P E, White M A, *et al*. 1997. Simulating forest productivity and surface—atmosphere carbon exchange in the BOREAS study region [J]. *Tree Physiology*, **17**: 589-599.

Kirsehbauma M U F. 2003. To sink or burn? A discussion of the potential contributions of forests to greenhouse gas balances through storing carbon or providing biofuels [J]. *Biomass and Bioenergy*, **24**: 297-310.

Koffi E N, Rayner P J, Scholze M A, *et al*. 2012. Atmospheric constraints on gross primary productivity and net ecosystem productivity: Results from a carbon-cycle data assimilation system [J]. *Global Biogeochemical Cycles*, GB1024, doi: 10. 1029/2010GB003900.

Kor mann R, Meixner F X. An analytic footprint model for neutral stratification. *Boundary-Layer Meteorology*, **99**: 207-224.

Kosugi Y, Katsuyama M. 2007. Evapotranspiration over a Japanese cypress forest. II. Comparison of the eddy covariance and water budget methods [J]. *Journal of Hydrology*, **334**(3): 305-311.

Kraft N J B, Valencia R, Ackerly D D. 2008. Functional traits and niche-based tree community assembly in an Amazonian forest [J]. *Science*, **322**(5901): 580-582.

Kustas W P, Prueger J H, Hipps L E, *et al*. 1998. Inconsistencies in net radiation estimates from use of several models of instruments in a desert environment [J]. *Agricultural and forest meteorology*, **90**(4): 257-263.

LaMalfa E, Ryle R. 2008. Differential snowpack accumulation and water dynamics in aspen and conifer communities: Implications for water yield and ecosystem function [J]. *Ecosystems*, **11**(4): 569-581.

Lasslop G, Reichstein M, Papale D, *et al*. 2002. Separation of net ecosystem exchange into assimilation and respiration using a light response curve approach: critical issues and global evaluation [J]. *Global Change Biology*, **16**(1): 187-208.

Laurent A, Carlo B, Piers R F, *et al*. 2004. Eight glacial cycles from an Antarctic ice core [J]. *Nature*, **429**: 623-625.

Law B E, Waring R H, Anthoni P M, *et al*. 2000. Measurements of gross and net ecosystem productivity and water vapour exchange of a Pinus ponderosa ecosystem, and an evaluation of two generalized models [J]. *Global Change Biology*, **6**: 155-168.

Law B, Falge E, Gu L, *et al*. 2002. Environmental controls over carbon dioxide and water vapor exchange of terrestrial vegetation [J]. *Agricultural and Forest Meteorology*, **113**: 97-120.

Law E A, Sebastian T, Erik M, *et al*. 2012. A modular framework for management of complexity in international forest-carbon policy [J]. *Nature Climate Change*, **2**: 155-160

Leclercm Y, Shen S H, Lamb B. 1997. Observations and large-eddy simulation modeling of footprints in the lower convective boundary layer [J]. *Journal of Geophysical Research Atmospheres*, **102**: 9 323-9 334.

Lee X, Hu X. 2002. Forest-air fluxes of carbon, water and energy over non-flat terrain [J]. *Boundary-Layer Meteorology*, **103**(2): 277-301.

Lee X, Kim K, Smith R. 2007. Temporal variations of the $^{18}O/^{16}O$ signal of the whole canopy transpiration in a temperate forest [J]. *Global Biogeochemical Cycles*, **21**(3): B3013.

Lee X. 1998. On micrometeorological observations of surface-air exchange over tall vegetation [J]. *Agricultural and Forest Meteorology*, **91**(1-2): 39-49.

Leuning R. 1995. A critical appraisal of a combined stomatal-photosynthesis model for C3 plants [J]. *Plant, Cell & Environment*, **18**(4): 339-355.

Leuning R. 2004. Measurements of trace gas fluxes in the atmosphere using eddy covariance: WPL corrections revised [C]. In: Lee X, Massman W, Law B, eds. Handbook of Micrometeorology: A Guide for Surface Flux Measurement and Analysis. Dordrecht: Kluwer Academic Publisher, 119-132.

Li H, Ma Y, Liu W, *et al*. 2012. Soil changes induced by rubber and tea plantation establishment: comparison with Tropical Rain Forest Soil in Xishuangbanna, SW China [J]. *Environmental Management*, **50**(5): 837-848.

Li Q, Chen J, Moorhead D L. 2012. Respiratory carbon losses in a managed oak forest ecosystem [J]. *Forest Ecology and Management*, 279: 1-10.

Li Z Q, Yu G R, Wen X F, *et al*. 2005. Energy balance closure at ChinaFLUX sites. *Science in China Series D. Earth Sciences*, **48**(suppl): 51-62

Li-COR. 1992. *LAI*-2000 Plant Canopy Analyzer[Z].

Lieth H. 1974. Primary productivity of successional stages [M]//Knapp R. Handbook of Vegetation Science, VIII: Vegetation Dynamics. The Hague: Junk: 185-193.

Lindroth A, Grelle A, Moren A S. 1998. Long-term measurements of boreal forest carbon balance reveal large temperature sensitivity[J]. *Global Change Biology*, **4**(4): 443-450.

Lindroth A, Older M M, Lagergr F. 2010. Heat storage in forest biomass improves energy balance closure [J]. *Biogeosciences*, **7**: 301-313.

Liu H, Peters G, Foken T. 2001. New equations for sonic temperature variance and buoyancy heat flux with an omnidirectional sonic anemometer [J]. *Boundary-Layer Meteorology*, **100**(3): 459-468.

Liu J, Chen J M, Cihlar J, *et al*. 1997. A process-based boreal ecosystem productivity simulator using remote sensing inputs [J]. *Remote Sensing of Environment*, **62**: 158-175.

Lloyd J, Taylor J A. 1994. On the temperature dependence of soil respiration [J]. *Functional ecology*, 8: 315-323.

Loescher H W, Oberbauer S F, Gholz H L, *et al*. 2003. Environmental controls on net ecosystem-level carbon exchange and productivity in a Central American tropical wet forest [J]. *Global Change Biology*, **9**(3): 396-412.

Loreau M, Sapijanskas J, Isbell F, *et al*. 2012. Niche and fitness differences relate the maintenance of diversity to ecosystem function: reply [J]. *Ecology*, **93**(6): 1 487-1 491.

Lü A, Tian H, Liu M, *et al*. 2006. Spatial and temporal patterns of carbon emissions from forest fires in China from 1950 to 2000[J]. *Journal of Geophysical Research*, **111**(D5): D05313.

Mahrt L. 1998. Flux sampling errors for aircraft and towers [J]. *Journal of Atmospheric and Oceanic Technology*, **15**(2): 416-429.

Malhi Y, Nobre A D, Grace J, *et al*. 1998. Carbon dioxide transfer over a Central Amazonian rain forest[J]. *Journal of Geophysical Research: Atmospheres* (1984-2012), **103**(D24): 31 593-31 612.

Malhi Y. 2012. The productivity, metabolism and carbon cycle of tropical forest vegetation [J]. *Journal of Ecology*, **100**(1): 65-75.

Massman W J, Lee X. 2012. Eddy covariance flux corrections and uncertainties in long-term studies of carbon and energy exchanges [J]. *Agricultural and Forest Meteorology*, **113**(1-4): 121-144.

Mateus J, Pita g, Rodriques A, *et al*. 2006. Seasonal evolution of the evapotranspiration regime and carbon assimilation over a Eucalyptus globulus plantation [J]. *Silva Lusitana*, **14**(2): 135-147.

Matsumoto K, Ohta T, Nakai T, *et al*. 2008. Energy consumption and evapotranspiration at several boreal and temperate forests in the Far East[J]. *Agricultural and Forest Meteorology*, **148**(12): 1978-1989.

Mauder M, Foken T. 2004. Documentation and Instruction Manual of the Eddy Covariance Software Package TK2 [M]. Universität Bayreuth, Abt. Mikrometeoro logie, Arbeitsergebnisse: 23-24.

Mauder M, Foken T. 2011. Documentation and Instruction Manual of the Eddy Covariance Software Package TK3 [M]. Universität Bayreuth, Abt. Mikrometeorologie, Arbeitsergebnisse: 34-35.

Mauder M, Oncley S P, Vogt R, *et al*. 2007. The energy balance experiment EBEX-2000. part II: Intercompartison of eddy-covariance sensors and post-field data processing methods [J]. *Boundary-Layer Meteorology*, **123**(1): 29-54.

Mayocchi C L, Bristow K L. 1995. Soil surface heat flux: Some general questions and comments on measurements [J]. *Agricultural and Forest Meteorology*, **75**(1): 43-50.

McCaughey J H. 1985. Energy balance storage terms in a mature mixed forest at Petawawa, Ontario-A case study [J]. *Boundary-Layer Meteorology*, **31**(1): 89-101.

Meek D, Prueger J, Sauer T. 1998. Solutions for three regression problems commonly found in meteorolo gical data analysis. In: Proceedings of the 23rd Conference on Agricultural Forest Meteorology [C]. American Meteorological Society, Albuquerque: 141-145.

Michaelis L, Menten M L. 1913. Die kinetik der invertinwirkung [J]. *Biochem z*, **49**(1): 333-369.

Mitsuta Y. 1974. Sonic anemometer-thermometer for atmospheric turbulences measure ments [M]//Flow: Its Measurement and Control in Science and Industry. Pittsburgh: 341-347.

Moncrieff J B, Fang C. 1999. A model for soil CO_2 production and transport 2: Application to a Florida Pinus elliottii plantation [J]. *Agricultural and Forest Meteorology*, **95**: 237-256.

Moncrieff J B, Malhi Y, Leuning R. 1996. The propagation of errors in long-term measurements of land-atmosphere fluxes of carbon and water[J]. *Global Change Biology*, **2**(3): 231-240.

Moore C J. 1986. Frequency response corrections for eddy correlation systems [J]. *Boundary-Layer Meteorology*, **37**(1): 17-35.

Mueller K E, Eissenstat D M, Hobbie S E, *et al*. 2012. Tree species effects on coupled cycles of carbon, nitrogen, and acidity in mineral soils at a common garden experiment[J]. *Biogeochemistry*, **111**(1-3): 601-614.

Ohtaki E. 1985. On the similarity in atmospheric fluctuations of carbon dioxide, water vapor and temperature over vegetated fields [J]. *Boundary-Layer Meteorology*, **32**(1): 25-37.

Ojanen P, Minkkinen K, Lohila A, *et al*. 2012. Chamber measured soil respiration: A useful tool for estimating the carbon balance of peatland forest soils? [J]. *Forest Ecology and Management*, **277**: 132-140.

Papale D, Reichstein M, Aubinet M, *et al*. 2006. Towards a standardized processing of Net Ecosystem Exchange measured with eddy covariance technique: algorithms and uncertainty estimation [J]. *Biogeosciences*, **3**: 571-583.

Pasquill F, Smith F B. 1983. Atmospheric Diffusion [M]. UK: West Sussex Press: 142.

Paw U K T, Baldocchi D D, Meyers T P, *et al*. 2000. Correction of eddy-covariance measurements incorporating both advective effects and density fluxes [J]. *Boundary-Layer Meteorology*, **97**(3): 487-511.

Peckham S D, Gower S T, Perry C H, *et al*. 2013. Modeling harvest and biomass removal effects on the forest carbon balance of the Midwest, USA [J]. *Environmental Science & Policy*, **25**(1): 22-35.

Pickett S T A, White P S. 1985. The Ecology of Natural Disturbance and Patch Dynamics [M]. London: Academic Press.

Pilegaard K, Hummelshoj P, Jensen N O, *et al*. 2001. Two years of continuous CO_2 eddy-flux measurements over a Danish beech forest [J]. *Agricultural and Forest Meteorology*, **107**(1): 29-41.

Pinder R W, Bettez N D, Bonang B, *et al*. 2012. Impacts of human alteration of the nitrogen cycle in the US on radiative forcing [J]. *Biogeochemistry*, **114**(1-3): 25-40.

Potter C S, Randerson J T, Field C B, *et al*. 1993. Terrestrial ecosystem production-A process model-based on global satellite and surface data [J]. *Global Biogeochemical Cycles*, **7**: 811-841.

Prabha T V, Leclerc M Y, Baldocchi D. 2008. Comparison of In-Canopy Flux Footprints between Large-Eddy Simulation and the Lagrangian Simulation [J]. *Journal of Applied Meteorology and Climatology*, **47**: 2 115-2 128.

Prince S D, Goward S N. 1995. Global primary production: A remote sensing approach [J]. *Journal of Biogeography*, **22**: 815-835.

Raich J W, Potter C S. 1995. Global patterns of carbon dioxide emissions from soils [J]. *Global Biogeochemical Cycles*, **9**(1): 23-36.

Raich J W, Schlesinger W H. 1992. The global carbon dioxide flux in soil respiration and its relationship to climate. [J]. *Tellus*, **44**: 81-99.

Raich J W, Schlesinger W H. 1992. The global carbon dioxide flux in soil respiration and its relationship to vegetation and climate [J]. *Tellus*, **44**B: 81-99.

Rannik U, Keronen P, Hari P, *et al*. 2004. Estimation of forest-atmosphere CO_2 exchange by eddy covariance and profile techniques [J]. *Agricultural and Forest Meteorology*, **127**(3): 143-158.

Rannik ü. 1998. On the surface layer similarity at a complex forest site [J]. *Journal of Geophysical Research: Atmospheres*, **103**(D8): 8 685-8 697.

Rebmann C, Göckede M, Foken T, *et al*. 2005. Quality analysis applied on eddy covariance measurements at complex forest sites using footprint modelling [J]. *Theoretical and Applied Climatology*, **80**(2-4): 121-141.

Reichstein M, Falge E, Baldocchi D, *et al*. 2005. On the separation of net ecosystem exchange into assimilation and ecosystem respiration: Review and improved algorithm [J]. *Global Change Biology*, **11**(9): 1424-1439.

Reichstein M, Papale D, Valentini R, *et al*. 2004. Determinants of terrestrial ecosystem carbon balance inferred from European eddy covariance flux sites [J]. *Geophysical Research Letters*, **34**(1). L01402, doi:10. 1029/2006 GL027880.

Rödenbeck C, Houweling S, Gloorm *et al*. 2003. CO_2 flux history 1982—2001 inferred from atmospheric data using a global inversion of atmospheric transport [J]. *Atmospheric Chemistry and Physics*, **3**: 1 919-1 964.

Rodrigues A, Pita A, Mateus J. 2005. Turbulent fluxes of carbon dioxide and water vapour over an eucalyptus forest in Portugal [J]. *Silva Lusitana*, **13**(2): 169-180.

Romano N, Angulo-Jaramillo R, Javaux M, *et al*. 2012. Interweaving monitoring activities and model development towards enhancing knowledge of the soil-plant-atmosphere continuum [J]. *Vadose Zone Journal*, **11**(3).

Rotenberg E, Yakir D. 2011. Distinct patterns of changes in surface energy budget associated with forestation in the semiarid region [J]. *Global Change Biology*, **17**(4): 1 536-1 548.

Ruimy A, Dedieu G, Saugier B. 1996. TURC: A diagnostic model of continental gross primary productivity and net primary productivity [J]. *Global Biogeochemical Cycles*, **10**: 269-285.

Running S W, Baldocchi D D, Turner D, *et al*. 1999. A global terrestrial monitoring network, scaling tower fluxes with ecosystem modeling and EOS satellite data [J]. *Remote Sensing Environment*, **70**: 108-127.

Running S W, Nemani R R, Hungerford R D. 1987. Extrapolation of synoptic meteorological data in mountainous terrain and its use for simulating forest evapotranspiration and photosynthesis [J]. *Canadian Journal of Forest Research*, **17**(6): 472-483.

Ryan M G, Lavigne M B, Gower S T. 1997. Annual carbon cost of autotrophic respiration in boreal forest ecosystems in relation to species and climate [J]. *Journal of Geophysical Research: Atmospheres* (1984-2012), **102**(D24): 28 871-28 883.

Saigusa N, Yamamoto S, Murayama S, *et al*. 2005. Inter-annual variability of carbon budget components in an AsiaFlux forest site estimated by long-term flux measurements [J]. *Agricultural and Forest Meteorology*, **134**(1): 4-16.

Saleska S, Miller S D, Matross D M, *et al*. 2003. Carbon in Amazon forests: Unexpected seasonal fluxes and disturbance-induced losses [J]. *Science*, **302**: 1 554-1 557.

Sánchez J M, Caselles V, Niclòs R, *et al*. 2009. Estimating energy balance fluxes above a boreal forest from radiometric temperature observations [J]. *Agricultural and Forest Meteorology*, **149** (6-7): 1 037-1 049.

Schimel D S, House J I, Hibbard K A, *et al*. 2001. Recent patterns and mechanisms of carbon exchange by terrestrial ecosystems [J]. *Nature*, **414**(8): 169-172.

Schmid H P, Grimmond C S B, Cropley F, *et al*. 2000. Measurements of CO_2 and energy fluxes over a mixed hardwood forest in the mid-western United States [J]. *Agricultural and Forest Meteorology*, **103**(4): 357-374.

Schmid H P. 1997. Experimental design for flux measurements: matching the scales of observations and fluxes [J]. *Agricultural and Forest Meteorology*, **87**(2-3): 179-200.

Schmid H P. 1994. Source Areas for Scalars and Scalar Fluxes [J]. *Boundary-Layer Meteorology*, **67**(3): 293-318.

Schotanus P, Nieuwstadt F T M, De Bruin H A R. 1983. Temperature measurement with a sonic anemometer and its application to heat and moisture fluxes [J]. *Boundary-Layer Meteorology*, **26**(1): 81-93.

Sergej S Z, Igor N E. 2007. Similarity theory and calculation of turbulent fluxes at the surface for the stably stratified atmospheric boundary layer [J]. *Boundary-Layer Meteorology*, **125**(2): 193-205.

Soegaard H, Jensen N O, Boegh E, *et al*. 2003. Carbon dioxide exchange over agricultural landscape using eddy correlation and footprint modelling [J]. *Agricultural and Forest Meteorology*, **114**(3): 153-173.

Sun J, Desjardins R, Mahrt L, *et al*. 1998. Transport of carbon dioxide, water vapor, and ozone by turbulence and local circulations [J]. *Journal of Geophysical Research: Atmospheres*(1984-2012), **103** (D20): 25873-25885.

Sun Z, Niinemets ü, Hüve K, *et al*. 2013. Elevated atmospheric CO_2 concentration leads to increased whole-plant isoprene emission in hybrid aspen (Populus tremula × Populus tremuloides) [J]. *New Phytologist*, **198**(3): 788-800.

Tan Z, Zhang Y, Schaefer D, *et al*. 2011. An old-growth subtropical Asian evergreen forest as a large carbon sink [J]. *Atmospheric Environment*, **45**(8): 1548-1554.

Tang J, Bolstad P V, Desai A R, *et al*. 2008 Ecosystem respiration and its components in an old-growth forest in the Great Lakes region of the United States [J]. *Agricultural and Forest Meteorology*, **148** (2): 171-185.

Tanner C B, Thurtell G W. 1969. Anemoclinometer measurement of Reynolds stress and heat transport in the atmospheric surface layer [M]. Departtment of Soil Science, University of Wisconsin, Madison W I, Research and Development Technique Report ECOM-66-G22-F to the US Army Electronics Command, 82.

Tenhunen J D, Meyer A, Lange O L, *et al*. 1980. Development of a photosynthesis model with an emphasis on Ecological applications [J]. *Oecologia*, **45**(2): 147-155.

Thaler P, Siripornpakdeekul P, Kasemsap P, *et al*. 2007. Rubber flux: CO_2, water and energy budget of rubber plantations in Thailand[A]. In: International Rubber Conference 2007, Siem Reap, Cambodia, 12—13 November 2007; CRRI; IRRDB. Natural rubber industry: R and D achievements and challenges [M]. Phnom Penh: CRRI, p210-221. International Rubber Conference, 2007-11-12/2007-11-13, Siem Reap, Cambodge.

Thomas C, Foken T. 2002. Re-evaluation of integral turbulence characteristics and their parameterisations [C] //15th Symposium on Boundary Layers and Turbulence, American Meteorology Society. Wageningen, The Netherlands: 129-132.

Thornley J H M. 1976. Mathematical models in plant physiology[M]. Academic Press (Inc.) London.

Tioelker M, Oleksyn J, Reich P B. 2001. Modelling respiration of vegetation: evidence for a general temperature-dependent Q_{10}[J]. *Global Change Biology*, **7**: 223-230.

Twine T E, Kustas W P, Norman J M, *et al*. 2000. Correcting eddy-covariance flux underestimates over a grass land[J]. *Agricultural and Forest Meteorology*, **103**: 279-300.

Valentini R, Matteucci G, Dolman A J, *et al*. 2000. Respiration as the main determinant of carbon balance in European forests [J]. *Nature*, **404**: 861-865.

Van Kooten G C. 2009. Biological carbon sequestration and carbon trading revisited [J]. *Climatic Change*, **95**(3-4): 449-463.

Verhoef A, van den Hurk B J, Jacobs A F, *et al*. 1996. Thermal soil properties for vineyard (EFEDA-I) and savanna (HAPEX-Sahel) sites [J]. *Agricultural and Forest Meteorology*, **78**(1): 1-18.

Vickers D, Mahrt L. 1997. Quality control and flux sampling problems for tower and aircraft data [J]. *Journal of Atmospheric and Oceanic Technology*, **14**(3): 512-526.

Wang B, Huang J, Yang X, *et al*. 2010. Estimation of biomass, net primary production and net ecosystem production of China's forests based on the 1999—2003 National Forest Inventory [J]. *Scandinavian Journal of Forest Research*, **25**(6): 544-553.

Wang W, Rotach M. 2010. Flux footprints over an undulating surface [J]. *Boundary-Layer Meteorology*, **136**(2): 325-340.

Wang X, Wang C, Yu G. 2008. Spatio-temporal patterns of forest carbon dioxide exchange based on global eddy covariance measurements[J]. *Science in China (Series D: Earth Sciences)*: 1 129-1 143.

Waring R H, Landsberg J J, Williams M. 1998. Net primary production of forests: a constant fraction of gross primary production [J]. *Tree Physiology*, **18**(2): 129-134.

Wauters J B Coudert S Grallien E, *et al*. 2008. Carbon stock in rubber tree plantations in Western Ghana and Mato Grosso (Brazil) [J]. *Forest Ecology and Management*, **255**(7): 2 347-2 361.

Webb E K, Pearman G I, Leuning R. 1980. Correction of the flux measurements for density effects due to heat and water vapour transfer [J]. *Quarterly Journal of the Royal Meteorological Society*, **106**(447): 85-100.

Webb R O. 1999. Remarks on the definition and estimation of friction velocity [J]. *Boundary-Layer Meteorology*, **93**: 107-209.

Wei X, Liu S, Zhou G, *et al*. 2005. Hydrological processes in major types of Chinese forest[J]. *Hydrological Processes*, **19**(1): 63-75.

Wen X F, Yu G R, Sun X M, *et al*. 2006. Soil moisture effect on the temperature dependence of ecosystem respiration in a subtropical Pinus plantation of southeastern China [J]. *Agricultural and Forest Meteorology*, **137**(3-4): 166-175.

Whittaker R H, Likens G E. 1973. Carbon in the Biota [A]. II: Woodwell G M, Pecan E V. Carbon and the Biosphere, National Technical Information Service [M], CONF-720510, Springfield: 281-302.

Wilczak J M, Oncley S P, Stage S A. 2001. Sonic anemometer tilt correction algorithms [J]. *Boundary-*

Layer Meteorology, **99**(1): 127-150.

Wilson K B, Baldocchi D D. 2000. Seasonal and interannual variability of energy fluxes over a broadleaved temperate deciduous forest [J]. *Agricultural and Forest Meteorology*, **100**: 1-18.

Wilson K, Goldstein A, Falge E, *et al*. 2002. Energy balance closure at FLUXNET sites [J]. *Agricultural and Forest Meteorology*, **113**(1-4): 223-243.

Wofsy S C, Goullden M L, Munger J M, *et al*. 1993. Next exchange of CO_2 in a mid-latitude forest [J]. *Science*, **260**: 1 314-1 317.

Wong C S. 1979. Carbon input to the atmosphere from forest fires [J]. *Science*, **204**: 209-210.

Wu Z, Xie G, Tao Z, *et al*. 2010. Characteristics of soil organic carbon and total nitrogen in rubber plantations soil at different age stages in the western region of Hainan Island [J]. *Agricultural Science & Technology*, **11**(1): 147-153.

Xiao X M, Hollinger D, Aber J, *et al*. 2004. Satellite-based modeling of gross primary production in an evergreen needleleaf forest [J]. *Remote Sensing of Environment*, **89**: 519-534.

Xu L, Baldocchi D D. 2004. Seasonal variation in carbon dioxide exchange over a Mediterranean annual grassland in California[J]. *Agricultural and Forest Meteorology*, **123**(1): 79-96.

Xu M, Qi Y. 2001. Soil-surface CO_2 efflux and its spatial and temporal variations in a young ponderosa pine plantation in northern California [J]. *Global Change Biology*, **7**(6): 667-677.

Xu M, Qi Y. 2001. Spatial and seasonal variations of Q_{10} determined by soil respiration measurement at a Sierra Nevadan forest [J]. *Global Biogeochemical Cycles*, **15**: 687-696.

Yang J C, Huang J H, Tang J W, *et al*. 2005. Carbon sequestration in rubber tree plantations established on former arable lands in Xi Shuangbanna, SW China. *Acta Phytoecologica Sinica*. **29**(2): 296-303.

Yi Z, Cannon C H, Chen J, *et al*. 2013. Developing indicators of economic value and biodiversity loss for rubber plantations in Xishuangbanna, southwest China: A case study from Menglun township [J]. *Ecological Indicators*, **36**: 788-797.

Yu G R, Wen X F, Sun X M, *et al*. 2006. Overview of ChinaFLUX and evaluation of its eddy covariance measurement [J]. *Agricultural and Forest Meteorology*, **137**(3-4): 125-137.

Yu G R, Zhang L M, Sun X M, *et al*. 2008. Environmental controls over carbon exchange of three forest ecosystems in eastern China [J]. *Global Change Biology*, **14**: 2 555-2 571.

Zhang J, Han S, Yu G. 2006. Seasonal variation in carbon dioxide exchange over a 200-year-old Chinese broad-leaved Korean pine mixed forest[J]. *Agricultural and Forest Meteorology*, **137**(3): 150-165.

Zhang L M, Yu G R, Sun X M, *et al*. 2006. Seasonal variation of carbon exchange of typical forest ecosystems along the eastern forest transect in China [J]. *Science in China Ser. D*, **49**(SII): 47-62.

Zhang M, Fu X, Feng W, *et al*. 2007. Soil organic carbon in pure rubber and tea-rubber plantations in Southwestern China [J]. *Tropical Ecology*, **48**(2): 201-207.

Zhang M, Schaefer D A, Chan O C, *et al*. 2013. Decomposition differences of labile carbon from litter to soil in a tropical rain forest and rubber plantation of Xishuangbanna, southwest China [J]. *European Journal of Soil Biology*, **55**(0): 55-61.

Zhang W L, Chen S P, Chen J, *et al*. 2007. Biophysical regulations of carbon fluxes of a steppe and a cultivated cropland in semiarid Inner Mongolia[J]. *Agricultural and Forest Meteorology*, **146**(3): 216-229.

Zhang X, Zhou G, Gao Q, *et al*. 1997. Study of global change and terrestrial ecosystems in China [J]. *Earth Science Frontiers*, **4**(2): 137-144.

Zimmermann M, Meir P, Bird M I, *et al*. 2010. Temporal variation and climate dependence of soil respiration and its components along a 3000 m altitudinal tropical forest gradient [J]. *Global Biogeochemical Cycles*, **24**(4): B4012.

附录 英文缩写词和符号含义

ChinaFLUX	中国陆地生态系统通量观测研究网络,简称中国通量网
CPEC	Closed Path Eddy Covariance system 闭路涡度相关系统
CPP	Closed Path Profile systems 闭路(水汽-CO_2)廓线系统
CUE	Carbon Use Efficiency 生态系统碳利用效率
DR	Double Rotation coordinate 两次坐标旋转
EBR	Energy Balance Ratio 能量平衡闭合率
EC	Eddy Covariance 涡度相关法
EuroFLUX	欧洲通量网
FAO	Food and Agriculture Organization 联合国粮食及农业组织
Fc	CO_2 flux CO_2 通量
FLUXNET	全球通量网
FP	Planar Fit 平面拟合
Fs	CO_2 storage 冠层 CO_2 储量
FSAM	The Flux Source Area Model 通量源区面积模型
GEP	Gross Ecosystem Productivity 生态系统光合生产力,或称总初级生产力
GPP	Gross Primary Productivity 总初级生产力
Gt	1 Gt $=1$ Pg $=10^3$ Tg$=10^3$ Mt$=10^9$ Mg$=10^{12}$ kg
H	Sensible Heat flux 感热通量
HDP	International Human Dimensions Program onglobal Environmental Change 国际全球环境变化人文因素计划
IGBP	International Geosphere-Biosphere Program 国际地圈-生物圈计划
IPCC	Intergovernmental Panel on Climate Change 联合国政府间气候变化专门委员会
IRRDB	International Rubber Research and Development Board 国际橡胶研究与发展组织
ITC	Integrated Turbulence Characteristic test,or Turbulence Variance Similarity test 整体湍流特征检验,或称整体积分统计特性测试
LAI	Leaf Area Index 叶面积指数
LC	Litter Carbon 凋落物年输入碳量
LE	Latent heat flux 潜热通量
LUE	Light Use Efficiency 光能利用效率
MDV	Mean Diurnal Variation 平均昼夜变化法
NEE	Net Ecosystem Exchange 净生态系统(碳)交换量,或生态系统净光合速率

NEP	Net Ecosystem Productivity 净生态系统生产力
NPP	Net Primary Productivity （生态系统）净初级生产力
OLS	Ordinary Least Square 普通最小二乘法
OPEC	Open Path Eddy Covariance system 开路涡度相关系统
PAR	Photosynthetically Active Radiation 光合有效辐射
Q_{10}	温度增加 10 ℃所造成的呼吸速率改变的商，即指土壤温度每升高 10 ℃土壤呼吸增加的倍数
QA	Quality Assurance 质量保证
QC	Quality Control 质量控制
Re	Ecosystem Respiration 生态系统呼吸通量，或称总生态系统呼吸
Rh	Heterotrophic respiration rate 土壤微生物呼吸速率，即异养呼吸速率
Rl	Respiration of litter layer rate 凋落物层呼吸速率
Rm	Respiration of mineral soil rate 矿质土壤呼吸速率
RMA	Reduced Major Axis 简约主轴
RMET	Routine Meteorological Observation system 常规气象观测系统
Rn	Surface net radiation 地表净辐射
Rr	Respiration of roots rate 根呼吸速率
Rs	Soil respiration rate 土壤总呼吸速率
SOC	Soil Organic Carbon 土壤有机碳（储量）
SPAC	Soil-Plant-Atmosphere Continuum 土壤-植物-大气连续体
SST	Steady State Test 湍流稳态测试
T_－20 cm	地表以下 20 cm 土壤温度
T_－5 cm	地表以下 5 cm 土壤温度
Ta	Average atmospheric temperature 大气平均气温
TDR	Time Domain Reflectometry 时域反射法
TER	Total Ecosystem Respiration 总生态系统呼吸（量）
TR	Triple Rotation coordinate 三次坐标旋转
VPD	Vapor Pressure Deficit 饱和水汽压差
VWC_－20 cm	地表以下 20 cm 土壤体积含水量
VWC_－5 cm	地表以下 5 cm 土壤体积含水量
WCRP	World Climate Research Program 世界气候研究计划
WPL	Webb-Pearman-Leuning correction WPL 校正，或称密度校正

后　记

对于橡胶林生态系统碳平衡的研究兴趣，可以追溯到2007年初参加AsiaFLUX通量观测与实践培训。当时各种陆地生态系统开始进行碳水通量的长期定位观测，碳平衡研究是生态学的重要热点；另外因天然橡胶干胶价格飚升，橡胶树种植面积迅速增长，对橡胶林生态效应有必要进行重新评估。2007年申报农业部基本建设项目，获得批复建设农业部儋州热带农业资源与生态环境重点野外观测试验站（现更名为农业部儋州热带作物科学观测实验站），橡胶林生态系统碳通量观测得以建成，自2009年底开始运行观测。经过几年的观测与研究工作，得以完成本著作的撰写。

本书是本人博士论文的主要部分，是在导师周兆德教授和谢贵水研究员两位老师的悉心指导下完成的。从论文选题、实验设计与实施、数据分析乃至论文撰写，均倾注了导师大量的心血。周老师严谨的治学态度、积极乐观的人生态度，谢老师渊博的专业知识、探索不止的敬业精神，均铭刻我心，受益终生！多年来，导师们在学业和生活上都给予我极大的关心与帮助。在此谨向导师表示衷心的感谢和崇高的敬意。

在本人攻读博士期间，感谢海南大学杨重法、莫庭辉、陈满平、黄东益、唐树梅、余雪标、杨小波、廖建和、晏峻、张荣意等多位老师的教诲。感谢海南大学研究生处和农学院领导的关心与支持，感谢秘书为研究生教育的辛勤工作。

感谢中国热带农业科学院橡胶研究所和海南大学为我提供宝贵的学习机会，感谢橡胶所领导、同事对我的关心、帮助和支持。尤其感谢生态课题组团结的集体，同事们不仅在论文思想上给我帮助，而且还自愿多承担实际工作，让我安心完成本论著的撰写。感谢陈帮乾在通量源区分析参数计算和梯度数据分析编程中的支持，感谢兰国玉、王纪坤、陶忠良等在学术思想上的探讨，感谢杨川、陈俊明、管利民、赖华英等在野外仪器维护、大田观测和实验室检测分析工作的大力协助。

感谢中国科学院地理科学与资源研究所于贵瑞研究员、张雷明博士，感谢中国科学院寒区旱区环境与工程研究所王介民研究员，感谢中国林业科学研究院热带林业研究所李意德研究员，感谢复旦大学郭海强博士，感谢北京天诺基业公司甄晓杰工程师，感谢海南大学王旭博士、宋希强博士等在学术问题上的探讨、通量仪器维护、通量数据处理等方面给予的帮助和支持。

感谢众多机构的无偿培训，使我的通量观测研究及数据处理能力有所提高，包括AsiaFLUX培训（2007）、中国科学院地理科学与资源研究所通量理论与实践培训（2009）、美国Li-COR涡度相关高级研讨班（2011）、北京天诺基业公司通量数据处理培训（2012）等。

感谢农业部儋州热带作物科学观测实验站为我提供试验基地，感谢中国热带农业科学院橡胶研究所基本科研业务费项目“橡胶林生态系统长期定位观测研究”（1630022014011）和中国科学院战略性先导科技专项专题“儋州橡胶林生态系统碳水通量观测研究”

(XDA05050601—01—25)，支持我完成本书研究。

感谢父母、岳父母、弟弟妹妹和亲人们，他们的关心、爱护、支持与信任是我完成本书的精神动力和力量源泉。特别感谢夫人王令霞女士为家庭所做贡献，承担家庭生活重任，给予我鼓励与支持；感谢爱女吴琼，她努力学习和健康成长，给我带来快乐与欣慰！

完成本书时，心中涌动起深深感激之情。平日，或许连一句感念之词也未曾表达过；今天，仅以此书，向帮助过我的所有的人们表示深深的谢意，真诚祝愿他们健康快乐！

吴志祥
2014 年 4 月